U0409964

教育部马克思主义理论与思想政治教育重点学科
教育部“高校思想政治教育课程建设研究”重大攻关项目 创新教材

自然辩证法

（第二版）

主　编　夏建国
副主编　张密生　龚　耘

WUHAN UNIVERSITY PRESS
武汉大学出版社

图书在版编目(CIP)数据

自然辩证法/夏建国主编.—2版.—武汉：武汉大学出版社，2016.4(2023.7重印)
教育部马克思主义理论与思想政治教育重点学科创新教材
教育部“高校思想政治教育课程建设研究”重大攻关项目创新教材
ISBN 978-7-307-17675-1

Ⅰ.自…　Ⅱ.夏…　Ⅲ.自然辩证法—高等学校—教材　Ⅳ.N031

中国版本图书馆CIP数据核字(2016)第050908号

责任编辑:易　瑛　　责任校对:汪欣怡　　版式设计:马　佳

出版发行:**武汉大学出版社**　(430072　武昌　珞珈山)
(电子邮箱:cbs22@whu.edu.cn 网址:www.wdp.com.cn)
印刷:湖北金海印务有限公司
开本:787×1092　1/16　　印张:16.25　　字数:387千字　　插页:2
版次:2006年1月第1版　　2016年4月第2版
2023年7月第2版第5次印刷
ISBN 978-7-307-17675-1　　定价:30.00元

目　录

第一章　绪　论　001

第一节　自然辩证法的创立　002

一、自然辩证法创立的社会条件　002

二、自然辩证法创立的自然科学基础　004

三、自然辩证法创立的思想资源　006

四、自然辩证法创立的基本过程　007

五、自然辩证法的历史发展　010

第二节　自然辩证法的研究对象、主要内容及学科性质　011

一、自然辩证法的研究对象　011

二、自然辩证法的主要内容　011

三、自然辩证法的学科性质　012

第三节　学习自然辩证法的意义　013

第二章　马克思主义自然观　016

第一节　人类自然观的历史演进　017

一、唯心主义自然观及其批判　017

二、古代朴素唯物主义自然观　020

三、近代机械唯物主义自然观　022

第二节　辩证唯物主义自然观　025

一、辩证唯物主义自然观的历史形成　025

二、辩证唯物主义自然观的基本内容　027

三、辩证唯物主义自然观的伟大变革　030

第三节 辩证唯物主义自然观的当代发展 031
一、系统自然观 031
二、人工自然观 033
三、生态自然观 035
第三章 马克思主义科学观 039
第一节 马克思主义经典作家关于科学的基本观点 040
一、马克思、恩格斯关于科学的基本观点 040
二、列宁和斯大林关于科学的基本观点 044
三、马克思主义科学观的基本特征 047
第二节 科学的内涵及特征 049
一、科学的内涵 049
二、科学的基本特征 052
第三节 科学的发展动力 055
一、马克思主义经典作家关于科学发展动力的思想 056
二、国外学者对科学理论及其发展的思想 060
第四章 科学研究方法论 064
第一节 科学问题 065
一、科学研究始于问题 065
二、科学问题的分类 066
三、科学问题的来源 067
第二节 逻辑思维方法 068
一、归纳方法 068
二、演绎方法 072
三、类比方法 075
第三节 非逻辑思维方法 077
一、形象思维方法 078
二、直觉思维方法 079
三、非逻辑思维和逻辑思维的关系 080
第四节 系统思维方法 082
一、系统论方法 082
二、信息论方法 086
三、控制论方法 089
第五章 马克思主义技术观 094
第一节 马克思主义经典作家技术思想 095
一、马克思恩格斯技术思想的主要内容 095
二、列宁、斯大林技术思想的主要内容 098
第二节 技术的本质和结构 099
一、技术的本质 099

二、技术的结构和体系 102
第三节 技术发展模式 107
一、技术发展动力系统 107
二、技术发展模式 109
第六章 技术创新方法论 119
第一节 技术活动的特征与过程 120
一、技术活动的特征 120
二、技术活动的过程 124
第二节 技术选择的基本方法 125
一、技术预测方法 125
二、技术选题方法 129
第三节 技术研究的基本方法 132
一、技术发明方法 133
二、技术试验方法 137
第四节 技术开发的基本方法 138
一、技术创新方法 139
二、技术评估方法 143
第七章 科学技术社会论 152
第一节 科学技术的社会功能 153
一、科学技术的物质文明功能 154
二、科学技术的政治文明功能 159
三、科学技术的精神文明功能 162
四、科学技术的生态文明功能 169
五、科学技术的异化 171
第二节 科学技术的社会建制 177
一、科学技术社会建制的形成与发展 177
二、科学技术社会建制的内涵 179
三、科学技术的行为规范 181
第三节 科学技术的社会运行 186
一、科学技术运行的社会条件 186
二、科学技术运行的人文引导 195
第八章 中国马克思主义科学技术观与创新型国家 205
第一节 中国马克思主义的科学技术思想 206
一、毛泽东的科学技术思想 206
二、邓小平的科学技术思想 208
三、江泽民的科学技术思想 209
四、胡锦涛的科学技术思想 212
五、习近平的科学技术思想 213

第二节　中国马克思主义科学技术观的实践基础和主要特征 216
一、中国马克思主义科学技术观的实践基础 216
二、中国马克思主义科学技术观的主要特征 217
第三节　自主创新建设创新型国家 218
一、自主创新的基本形式和战略意义 218
二、创新型国家的内涵、特征和建设的主要经验 220
三、自主创新建设创新型国家的实践探索和基本途径 226
第九章　新中国科学技术成就与中国现代化 233
第一节　新中国成立后科学技术的主要成就 234
一、基础研究的加速发展 235
二、高新技术的重点突破 236
三、应用研究的初步发展 238
第二节　改革开放以来科学技术的新成就 241
一、基础研究的深入发展 242
二、高新技术的一流发展 243
三、应用研究的全面发展 246
第三节　科普成就与现代化 248
一、组织政策保障 249
二、科普基础设施建设 250
三、五大类人群的科普建设 251
后　记 254

第一章

绪　论

要论提示

- 马克思主义理论是一个完整的科学体系。自然辩证法是马克思主义理论的重要组成部分。
- 作为对以科学技术为中介和手段的人与自然、人与社会相互关系概括和总结的产物，自然辩证法是马克思主义关于自然和科学技术发展的一般规律、人类认识自然和改造自然的一般方法以及科学技术与人类社会相互作用的理论体系。
- “自然辩证法概论”课程是以马克思主义自然辩证法理论的教育为主线，帮助硕士研究生掌握马克思主义的自然观、科学技术观、科学技术方法论、科学技术社会论，了解自然界发展和科学技术发展的一般规律，理解科学技术在社会发展中的作用，认识中国马克思主义科学技术观与创新型国家建设及新中国科学技术成就与中国现代化的重大意义，培养硕士研究生的创新精神和创新能力的一门思想政治理论课。

什么是自然辩证法？作为理论体系的自然辩证法是如何形成和发展的？它包含哪些内容？确立这些内容有哪些理论和实践的依据？自然辩证法对于民族和国家的发展有什么作用？作为学科的自然辩证法是怎样确立和推广的？是如何建设和研究的？为什么要在硕士研究生中开设“自然辩证法”课程？硕士研究生学习自然辩证法有什么意义和价值？

第一节　自然辩证法的创立

任何理论的创立，都有其一系列的主客观条件。自然辩证法也不例外，它是马克思、恩格斯生活时代的社会条件、科学成就、思想资源等条件的产物，是伴随着马克思主义理论的创立而诞生的。

一、自然辩证法创立的社会条件

马克思、恩格斯生活在社会化大生产和资本主义快速发展、无产阶级成为社会实践主体的时代。这同时是一个科学技术大发展的时代。如何揭示自然科学发现的普遍意义？如何引导自然科学的健康发展？此外，建立在资本主义所有制基础之上的生产方式，是以破坏、掠夺自然资源为代价的，亦造成了人们社会关系的冲突。如何认识自然？如何规范人与自然的关系？特别是如何指导无产阶级革命的实践活动？时代的实践课题，为自然辩证法的创立，提出了紧迫的现实需要，并提供了必要的社会条件。

欧洲资本主义生产关系萌芽于15世纪。16世纪六七十年代，荷兰发生了世界上最早的资产阶级革命。17世纪40—80年代，英国爆发资产阶级革命，在欧洲建立起第一个资产阶级国家政权。英国资产阶级政权的确立，解除了封建制度对生产力的束缚，促进了生产力的迅速发展，使英国发生了亘古未有的产业革命。英国产业革命最先爆发于18世纪

60年代，历经80年，到19世纪三四十年代基本完成。英国产业革命的完成，标志着以机器大工业为主体的工厂制度对以手工业技术为基础的工场手工业的代替。产业革命创造的巨大生产力对西欧社会的发展产生颠覆性的影响，并迅速辐射到其他资本主义国家乃至整个世界。

由于英国产业革命的驱动，机器大工业作为一种革命性的物质力量迅速席卷西欧。马克思、恩格斯指出："资产阶级在它的不到一百年的阶级统治中所创造的生产力，比过去一切世代创造的全部生产力还要多，还要大。自然力的征服，机器的采用，化学在工业和农业中的应用，轮船的行驶，铁路的通行，电报的使用，整个大陆的开垦，河川的通航，仿佛用法术从地下呼唤出来的大量人口——过去哪一个世纪料想到在社会劳动里蕴藏有这样的生产力呢？"①与此同时，资本主义社会生产力的巨大发展，则更进一步推动了科学技术的进步。总之，"市场总是在扩大，需求总是在增加"，加之大工业建立起来的世界市场，更使得商业、航海业和陆路交通有巨大发展。这种发展又反过来促进了工业的扩展，同时，随着工业、商业、航海业和铁路的扩展，资本主义生产规模也在同一程度上发展起来。②

市场的扩大、商业的发展，必然要求商品生产进一步扩大，于是促使工作机和动力机的创造使用，进一步推动了技术的创新发展，并对科学发现提出了紧迫的需要。由此可见，"科学的产生和发展一开始就是由生产决定的"③。"而增加劳动的生产力的首要办法是更细地分工，更全面地应用和经常地改进机器。内部实行分工的工人大军越庞大，应用机器的规模越扩大，生产费用相对地就越迅速缩减，劳动就更有效率。因此，资本家之间就发生了全面的竞争：他们竭力设法扩大分工和增加机器，并尽可能大规模地使用机器。"④因此，从18世纪下半叶开始，欧洲发生了以蒸汽机⑤为主要标志的近代以来的第一次技术革命，以及随之而来的产业革命，也促进了资本主义生产突飞猛进的发展。与此同时，资本主义生产方式的发展，又有力地推动了自然科学的发展。但是，由于资本主义生产方式的双重影响，一方面，促使科学技术的快速发展；另一方面，则使科学技术成为资本征服自然的手段，加剧了人与自然关系的紧张。"实际上，蔑视辩证法是不能不受惩罚的。"⑥如何认识科学技术的社会功能？如何消解人与自然的矛盾？如何规范人与自然的关系？这些都为重新认识自然、认识人与自然的关系，提出了理论需要。

随着社会化大生产的发展，无产阶级成为社会实践的主体。作为无产阶级世界观、方法论的马克思主义理论，必须研究整个世界(包括自然、社会和思维)的普遍本质和一般规律，不仅要对人类社会历史发展一般规律和无产阶级社会作用及革命经验进行总结，而且也要对自然科学成就予以概括和总结。

---

① 《马克思恩格斯文集》第2卷，人民出版社2009年版，第36页。
② 《马克思恩格斯文集》第2卷，人民出版社2009年版，第32~33页。
③ 《马克思恩格斯文集》第9卷，人民出版社2009年版，第427页。
④ 《马克思恩格斯文集》第1卷，人民出版社2009年版，第735~736页。
⑤ 蒸汽机是人类历史上第一个人造的、可控的、可移动的、非自然力的动力机。
⑥ 《马克思恩格斯文集》第9卷，人民出版社2009年版，第452页。

马克思历来十分重视并研究当时自然科学领域中的新发现、新理论，以及技术领域中的新发明及其在生产上的应用。“在马克思看来，科学是一种在历史上起推动作用的、革命的力量。任何一门理论科学中的每一个新发现——它的实际应用也许还根本无法预见——都使马克思感到衷心喜悦，而当他看到那种对工业、对一般历史发展立即产生革命性影响的发现的时候，他的喜悦就非同寻常了。”①恩格斯也是如此，他在《英国工人阶级状况》中指出：“现代工业存在的条件”是“蒸汽力和机器”技术②，在他看来，以蒸汽机为代表的机器是直接导致工业革命的重要力量。马克思、恩格斯认为，唯物主义和辩证法是一切学说的基础，这就必须从对物质世界本身的研究开始，而自然界和人以外不存在任何东西，离开了自然界来讨论辩证法，一切都是空话。马克思、恩格斯对自然界和自然科学的潜心研究，取得了一系列成果。如果说唯物史观、剩余价值学说论述的主要是社会问题，以《资本论》为代表的大写的逻辑，体现了马克思主义理论关于思维问题的思想，那么，自然辩证法则主要论述的是自然问题。因此，创立完整的、系统的马克思主义理论，必须创立自然辩证法。自然辩证法的创立意味着整体性马克思主义理论的最终形成。

二、自然辩证法创立的自然科学基础

在19世纪，自然科学的一些主要部门相继由经验领域进入理论领域，即由搜集材料阶段发展到整理材料阶段，由分门别类研究进入到研究自然界的相互联系，由研究单个事实进入到研究过程和变化，由研究力学的因果关系进入到研究各种运动形式的特殊本质。自然科学在19世纪的全面发展，促使欧洲社会进入到科学的文化世纪。正如恩格斯所说：“事实上，直到上一世纪末，自然科学主要是搜集材料的科学，关于既成事物的科学，但是在本世纪，自然科学本质上是整理材料的科学，是关于过程、关于这些事物的发生和发展以及关于联系——把这些自然过程结合为一个大的整体——的科学。”③在天文学、地质学、物理学、化学、生物学等各个领域涌现出了一系列重大发现，特别是天文学领域的康德-拉普拉斯星云假说、物理学领域的能量守恒与转化定律和电磁转化理论、化学领域的原子论和元素周期律、生物学领域的细胞学说和生物进化论，生动而深刻地展示了自然界唯物辩证的客观辩证法，为人们认识和总结自然界的普遍联系和永恒发展提供了科学依据，为自然辩证法的创立奠定了自然科学基础。由此可见，马克思主义自然辩证法之所以能够用彻底的唯物主义和唯物辩证法的观点看待自然，是以当时一系列自然科学成就为事实依据的。

1755年，德国哲学家康德出版了《自然通史和天体论》一书，提出了太阳系起源的“星云假说”。康德认为，太阳系是从同一团尘埃微粒组成的弥漫星云中，通过吸引与排斥的矛盾运动，逐渐发展成为有秩序的天体系统的。1796年，法国科学家拉普拉斯发表了《宇宙体系论》，也提出了类似的星云说，并对星云说进行数学和力学方面的论证。后人把这两个类似的假说称为“康德-拉普拉斯星云说”。这一学说，认为地球和整个太阳系是某种

---

① 《马克思恩格斯文集》第3卷，人民出版社2009年版，第602页。
② 《马克思恩格斯文集》第1卷，人民出版社2009年版，第376页。
③ 《马克思恩格斯文集》第4卷，人民出版社2009年版，第299~300页。

在时间的进程中逐渐生成的东西，从物质自身具有吸引和排斥的对立统一来分析天体的发生和发展，既是唯物主义，又符合辩证法，为辩证唯物主义自然观的形成提供了天文学方面的论据。

19世纪40年代，迈尔、焦耳等人通过各自的途径发现了能量守恒和转化定律。这个定律表明，自然界的各种能量形式，在一定条件下，可以按固定的当量关系相互转化，在转化过程中，能量既不会增多，也不会消失。因此，自然界的一切运动都可以归结为一种形式向另一种形式不断转化的过程。这为形成彻底的唯物主义观念提供了自然科学基础。

1820年，丹麦物理学家奥斯特发现电流的磁效应。1831年，英国物理学家法拉第发现电磁感应现象，即变化的磁场产生电场。1865年，英国物理学家麦克斯韦在《电磁场的动力学理论》一书中对前人和他自己的研究成果进行了总结，建立了联系着电荷、电流、电场、磁场的基本微分方程组，即描述电磁场运动变化规律的电磁场理论，揭示了电、磁和光的统一性，实现了物理学史上的又一次理论综合。电磁转化理论从一个侧面证明了世界的物质统一性。

19世纪初，英国化学家道尔顿建立了原子学说，用原子的化合与化分来说明各种化学现象和化学定律间的内在联系。原子论认为，物质世界的最小单位是原子，原子是单一的，独立的，不可被分割的；同种元素的原子性质和质量都相同，不同元素原子的性质和质量各不相同，原子质量是元素基本特征之一；不同元素化合时，原子以简单整数比结合。原子论是人类第一次依据科学实验的证据，系统阐述微观物质世界特性的理论，生动地展示了物质世界的多样性和统一性。

1869年前后，俄国化学家门捷列夫根据不同原子的化学性质将它们排列在一张表中，发现了元素周期律，即元素的性质随着元素原子量的增加而呈周期性的变化。这一发现不仅揭示了各种元素之间的内在联系，为推断元素的一般性质、新元素的寻找和物质结构理论的研究提供了可遵循的规律，而且揭示了元素由量变到质变、量与质相互关联的实质，为唯物辩证法提供了自然科学上的论据。

1828年，德国化学家维勒发表《论尿素的人工合成》。维勒用普通的化学方法，用氰、氰酸银、氰酸铅以及氨水、氯化铵等无机原料合成有机物尿素，“由于用无机的方法制造出过去只能在活的有机体中产生的化合物，就证明了适用于无机物的化学定律对有机物是同样适用的，而且把康德还认为是无机界和有机界之间的永远不可逾越的鸿沟大部分填平了”①。无机界与有机界之间的联系，说明了一个普遍的现象，即在有差异的地方同样具有一定的联系性。

1838年，德国生物学家施莱登发表了《关于论植物起源的资料》，指出植物是由细胞组成的。1839年，德国生物学家施旺(1810—1882)发表了《关于动植物的结构和生长的一致性的显微研究》，明确指出动物和植物一样，也是由细胞组成的。细胞学说的建立，揭示了动植物结构的统一性，更进一步证明了世界普遍联系的特性。

1859年，英国生物学家达尔文《物种起源》一书的出版，系统地提出了以自然选择为基础的生物进化论，以大量事实论证了生物界的任何物种，都有其发生、发展和灭亡的历

---

① 《马克思恩格斯文集》第9卷，人民出版社2009年版，第416页。

史，都是自然界长期进化的结果，从而揭示出生物由简单到复杂、从低级到高级的发展规律。“进化论”表明，事物都有其运动、变化和发展的过程。于是，自然、社会和思维，整个世界都是过程的集合体。

正是由于上述自然科学的一系列重大发现，特别是细胞学说、能量守恒与转化定律、进化论这三大发现，从不同方面揭示了自然界的历史发展和普遍联系，揭示了自然界物质运动形式的多样性以及这些物质运动形式的相互联系与相互转化，填平了有机界和无机界之间的鸿沟。“有了这三大发现，自然界的主要过程就得到了说明，就被归之于自然的原因。”①正是在概括、总结自然科学蕴含着的客观辩证法意蕴的基础上，生成了自然辩证法。

链接材料

> 于是我们又回到了希腊哲学的伟大创立者的观点：整个自然界，从最小的东西到最大的东西，从沙粒到太阳，从原生生物到人，都处于永恒的产生和消逝中，处于不断的流动中，处于不息的运动和变化中。只有这样一个本质的差别：在希腊人那里是天才的直觉，在我们这里则是以实验为依据的严格科学的研究的结果，因而其形式更加明确得多。②

三、自然辩证法创立的思想资源

我们知道，世界包括自然、社会和思维三大组成部分。作为系统的理论化的世界观，人类关于自然界辩证运动的思想古已有之。正是这些丰富的特别是唯物论和辩证法成就，成为自然辩证法创立的思想资源。从宏观意义上讲，自古希腊自然哲学以后关于自然的思想和论述都能够成为马克思主义自然辩证法创立的思想资源。

自然辩证法创立之前，人类曾以自然哲学的形式，达到对自然自发的唯物主义和朴素辩证法的理解。古希腊哲学中包含着丰富的朴素唯物主义和自发辩证法的思想，它坚持从自然界本身去寻求对自然界的解释，坚持在自然界的总体联系和运动、发展、变化中认识自然界，因而孕育了许多在以后科学发展中得到成熟和证实的天才预见。恩格斯说：“在希腊哲学的多种多样的形式中，几乎可以发现以后的所有看法的胚胎、萌芽。因此，理论自然科学想要追溯它的今天的各种一般原理的形成史和发展史，也不得不回到希腊人那里去。”③在这里，我们主要论述自然辩证法创立的直接思想资源，即德国古典哲学的相关思想。在一定意义上可以说，自然辩证法是在批判继承德国古典哲学理论成就的基础上创立的。

德国古典哲学的理论成就主要体现在以费尔巴哈为代表的唯物论思想和以黑格尔为典

---

① 《马克思恩格斯文集》第9卷，人民出版社2009年版，第458页。
② 《马克思恩格斯文集》第9卷，人民出版社2009年版，第418页。
③ 《马克思恩格斯文集》第9卷，人民出版社2009年版，第439页。

型的辩证法思想。对自然辩证法的创立起着直接启示作用的主要是德国古典哲学最著名代表黑格尔关于辩证法的规律和范畴的思想。恩格斯指出，黑格尔的伟大功绩是第一次“把整个自然的、历史的和精神的世界描写为一个过程，即把它描写为处在不断的运动、变化、转变和发展中，并企图揭示这种运动和发展的内在联系”①。

唯物辩证法批判继承了黑格尔辩证法的合理内核，扬弃了黑格尔哲学思想唯心主义的外壳，把辩证法与唯物主义有机结合起来，使马克思主义唯物论成为辩证唯物论，使马克思主义辩证法成为唯物辩证法。唯物辩证法认为：“所谓的客观辩证法是在整个自然界中起支配作用的，而所谓的主观辩证法，即辩证的思维，不过是在自然界中到处发生作用的、对立中的运动的反映，这些对立通过自身的不断的斗争和最终的互相转化或向更高形式的转化，来制约自然界的生活。”②总之，唯物辩证法即最完备、最深刻、最无片面性的关于发展的学说，它用矛盾、联系、发展和全面的观点看待世界，认为世界是矛盾的统一体，组成世界的诸要素是普遍联系的；世界及其组成部分都是运动、变化、发展的，事物都有一个诞生、发育、成长到逐步消亡的过程；联系和运动是不可分割的，两者互为因果关系；一切对立物都通过一定的中介环节向其对立面转化；外因是变化的条件，内因是变化的根据，外因通过内因而起作用。辩证法在考察事物及其在观念上的反映时，本质上是从它们的联系、它们的联结、它们的运动、它们的产生和消逝方面去考察的。

链接材料

辩 证 法

古希腊文中，辩证法是进行谈话、展开论战，揭露对方矛盾并由此取得胜利的艺术。

近代辩证法是指物质活动的形式、对待事物的一种方法，它包括思维的方式辩证法广泛适用于思维、人类社会和自然界。它是一种世界观。

德国古典哲学的最著名代表人物黑格尔从其唯心主义的观点出发，提出了辩证法的规律和范畴，批判了自然科学研究中的形而上学思维方式和经验主义倾向。德国古典自然哲学最主要的价值，即在于把世界描绘成一个过程的集合体，而不是单纯事物的集合体，并且清晰地提出了矛盾是运动、发展的源泉的思想。

四、自然辩证法创立的基本过程

自然辩证法创立于19世纪70年代。马克思、恩格斯始终如一地关注和研究自然科学，关于自然界和自然科学的辩证法思想是马克思、恩格斯共同提出的。1885年9月，恩格斯在《反杜林论》第二版序言中回忆道：“当我退出商界并移居伦敦，从而有时间进行

① 《马克思恩格斯文集》第9卷，人民出版社2009年版，第26页。

② 《马克思恩格斯文集》第9卷，人民出版社2009年版，第470页。

研究的时候，我尽可能地使自己在数学和自然科学方面来一次彻底的——像李比希所说的——‘脱毛’，八年当中，我把大部分时间用在这上面。”①其实，马克思在这方面也倾注了大量精力。同年，恩格斯在《资本论》第二卷序言中回忆道，1870 年以后，马克思“照例是利用这类时间进行各种研究。农学，美国的特别是俄国的土地关系，货币市场和银行业，最后，还有自然科学，如地质学和生理学，特别是独立的数学研究”②。

对于恩格斯研究科学技术和自然辩证法，马克思十分支持。1877 年，马克思在致威廉·亚历山大·弗罗恩德的信中说道：“如果您偶尔见到特劳白博士，请代我向他衷心问好，并请提醒他一下，他曾答应把他已出版的著作**目录**寄给我。这对我的朋友恩格斯很重要，他正在写自然哲学的著作（指《自然辩证法》——编者注），并打算比以往任何人更多地指出特劳白的科学功绩。”③但马克思的主要精力在研究资本主义经济运动规律方面，因此，自然辩证法的研究和创立主要是由恩格斯完成的。

1858 年 7 月 14 日，恩格斯在给马克思的信中，要求马克思给他寄黑格尔的《自然哲学》，并说他正在进行关于生理学和比较解剖学的研究，发现 19 世纪 30 年代以来自然科学所取得的成就，处处显示出自然界的辩证性质。信中提到了细胞理论的建立、能量转化（原文是“物理学中各种力的相互关系”）的发现、胚胎发育阶段所显示的生物进化。这封信可以说是记载自然辩证法思想的第一个历史文献。

1873 年 5 月 30 日，恩格斯从伦敦写信给正在曼彻斯特看病的马克思，信的第一句话是：“今天早晨躺在床上，我脑子里出现了下面这些关于自然科学的辩证思想。”信中提出，“自然科学的对象是运动着的物质，物体。物体是离不开运动的，各种物体的形式和种类只有在运动中才能认识”，“对运动的各种形式的认识，就是对物体的认识”。接着，他逐一论述了自然界的各种运动形式及其相互关系。最后他说：“由于你那里是自然科学的中心，所以你最有条件判断这里面哪些东西是正确的……加工这些东西总还需要很多时间。”④这封信反映了恩格斯关于自然辩证法的第一个全面的构思，也是他准备写《自然辩证法》一书的起点。

从 1873 年 5 月 30 日开始到 1876 年 5 月这 3 年时间里，恩格斯埋头于全面探索自然辩证法，并写了 94 篇札记，其中有 1875—1876 年间写成的《导言》。这篇《导言》是全稿的精髓，它生动地总结了近代科学的成长和发展，特别是自然观的变化和发展，深刻地揭示了自然界的辩证本性，指出“自然界不是存在着，而是生成着并消逝着”⑤。

1878 年 8 月，在恩格斯开始继续写《自然辩证法》时，写了一个《1878 年的计划》。这个计划是他 5 年前最初设想的补充和发展，反映了两年前即已呈现在他脑海中的《自然辩证法》一书的“最终的全貌”。在这篇稿以及一年后（1879 年）写的《辩证法》稿中，恩格斯开始明确地提出辩证法的三个规律：“量和质的转化”，“对立的相互渗透”，“否定的否

① 《马克思恩格斯文集》第 9 卷，人民出版社 2009 年版，第 13 页。
② 《马克思恩格斯文集》第 6 卷，人民出版社 2009 年版，第 7 页。
③ 《马克思恩格斯全集》第 34 卷，人民出版社 1972 年版，第 229 页。
④ 《马克思恩格斯文集》第 10 卷，人民出版社 2009 年版，第 385 页。
⑤ 《马克思恩格斯全集》第 20 卷，人民出版社 1971 年版，第 367 页。

定”。他指出：“辩证法是关于普遍联系的科学。”①

链接材料

[1878年的计划]②

1. 历史导论：在自然科学中，形而上学观点由于自然科学本身的发展已经站不住脚了。

2. 黑格尔以来的德国理论发展进程。回到辩证法是不自觉的，因而是充满矛盾的和缓慢的。

3. 辩证法是关于普遍联系的科学。主要规律：量和质的转化——两极对立的相互渗透和它们达到极端时的相互转化——由矛盾引起的发展或否定的否定——发展的螺旋形式。

4. 各门科学的联系。数学，力学，物理学，化学，生物学。圣西门（孔德）和黑格尔。

5. 关于各门科学及其辩证内容的概要：

(1)数学：辩证法的辅助手段和表达方式，数学上的无限是实际存在的；

(2)天体力学——现在被解释为一个过程。力学：出发点惯性，而惯性只是运动不灭性的反面表现；

(3)物理学——分子运动的相互转化。克劳修斯和洛施密特；

(4)化学：理论，能；

(5)生物学。达尔文主义。必然性和偶然性。

6. 认识的界限。

7. 机械论。

8. 原生粒的灵魂——海克尔和耐格里。

9. 科学和讲授——微耳和。

10. 细胞国家——微耳和。

11. 达尔文主义的政治学和社会学说——海克尔和施米特。

自然科学的辩证法：对象是运动着的物质。物质本身的各种不同的形式和种类又只有通过运动才能认识，物体的属性只有在运动中才显示出来；关于不运动的物体，是没有什么可说的。因此，运动着的物体的性质是从运动的形式得出来的。③

1882年11月27日，恩格斯在给马克思的信中说：“现在必须尽快地结束自然辩证

---

① 《马克思恩格斯文集》第9卷，人民出版社2009年版，第401页。

② 参考《马克思恩格斯文集》第9卷，人民出版社2009年版，第401~402页。

③ 《马克思恩格斯文集》第9卷，人民出版社2009年版，第503页。

法。”①我们现在读到的《自然辩证法》一书，是由181篇论文、札记和片段组成的手稿。在《自然辩证法》一书中，恩格斯通过对自然科学特别是19世纪自然科学最新成果的哲学概括，确立了辩证唯物主义自然观的主要内容以及辩证法规律和若干范畴；通过对科学技术史的研究，总结了自然科学的发展规律，批评了自然科学领域的唯心主义和形而上学，论述了科学认识方法论的基本内容。恩格斯还根据唯物辩证法，对自然科学未来的发展提出了许多科学的预见，例如关于原子可分、生命本质、各门学科的交叉点上必然产生新的边缘学科等，都得到了后来科学发展的事实的有力佐证。

五、自然辩证法的历史发展

恩格斯《自然辩证法》的手稿在1925年以德文原文和俄文译文对照的形式在苏联第一次正式出版。接着，《自然辩证法》日文版(1929年)、中文版(1929年)、英文版(1939年)等多种文字的版本也相继问世。关于自然界和自然科学辩证发展的思想在世界范围内传播开来了。

恩格斯基本完成自然辩证法之后，在苏联首先获得了发展。20世纪20年代苏联学者梁赞诺夫组织将恩格斯的若干手稿、札记和论文集结成册，并且随后正式出版。这与列宁、斯大林的研究和支持是分不开的。恩格斯去世后不久，发生了物理学革命，物质微观领域的研究取得了很大的进展，并给哲学社会科学带来了巨大的影响。列宁敏感地观察了这时的自然科学成就，写下了《唯物主义与经验批判主义》和《论战斗唯物主义的意义》等著作，吸收了最新的科学技术成果，丰富和发展了自然辩证法。

在这些著作中，列宁分析了当时唯心主义产生的原因后强调，现在的任务就是要注意自然科学领域里最新革命所提出的种种问题，并吸收自然科学家参加哲学杂志所进行的这项工作。如果不解决这个任务，战斗唯物主义根本就既没有战斗性，也不是唯物主义。

列宁之后，斯大林写下了《列宁主义问题》等著作，继承了列宁的相关观点，进一步指出了对于自然界的一切都应该从运动和发展的观点去观察；辩证法的精神贯穿着全部现代科学。

恩格斯的《自然辩证法》在中国产生了巨大的影响。新中国成立前，无论在解放区和国民党统治区，都有不少青年在认真学习这一光辉著作，并热情传播它所启示和阐明的真理。新中国成立后，广大自然科学工作者把学习自然辩证法作为学习马克思主义，提高自己的科研、教学水平的重要步骤。20世纪40年代，现代科学技术革命由科学革命进入到技术革命时期，以微观物质结构理论为代表的现代科学理论基本奠定，以电子、核、计算机为代表的现代技术应运而生。这一科技革命浪潮开始了对各国的冲击，也开始对战争发生影响。与此同时，中国人民的抗日战争进入到困难而关键的阶段。作为抗日根据地的延安在开展大生产的同时，学习科学技术的热潮出现。在学校、机关，自然辩证法和与此相关的科学技术史、自然科学概论等成为重要的教材和阅读书目。毛泽东继《必须学会做经济工作》、《矛盾论》、《实践论》等讲话和著作之后，又一次强调了学习自然科学的重要性。在边区自然科学研究会成立大会上，他号召“大家要来研究自然科学，否则世界上就

---

① 《马克思恩格斯全集》第35卷，人民出版社1971年版，第115页。

有许多不懂的东西，那就不算一个最好的革命者”，“自然科学是人们争取自由的一种武装”。① 这一时期学习和研究自然辩证法成为一种风气和传统，不仅影响了此后的战争，而且延伸至社会主义建设时期。20 世纪 70 年代，现代科学技术革命进入高新科学技术兴起和应用的时代，微电子、核能、生物、航天等技术纷纷被应用于各国的建设。这时中国在结束了“文化大革命”之后，1978 年全国科学大会召开，迎来了“科学的春天”。大会上，邓小平充分肯定了科学技术及科学技术人员的重要作用，制订并且开始实施全国科学技术十年规划。与此同时，还制订了全国自然辩证法研究规划。

第二节 自然辩证法的研究对象、主要内容及学科性质

一、自然辩证法的研究对象

如前所述，自然辩证法是马克思主义关于自然和科学技术发展的一般规律、人类认识自然和改造自然的一般方法以及科学技术与人类社会相互作用的理论体系。由此可见，自然辩证法的研究对象主要是四个方面，即自然界发展的一般规律，科学技术发展的一般规律，人类认识自然、改造自然的一般方法，科学技术与人类社会相互作用。自然辩证法的研究对象，规定了自然辩证法研究的主要内容，这就是自然观、科学技术观、方法论及科学技术与社会等。

二、自然辩证法的主要内容

顾名思义，自然辩证法是关于自然界普遍本质和一般规律的科学。作为理论体系，自然辩证法是“主观辩证法”，是关于自然界本质和规律“客观辩证法”的认识及理论成果。马克思主义自然观是自然辩证法的重要理论基础。朴素唯物主义自然观、机械唯物主义自然观是马克思主义自然观形成的思想渊源，辩证唯物主义自然观是自然观的高级形态，是马克思主义自然观的核心。系统自然观、人工自然观和生态自然观是马克思主义自然观的当代形态。

对自然界研究和认识的理论成果，表现为自然科学或狭义的科学。科学的灵魂是发现。在科学发现及实践经验的基础上形成技术。技术的本质是发明。因此，自然辩证法又研究自然科学和技术发展的一般规律。马克思主义科学技术观在总结马克思恩格斯的科学技术思想的历史形成和基本内容的基础上，分析科学技术的本质特征和体系结构，揭示科学的发展模式和技术的发展动力，进而概括科学技术及其发展规律。它是马克思主义关于科学技术的本体论和认识论，是马克思主义科学技术论的重要组成部分。中国马克思主义科学技术观是自然辩证法中国化发展的最新形态和理论实践，是中国共产党人集体智慧的结晶。中国马克思主义科学技术观概括和总结了毛泽东、邓小平、江泽民、胡锦涛的科学技术思想，包括科学技术的功能观、战略观、人才观、和谐观和创新观的基本内容，体现了时代性、实践性、科学性、创新性、自主性、人本性等特征，建设中国特色的创新型国

① 《毛泽东文集》第 2 卷，人民出版社 1993 年版，第 270、269 页。

家，充分展示新中国科学技术成就与中国现代化的内在关系，是中国马克思主义科学技术观的具体体现。

事实上，自然科学与自然界既有一致性，又有差异性。就其内容而言，两者具有一致性。任何自然科学都是对其研究对象（自然客体）的正确发现和揭示，其内容是客观的，与自然客体具有一致性。自然科学与自然界又存在差异性。这主要表现在形式和内容两个方面。就形式来说，自然界的形式和内容都是客观的，而自然科学的形式是主观的。两者在内容上的差异也是显而易见的。任何自然科学都只是关于研究对象一定范围、一定层次的正确认识，而没有也不可能穷尽自然界的一切认识。然而，自然科学与自然界的一致性和差异性，都与人类的认识能力密切相关。因此，自然辩证法又要研究人类认识自然、改造自然的一般方法。一个民族要想登上科学的最高峰，毕竟是不能离开理论思维的。"然而对于现今的自然科学来说，辩证法恰好是最重要的思维形式，因为只有辩证法才为自然界中出现的发展过程，为各种普遍的联系，为一个研究领域向另一个研究领域过渡提供类比，从而提供说明方法。"①马克思主义科学技术方法论从辩证唯物主义立场出发，总结出分析和综合、归纳和演绎、从抽象到具体、历史和逻辑的统一等辩证思维形式，并且吸取具体科学技术研究中的创新思维方法和数学与系统思维方法等基本方法，并且对其进行概括和升华，形成了具有普遍指导意义的方法论。

研究自然界辩证运动的目的是为人类社会服务。因此，阐述科学技术与人类社会相互作用是自然辩证法的归宿。马克思主义科学技术社会论是从马克思主义的立场观点出发，探讨社会中科学技术的发展规律，以及科学技术的社会建制、科学技术的社会运行等的普遍规律，包括科学技术社会经济发展观，科学技术异化观、科学技术伦理观，科学技术社会运行观、科学技术文化观等方面，是马克思主义科学技术论的重要组成部分。

总之，马克思主义自然辩证法，是一个包含着马克思主义自然观、科学技术观、科学技术方法论和科学技术社会论等内容的完整的科学学说体系，其理论体系是统一的，研究内容是开放的，随着科学技术的进步，它将不断丰富和发展。

三、自然辩证法的学科性质

作为马克思主义理论的有机构成部分，自然辩证法是一门自然科学、社会科学与思维科学相交叉的哲学性质的马克思主义理论学科。它站在世界观、认识论和方法论的高度，从整体上研究和考察包括天然自然和人工自然在内的自然的存在和演化的规律，以及人通过科学技术活动认识自然和改造自然的普遍规律；研究作为中介的科学技术的性质和发展规律；研究科学技术和人类社会之间相互关系的规律。自然辩证法具有综合性、交叉性和反思性、哲理性的特点。

自然辩证法与马克思主义哲学、政治经济学和科学社会主义理论，构成了马克思主义理论体系的重要组成部分，与自然辩证法相近的学科有科学技术哲学、自然哲学、科学技术史、科学学等，它们具有不同的学科性质和定位，但在研究领域、方法和目标等方面相

---

① 《马克思恩格斯文集》第9卷，人民出版社2009年版，第436页。

互联系和交叉。

第三节 学习自然辩证法的意义

1979年，由国家教育部门组织编写并由人民教育出版社出版了全国统编教材《自然辩证法讲义》，开始在高等学校开设这一课程。1987年，原国家教育委员会根据教学实践中的反映和需要下发〔1987年007〕号文件，系统地规定了研究生的马克思主义理论课，其中“自然辩证法”是理工科硕士研究生的必修课程。2010年，中共中央宣传部、教育部发布了《关于高等学校研究生课程设置的调整意见》(教社科〔2010〕2号)，规定“自然辩证法概论”课，主要进行马克思主义自然辩证法理论的教育，帮助硕士研究生掌握唯物主义的自然观、科学观、技术观，了解自然界发展和科学技术发展的一般规律，认识科学技术在社会发展中的作用，培养硕士研究生的创新精神和创新能力。

尽管《自然辩证法》在恩格斯生前并未成为最后的定稿，而且离现在已有一个多世纪。这一个多世纪中，无论在物理科学、生物科学和生产技术方面，都有为前人所无法想象的历史性突破和发展。恩格斯说过：“随着自然科学领域中每一个划时代的发现，唯物主义也必然要改变自己的形式。”①但是，这一著作的基本思想、基本观点和方法依然是正确的，并且越来越显示出它的强大的生命力。20世纪自然科学的每一个重大发展，无不宣告自然辩证法的胜利。

“自然辩证法概论”课程是高等学校面向全体硕士研究生开设的思想政治理论课选修课程，它与高校大学本科生学习的思想政治理论课必修课程以及博士研究生学习的“中国马克思主义与当代”相互衔接。

本课程在大学生本科阶段学习的基础上，进一步着眼于把握马克思主义关于自然、科学、技术的基本原理、观点和方法，并为博士研究生阶段运用中国马克思主义的科学技术观，深入分析当代科学技术的前沿问题和科学、技术与社会问题，提供重要的理论基础和方法论手段。

本课程教学的根本目的和主要任务是紧密结合科技发展的历史、现状和趋势，使研究生理解自然辩证法的基本原理、方法及在马克思主义理论中的重要地位；运用马克思主义的立场和观点，分析自然界和科技发展的一般规律，人类认识和改造自然的一般方法以及科学技术与人类社会发展的相互关系；了解中国马克思主义科学技术观的历史进程，掌握中国马克思主义科学技术观的理论精髓，明确创新型国家建设的重大意义。

学习“自然辩证法概论”课程，有助于引导硕士研究生全面理解并确立马克思主义的自然观、科学技术观，掌握科学技术与社会互动的基本原理和规律，加深对我国科学技术发展和现代化建设战略决策的理解和认识；有助于培养硕士研究生的科学精神和辩证思维能力，掌握和运用马克思主义观点和现代科学技术方法，揭示自然界与科学技术发展规律和趋势，解决和处理具体科学和技术领域中问题的能力；有助于帮助硕士研究生形成复合

---

① 《马克思恩格斯选集》第4卷，人民出版社1972年版，第224页。

型知识结构和提高综合素质，自觉促进人和自然协调发展，运用中国马克思主义科学技术观，推动科技的创新和创新型国家的建设，培养具有较高思想政治理论素养的创新型人才。

阅读书目

1. 恩格斯：《自然辩证法》，见《马克思恩格斯文集》第9卷，人民出版社2009年版。

2. 龚育之：《自然辩证法在中国》，北京大学出版社2005年版。

3. 教育部马克思主义理论研究和建设工程重点教材、硕士研究生思想政治理论课教学大纲：《自然辩证法概论·绪论》，高等教育出版社2012年版。

分析与思考

1. 在这种僵化的自然观上打开第一个突破口的，不是一位自然科学家，而是一位哲学家。1755年，康德的《自然通史和天体论》出版。关于第一推动的问题被排除了；地球和整个太阳系表现为某种在时间的进程中生成的东西。如果大多数自然科学家对于思维并不像牛顿在“物理学，当心形而上学啊!”这个警告中那样表现出厌恶，那么他们一定会从康德的这个天才发现中得出结论，从而避免无穷无尽的弯路，省去在错误方向上浪费的无法估算的时间和劳动，因为在康德的发现中包含着一切继续进步的起点。①

请根据上述材料回答下列问题：

1. 什么是自然辩证法？

2. 自然辩证法与自然科学的关系是什么？

2. 所谓的客观辩证法，是在整个自然界中起支配作用的；而所谓的主观辩证法，即辩证的思维，不过是在自然界中到处发生作用的、对立中的运动的反映，这些对立通过自身的不断的斗争和最终的互相转化或向更高形式的转化，来制约自然界的生活。②

请根据上述材料回答问题：

(1)什么是客观辩证法？什么是主观辩证法？

(2)客观辩证法与主观辩证法是什么关系？

---

① 《马克思恩格斯文集》第9卷，人民出版社2009年版，第452、463页。

② 《马克思恩格斯文集》第9卷，人民出版社2009年版，第470页。

3. 我们不要过分陶醉于我们人类对自然界的胜利。对于每一次这样的胜利，自然界都对我们进行报复。每一次胜利，起初确实取得了我们预期的结果，但是往后和再往后却发生完全不同的、出乎预料的影响，常常把最初的结果又消除了。美索不达米亚、希腊、小亚细亚以及其他各地的居民，为了得到耕地，毁灭了森林，但是他们做梦也想不到，这些地方今天竟因此而成为不毛之地，因为他们使这些地方失去了森林，也就失去了水分的积聚中心和贮藏库。阿尔卑斯山的意大利人，当他们在山南坡把那些在山北坡得到精心保护的枞树林砍光用尽时，没有预料到，这样一来，他们就把本地区的高山畜牧业的根基毁掉了；他们更没有预料到，他们这样做，竟使山泉在一年中的大部分时间内枯竭了，同时在雨季又使更加凶猛的洪水倾泻到平原上。……事实上，我们一天天地学会更正确地理解自然规律，学会认识我们对自然界习常过程的干预所造成的较近或较远的后果。特别自本世纪自然科学大踏步前进以来，我们越来越有可能学会认识并从而控制那些至少是由我们的最常见的生产行为所造成的较远的自然结果。①

请根据上述材料回答下列问题：

(1)学习“自然辩证法”课程有什么理论意义？

(2)学习“自然辩证法”课程有什么实践价值？

① 《马克思恩格斯文集》第9卷，人民出版社2009年版，第559~560页。

第二章

马克思主义自然观

要论提示

- 自然观是人们关于自然界及其人与自然关系的根本看法和总的观点。它是人们认识自然、改造自然的本体论基础和方法论前提。
- 马克思主义自然观的核心是辩证唯物主义自然观。它是由马克思恩格斯在 19 世纪中期自然科学的革命性变革中确立的，是人类自然观的高级形态。
- 20 世纪以来，随着社会的进步和科学技术的发展，人类自然观出现了系统自然观、人工自然观、生态自然观三种典型的理论形态。

自然观是人们关于自然界及其人与自然关系的根本看法和总的观点。它是人们认识自然、改造自然的本体论基础和方法论前提。自然观的形成和演进与人类社会历史的发展有着十分紧密的联系。马克思主义自然观是马克思主义理论的重要组成部分。它以马克思主义的立场、观点和方法研究、阐述对自然界总的认识，及其人与自然的基本关系，引导人们科学地揭示自然界的奥秘，正确处理人与自然的关系。马克思主义自然观的核心是马克思、恩格斯在19世纪创立的辩证唯物主义自然观。马克思主义自然观与马克思主义理论中的其他内容一样，是人类社会发展的历史产物，是开放的、发展的理论，也将随着人类社会历史的发展而得到丰富和创新。

第一节　人类自然观的历史演进

从本体论上看，在人类历史上，有两大类根本立场不同的自然观一直伴随着人类社会的发展，即唯心主义自然观和唯物主义自然观。这两类观点的根本区别在于对世界本原问题的不同认识。在其本体论上，唯心主义主张世界统一于精神，精神或意识第一性，物质第二性。与之相反的是，唯物主义则主张世界统一于物质，物质第一性，精神、意识第二性。不同的人将两种不同的根本立场贯穿于对自然界的认识中，就形成了两类不同的自然观。迄今为止，人们对于唯心主义自然观主要持批判态度。唯物主义自然观则不断得到科学技术的验证，并伴随着科学技术的发展，成为人类自然观的主流。

一、唯心主义自然观及其批判

唯心主义自然观具有多种具体的表现形式，也不是人类认识自然界的主流观点。它的科学性一直受到种种质疑。但是，时至今日，唯心主义自然观仍然在我们的生活中有着十分鲜活的表现。因此，了解唯心主义自然观的产生、基本观点和逻辑错误，对于我们坚持唯物主义自然观，深刻理解马克思主义自然观，树立科学的自然观来指导我们的科学技术实践具有十分重要的意义。

（一）唯心主义自然观的产生

在人类社会初期，当时的生产力水平极其低下。人们所掌握的科学技术知识相当贫乏，对观察到的各种自然现象并不能作出科学合理的解释。人们并不了解自然界的雷、电等现象是如何产生的，具有什么样的运动规律。因此，一部分人认为，之所以出现这些自然现象，是因为我们所生存的世界具有一种超自然的力量，是这种超自然的力量主宰着自然界的存在与演变。这种对自然界十分原始的认知，从最初出于对先者灵魂的尊敬而产生的祖先崇拜，发展为对自然物和自然力的崇拜。他们把自然界的现象幻化为具有"客观性的"天帝、太阳神、雷神、雷公、电母等主体的喜怒哀乐，或者是人的主观精神的产物。其共同特点是承认精神先于物质世界而存在，认为现实存在的物质世界只是精神、原则的外化或表现。

时至今日，随着人们对自然界奥秘的不断揭示，绝大部分人已经认识到自然界存在的物质第一性。但仍有一些人认为，我们所生存的世界是某种客观的或主观的"神"所创造的。之所以出现这些现象，原因是多方面的。主要的原因在于以下几个方面：第一，因为社会生产力水平仍还不够高，自然界仍有许多我们未涉猎到的地方，还隐藏着许多的奥秘等着我们去揭示。第二，对于我们已知的人类意识、精神等部分自然现象，我们也还难以给出十分完满、令人信服的科学解释。第三，因为一部分人所掌握的关于自然界的知识仍十分有限，还无法掌握最新的科学知识，以至于投入唯心主义的怀抱，不能正确理解自然界的种种现象。在可以预见的将来，唯心主义的自然观仍然有存留的空间，仍会干扰着人们对于自然界及其人与自然关系的根本认识。

（二）唯心主义自然观的基本观点

唯心主义自然观认为自然界只是精神幻化的产物。古希腊著名哲学家柏拉图认为，我们感觉到的种种变动的、有生有灭的具体事物只是现象。它们是相对的，它们的本质是永恒不变的、绝对的"理念"。理念是具体事物的原因和目的，它在具体事物之外，并且先于自然界的具体事物而存在。人对理念的知识是先验的，只要通过对具体事物的感觉就可"回忆"起来。到了公元4世纪，西方基督教会吸引了大多数人为其服务。在这一时期的西方，人们不再以客观和科学地理解自然现象为荣耀，而是以证明上帝的存在为主要任务。中世纪思想的先驱者和基督教义的奠基人、西罗马主教奥古斯丁开始重审泰勒斯关于世界本源的观点，把柏拉图的理念变成了在造物之前就已经永恒存在的思想原型——上帝，并认为正是由于这个永恒思想的存在和运动，才从虚无中产生了水、火、土、气等自然界的万物。他认为，上帝才是自然界存在的终极原因。上帝之前并没有时间和空间，是永恒的上帝创造了时空和万物。随着公元4世纪末基督教的胜利，神学自然观逐渐占据了主导地位，自然哲学被改造成神学和宗教的婢女，古希腊自然哲学的许多观点成为上帝创造世界这一基本命题的证明材料。神学自然观对自然及其运动规律的探讨最终归于证明上帝的全能与仁慈。

在我国古代萌发的唯心主义自然观并不像西方那样明确，但也有所表现。"天"被视为有意志、有人格的至上神，它创造并主宰了世界。孔子的"天命"、墨子的"天志"都与其有着深刻的渊源。孟子更以"天"为第一性的本原，认为它是人的心性的来源，它赋予人以良知、良能，所以尽心可以知性知天，达到"上下与天地同流"的境界。两汉延续了

“天人”关系的探讨。我国哲学家董仲舒的“独尊儒术”则构筑了一个“天人相类，天人感应”的世界模式。他把“天”解释为至高无上的主宰自然界和人类社会的有意志的人格神，从而建立了以天人感应为中心的神学世界观。这些对自然界的基本认识都具有明显的唯心主义自然观性质。

链接材料

奥古斯丁的唯心主义神学自然观

如问我们在宗教上所信仰的是什么，那么，我们不必如希腊人所说的物理学家那样拷问事物的本性；我们也无需惟恐基督徒不知道自然界各种元素的力量和数目——诸天体的进行，秩序及其亏蚀；天空的形状；动物、植物，山、川、泉、石的种类与本性；时间及空间的意义；风暴来临的预兆；以及哲学家所发现或以为发现了的其他千万事物。这些哲学家们，虽然具有很多天才，有火热的研究志愿，享受丰富的闲暇时间，又有人类推测力的资助和历史经验的凭借，却还没有把一切事物都寻求出来，弄个明白。甚至连他们所夸说的各种发现也有许多仍是些推测，不是确定的知识。我们基督徒，不必追求别的，只要无论是天上的或地上的、能见的或不能见的一切物体，都是因创造主(他是唯一的神)的仁慈而受造，那就够了。宇宙间除了上帝以外，没有任何存在者不是由上帝那里得到存在；上帝是三位一体的——即“父”，由父而生的“子”和从父出来的“圣灵”，这圣灵就是父与子之灵。①

当代唯心主义自然观主要表现为各种形式的唯心主义有神论等超自然观。唯心主义有神论自然观认为，世界上存在着“上帝”和某种“神灵”，而人类及自然界的万物都是这些具有超自然力量的“上帝”和“神灵”创造和支配的。具有超自然力量的“上帝”和“神灵”能自我异化出整个自然界。自然界中无限多的千奇百怪的事物全都是由这个具有超自然能力的精神异化出来的。它可以超越任何客观事物的局限而任意异化。“上帝”和“神灵”的超自然力量是无形的，人们无法用肉眼看到或用凡身感知到，只能是被动地被控制和左右。这种唯心主义超自然观不仅将人类认识的目光聚焦到从未获得科学证实的“神灵”、“造物主”等精神产物之上，而且引发了人们内心莫名的恐惧，直至对自然界的不可知性。

从根本上看，唯心主义自然观是唯心主义哲学立场在自然观上的体现。在其本体论上，唯心主义自然观认为，自然界的存在是某种超越自然力的精神作用的结果。自然界的存在及其种种现象的产生是后于这种自然力的。在其认识论上，他们认为，我们并不可能认知自然界。因为，我们也是自然界的一员，是神创造的。人与造物神之间并非完全的平等，而人只是受到神的授意而行为，一切都是神的旨意。在其方法论上，唯心主义自然观坚持用人格化的神去解释自然现象。他们认为，自然界的种种现象是超自然力的结果，而

① 摘自《西方哲学原著选读》(上)，商务印书馆2003年版，第219页。

并非物质相互作用的结果。

(三)马克思、恩格斯对唯心主义自然观的批判

恩格斯在《反杜林论》中有一段非常著名的辩论。杜林认为:“自然界不仅知道它为什么创造这个或那个东西,它不仅要做家庭女仆的工作,它不仅具有纤巧性——这本身已经是主观的自觉的思维中的十分美好的东西,它也具有意志。”①对此,恩格斯指出:“这样,我们就到达了一个自觉地思维和行动的自然界,因而已经站在一座不是从静到动、而是从泛神论到自然神论的‘桥’上。”②恩格斯在这里不仅指出了杜林这类观点的唯心主义本质,而且指出了其错误。唯心主义自然观的本质与论证逻辑就在于:“他以为,他可以先从头脑中制造出存在的基本形式、一切知识的简单的成分、哲学的公理,再从它们中推导出全部哲学或世界模式论,并把自己的这一宪法钦定赐给自然界和人类世界。”③

事实上,我们关于世界的每一个认识,不仅是对自然界的反映,而且受到自然界客观存在的现状的限制,受到身处自然界的人的物质性身体状况的限制。不是我们的精神主宰了自然界,也不是某种超自然的力量主宰着自然界,而恰恰是相反,是自然界的物质第一性存在主宰了我们的认识。唯心主义自然观试图从人的思想出发来构造自然界。从自然界形成之前就久远地存在某个地方的观念,神来构造、认识自然界,是一种典型的推理性认知。这种由人的思想外推或泛化构造出各种“神”的推理方式,是人类的童年时期思维的普遍特征,是一种低级的,并不可靠的思维方式。

唯心主义自然观的根本错误在于,它将人们对于自然界的认识和自然界本身的存在之间的关系弄颠倒了。思维和意识都是人脑的产物,而人脑也只不过是自然界的产物。恩格斯认为:“从思想中,从世界形成之前就久远地存在于某个地方的模式、方案或范畴中,来构造现实世界,这完全像一个叫作黑格尔的人的做法。”④这是一种以唯心主义立场来认识自然界的做法。而事实上应该是,不是客观的自然界来适应我们对于自然界的认识,而是我们必须不断地去认识自然界,只有符合自然界和人类社会历史的情况下,我们的认识才是正确的。这是唯物主义自然观与唯心主义自然观的根本不同。我们对于自然界的正确认识只能来自自然界,而不是来源于头脑的凭空想象或者某种“神”的授意。因此,对自然界科学的认识论路线是从自然界到人的意识,而不是从人的意识到自然界。我们也只有坚持这种唯物主义立场,才可能得到对自然界正确的客观认识。

二、古代朴素唯物主义自然观

朴素唯物主义自然观是古代唯物主义自然观的典型理论形态。虽然它产生于人类社会初期,但它对后来种种自然观的形成与发展却产生了十分深远的影响。朴素唯物主义自然观也是马克思主义自然观形成的重要思想来源之一。如今,朴素唯物主义自然观仍然在以各种形式影响着人们对于自然界的认识,以及改造自然的实践活动。

---

① 《马克思恩格斯选集》第3卷,人民出版社1995年版,第407页。
② 《马克思恩格斯选集》第3卷,人民出版社1995年版,第407页。
③ 《马克思恩格斯选集》第3卷,人民出版社1995年版,第378页。
④ 《马克思恩格斯选集》第3卷,人民出版社1995年版,第374页。

（一）古代朴素唯物主义自然观的产生

古代朴素唯物主义自然观是人类社会生产力水平低下、人类认识自然界能力十分有限的另一种历史产物。与最原始的唯心主义自然观不同的是，古代朴素唯物主义自然观并不认为自然界是人的精神或者某种超自然的神的产物。恰恰相反，古代朴素唯物主义者一直试图为自然界的存在找到某种现实存在的物质本源，并以这种物质来解释自然界的存在和运动规律。之所以会出现与唯心主义不同的自然观，其中一个重要的原因就在于，人们在从事生产劳动等实践活动中，朴素地认识到自然界的独立存在性和先在性。与此同时，随着社会生产力水平的提高，一部分人从体力劳动中解放出来专门从事脑力劳动，其中一部分人可以专门来探求关于自然界的各种认识。这种社会的进步为人们拓宽认识自然界的视域提供了条件。从此以后，人们不再是简单地将自然界归为某种神秘力量的结果，而试图从自然本身来认识、解释、改造自然。同时，这种社会的进步也为形成整体性知识形态的自然哲学和自然科学提供了历史条件。于是，无论是西方还是东方，都涌现了许多不同形式的古代朴素唯物主义思想。

（二）古代朴素唯物主义自然观的基本内容

古代朴素唯物主义自然观的基本内容主要体现为以下几点：第一，古代朴素唯物主义自然观认为，自然界是由某种具体物质构成的无限多样性的统一体。古希腊的泰勒斯就认为，水或湿是宇宙的第一因，世界万物都起源于水。自然界是由水构成的。中国古代的五行学说认为，自然界万物是由金、木、水、火、土构成的，并由这五种具体物质相生相克所致。第二，古代朴素唯物主义自然观认为，自然界总是在运动之中。古希腊的赫拉克利特认为："万物皆流，万物常在"，人不可能两次踏入同一条河流，而"太阳每天都是新的"。第三，人和一切生物都来源于自然界。泰勒斯的学生阿那克西曼德认为："万物由之产生的东西，万物消灭又复归于它。"人和一切生物都来源于水这种自然界的最初物质。相比较而言，中西方历史上形成的古代朴素唯物主义自然观各具异同。在认识自然界的本原方面，都持有一元论或多元论的观点。在认识人类与自然界的关系方面，都主张人类来源于自然界。在认识宇宙方面，中国侧重研究宇宙的时间和空间等问题；希腊侧重研究宇宙的演化等问题。中国的"元气说"和希腊的"原子论"都是朴素唯物主义自然观的杰出代表。

链接材料

古代朴素唯物主义自然观的萌芽

在《尚书·洪范》篇中曾提到"五行"这一名称，以指水、火、木、金、土，似乎周初已有五行的思想。但《洪范》这篇著作经后人考证，可能是战国时期作品，因此，我们不能肯定作为唯物主义观点的五行思想已在周初出现。但据《国语》记载，西周末史伯对郑桓公的一次谈话中说，"和"则生物，"同"则不继，意思是一种元素和另一种元素掺和，就能产生新的东西并得到发展，假如用同一种元素相加，则既不能生物又不会有发展。又说，"故先王以土与金、木、水、火杂，以成百物”。从这个谈话中我们可以看出，史伯把金、木、水、火、土作为构成万物的五种元素，这不能不说是具有朴素唯物主义的因素。此外，宋国的大夫子罕也曾说：“天生五材，民并用之，废一不可，谁能去兵。”(《左传》襄公二十七年)子罕说的“五材”就是指金、木、水、火、土。他认为这些元素都是自然而生的，对人民有重大作用，缺一不可。这和史伯讲的用金、木、水、火、土构成万物的意思是一样的。①

(三)古代朴素唯物主义自然观的历史地位

在今天看来，古代朴素唯物主义自然观中的许多观点都具有某种幼稚的直观性或猜测性。但是，这种朴素唯物主义自然观却为后来的人们提出更为科学的自然观奠定了难得的思想基础。古希腊人阿利斯塔克的“日心说”、德谟克利特的“原子论”和恩培多克勒的进化论等，分别被近代的哥白尼、道尔顿和达尔文等人的科学发现所证实，成为近代自然科学发展的历史渊源和理论基础。这正如恩格斯所说：“在希腊哲学的多种多样的形式中，差不多可以找到以后各种观点的胚胎、萌芽。因此，如果理论自然科学想要追溯自己今天的一般原理发生和发展的历史，它也不得不回到希腊人那里去。”②古代朴素唯物主义自然观的另一个重要理论贡献就是辩证法与唯物主义的初步结合。赫拉克利特把唯物主义和辩证法结合起来，认为自然界不是人或者神创造出来的，是变化和发展着的。列宁认为，赫拉克利特的这一思想“是对辩证唯物主义原理的绝妙的说明”③。列宁称其为“辩证法的奠基人之一”④。

但是，朴素唯物主义自然观也有着必然的历史局限。一方面，在古希腊，具体的自然科学还没有形成，不可能有对自然界十分全面、客观的分析和认识。哲学家们只能把自然界作为一个整体加以观察。他们关于自然的观点，除了从神话中继承下来的内容外，就是直接观察的结果。这就注定了古代朴素唯物主义自然观必然具有的直观性、猜测性、思辨性等特点。这些认识因为缺乏科学的论证和严密的逻辑推理，并不具备真理的必然性。另一方面，古代朴素唯物主义自然观虽然力图尽力解释自然界的种种现象及其原因，但是，因为古代朴素唯物主义自然观种种观点本身的不可靠性、非科学性等问题，其观点不仅没有摆脱原始宗教和神话的影响，而且还为神学自然观等唯心主义自然观的进一步存在和发展留下了生存空间。

三、近代机械唯物主义自然观

近代机械唯物主义自然观是十六、十七世纪随着自然科学的发展，尤其是吸收牛顿力学理论，概括和总结自然界及人与自然的关系而逐渐形成的自然观理论形态。它也是马克思主义自然观的主要思想来源之一。跟人类历史上已经出现的各种自然观一样，近代机械

---

① 摘自《中国哲学史》，商务印书馆2004年版，第14~15页。
② 《马克思恩格斯全集》第20卷，人民出版社1971年版，第386页。
③ 《列宁全集》第55卷，人民出版社1990年版，第299页。
④ 《列宁全集》第55卷，人民出版社1990年版，第296页。

唯物主义自然观对今天的人们也有一定的影响。

（一）近代机械唯物主义自然观的产生

从思想源流来看，在古希腊时期，就已经有了近代机械唯物主义自然观的思想萌芽。古希腊哲学家德谟克利特就主张自然界的万物是由原子构成。这些原子按照必然性，以不断旋转的方式运动。所有的现象、生成、腐朽都是这些原子组合和分离的结果。物质的凝聚态，如气体、液体、固体，乃至人的生命、意识和灵魂，都可用不可见的原子的相互作用来解释。不过，这些思想在中世纪的西方遭到了前所未有的挫折。最终，随着神学的发展，神学自然观逐渐成为西方占有统治地位的思想。这一状况直到1543年波兰天文学家哥白尼《天体运行论》一书的出版，才再一次引发了自然观的革命性变革。在这部著作中，哥白尼通过科学观察彻底颠覆了神创论的宇宙观，向以神学自然观为代表的唯心主义自然观提出了挑战，为唯物主义自然观的进一步发展提供了新的契机。

在西方的十六、十七世纪，近代自然科学逐渐挣脱神学的束缚，人们对自然界的探索有了较为明显的进展，不仅出现了自然科学的分支，而且在自然科学的各个主要分支学科都基本上形成了自己的学科体系。从16世纪中叶到18世纪期间，天文学、经典力学和数学取得了巨大进步，物理学、化学、生物学也逐渐形成。其中，力学的发展尤其抢眼。以牛顿在1687年出版的《自然哲学的数学原理》为标志，经典力学成为这一时期人们认识自然界的重要理论和工具。自然科学的迅速发展，极大地促进了社会发展。大量机械技术被应用到日常生产实践活动中。这种理论研究与社会实践之间的相互作用，最大限度地激发了人们借鉴机械原理来理解自然界的热情。当时的许多人都认为，自然界的运行与钟表等机械相类似。在他们看来，自然界的一切存在和运动都是服从机械因果律的。这样一种新的自然观便孕育而出。

（二）近代机械唯物主义自然观的基本内容

近代机械唯物主义自然观的基本观点包括以下几点：第一，自然界是由物质性的原子构成的；第二，构成自然界的原子遵循机械运动规律而存在，并在运动中具有相互作用；第三，自然界的过去、未来都严格地遵循这种机械运动规律，不存在偶然性和随机性；第四，人与自然是相互分离的。18世纪的法国物理学家、天文学家拉普拉斯认为，宇宙中的一切物体都是由粒子按照力学的规律形成的，这些粒子的运动遵循牛顿力学的规律。洛克吸收并发展了牛顿、波义耳的科学观点，认为自然事物的一切特殊性都由物质微粒的量的机械组合而决定。牛顿经典力学和英国机械论哲学传到法国后，百科全书派的拉美特利和霍尔巴赫更是将机械唯物主义思想发挥到了极致。拉美特利在《人与机器》一书中，不仅批判了神学唯心主义自然观的哲学立场，而且提出了著名的“人是机器”这一经典命题。他认为：“人体是一架会自己发动自己的机器；一架永动机的活生生的模型。体温推动它，食物支持它。”①拉美特利关于“人是机器”的思想摧毁了唯心主义自然观的最后壁垒，同时也成为机械唯物主义自然观的典型代表。

从这些代表性观点中，我们可以看出近代机械唯物主义自然观的几个主要特征：第一，近代机械唯物主义自然观具有机械性的特征。它承认自然界事物的机械运动及其因果

---

① 北京大学哲学系：《西方哲学原著选读》（下），商务印书馆2003年版，第107页。

关系，主张还原论和机械决定论。第二，近代机械唯物主义自然观具有形而上学性。它承认世界的物质性和永恒不变性，并用孤立、静止、片面的观点解释自然界，看不到事物之间的普遍联系与变化发展。第三，近代机械唯物主义自然观具有不彻底性。它虽然承认自然界的物质性，但并没有彻底摆脱神学自然观的影响，并最终把自然界存在的终极原因归为神的"第一推动力"和"合目的"的上帝创造论。

链接材料

拉美特利的机械唯物主义自然观

人体是一架会自己发动自己的机器：一架永动机的活生生的模型。体温推动它，食物支持它。没有食物，心灵就渐渐瘫痪下去，突然疯狂地挣扎一下，终于倒下，死去。这是一支蜡烛，烛光在熄灭的刹那又会疯狂地跳动一下。但是，你喂一喂那个躯体吧，把各种富于活力的养料、把各种烈酒从它的各个管子里倒下去吧；这一来，和这些食物一样丰富开朗的心灵就立刻勇气百倍了，那个喝白水喝得临阵脱逃的兵士，这会儿变得剽悍非凡，应着战鼓的声音，迎着死亡，勇往直前了。这就叫做冷水浇定下来的血，热水又使它沸腾起来。

一顿饭有多么大的力量！快乐又在一颗垂头丧气的心里重生，它感染着全体共餐者的心灵，他们齐声唱起可爱的歌曲表示自己的快乐，在这件事上法国人是头等的。只有患忧郁症的人还是愁眉不展，读书人在这里也没有分。

吃生肉使野兽凶暴，人吃生肉也会变得凶暴起来。这一点真是的的确确，例如英国人吃的肉不像我们烤得那样熟，而是红红的、血淋淋的，他们似乎多多少少沾上了这种凶暴的性格，这种凶暴的性格一部分是由于吃这样的食物，一部分是由于其他的原因，只有教育才能使它不发作。这种凶暴在心灵里产生骄傲、怨恨，造成其他民族的轻视、强悍和其他种种使性格变坏的情操，就像粗糙单调的食物使一个人迟钝、愚笨一样，后者最常见的表现就是懒惰和马虎。

我们想，只有当我们快乐或勇敢的时候，我们才是好人，事实上也真是如此。一切决定于我们这架机器运行得怎样。①

（三）近代机械唯物主义自然观的历史地位

近代机械唯物主义自然观的出现，无论是在理论成就上，还是在推动社会发展实践上，都产生了较为深远的积极影响。它强调了自然界存在的客观性、物质的第一性，冲破了中世纪神学自然观的羁绊，传承了古代唯物主义自然观的基本思想。这为后来辩证唯物主义自然观等其他唯物主义哲学的产生提供了思想来源。另外，近代机械唯物主义自然观的出现，还进一步激发了人们对自然界物质运动规律的探索热情，肯定了实验、观察、分析和数学推理等科学方法在探索自然界奥秘中的重要作用，为人们认识、解释和改造自然

---

① 摘自《西方哲学原著选读》(下)，商务印书馆 2003 年版，第 107 页。

提供了科学的方法论前提，从而使自然科学获得了独立的发展机会，极大地解放和发展了人类社会的生产力。

但是，近代机械唯物主义自然观也存在着必然的历史局限。第一，近代机械唯物主义自然观只是把自然界看作是一架遵循机械运动规律的机器，显然失之偏颇。它抹杀了物质运动的复杂性和多样性。第二，近代机械唯物主义自然观割裂了人与自然的相互作用关系，只是以孤立、片面、静止的思维方式考察自然界，放弃了辩证法。第三，近代机械唯物主义自然观因为主张“力”是运动的原因，要改变运动状态的话必须有外力的作用，从而最终陷入外因论的怪圈，陷入合目的性的上帝创造论。因此，机械唯物主义自然观被恩格斯称为“陈腐的”“僵化的”“保守的”“低于希腊古代”的自然观。① 近代唯物主义自然观的这些局限导致人们不得不重新思考关于自然界及人与自然的根本认识。

第二节　辩证唯物主义自然观

辩证唯物主义自然观是马克思主义自然观的核心。它是在吸收唯物主义自然观、辩证法及当时自然科学成果的基础之上，形成的关于自然界及其人与自然关系的根本观点。辩证唯物主义自然观不仅是我们认识、解释和改造自然的重要理论工具，同时也是科学与哲学相互融合、相互促进、共同发展的最好范例和智慧结晶。

一、辩证唯物主义自然观的历史形成

18世纪中叶到19世纪初期，科学与哲学不仅在各自的发展轨道上都取得了极大的发展，而且科学与哲学出现了相互渗透的发展趋势。尤其是资本主义社会对科学技术的广泛应用，不仅大大推动了自然科学理论的发展，而且为新的自然观的提出，提供了丰富的感性材料。正如恩格斯所言，自然科学领域的细胞学说、能量守恒定律和达尔文的进化论这“三大发现”使我们对自然过程的相互联系的认识大踏步前进了。“由于这三大发现和自然科学的其他巨大进步，我们不仅能够说明自然界中各个领域内的过程之间的联系，而且总的说来也能说明各个领域之间的联系了，这样，我们就能够依靠经验自然科学本身所提供的事实，以近乎系统的形式描绘出一幅自然界联系的清晰图画”，“能够说明自然界中各个领域内的过程之间的联系”。② 这一历史背景为马克思和恩格斯根据人们对自然观的已有认识，提出辩证唯物主义自然观提供了可能。

资本主义社会对科学技术的广泛应用，使人们对自然界物质运动规律的探索热情空前高涨。从18世纪下半叶开始，在欧洲出现了以蒸汽机为代表的第一次科技革命。这次科技革命极大地解放了社会生产力，使西方社会从资本主义工场手工业转向机器大工业时代。1840年前后，英国的大机器生产已基本取代了工场手工业生产，工业革命基本完成。英国成为世界第一个工业国家。英国因为率先完成了工业革命，从而成为当时最富强的国家。1789年，法国完成大革命之后，拿破仑十分重视科学技术的发展，为法国的工业革

① 参见《马克思恩格斯全集》第20卷，人民出版社1971年版，第380、379、378、365页。
② 《马克思恩格斯选集》第4卷，人民出版社1995年版，第246页。

命创造了条件。此后，德国、美国、俄国、日本等国也纷纷加入工业革命的行列。到19世纪末，这些国家先后都完成了工业革命。工业革命在欧洲的初步完成，使人们看到了科学技术的伟大力量。人们纷纷投入到对科学技术的探索之中，自然科学的研究进入了一个新的春天。因此，马克思、恩格斯也把科学技术看作是生产力的重要内容。

到了19世纪，自然科学的发展已经从分门别类的收集资料的阶段，逐渐过渡到综合整理和理论抽象的关键阶段。许多新的自然科学成果的涌现，为马克思、恩格斯提出辩证唯物主义自然观，提供了必要的科学基础。这些自然科学成果包括：在天文学领域，1755年，康德在《自然通史与天体论》中提出了“星云假说”。在地质学领域，1830—1833年间，赖尔在《地质学原理》中提出了“地质渐变论”。在物理学领域，19世纪40年代，迈尔、焦耳等人提出了能量守恒定律。1820年，奥斯特发现电流的磁场效应。1831年，法拉第发现电磁感应现象。1865年，麦克斯韦建立了电磁场理论。在化学领域，1828年，维勒在《论尿素的人工合成》中提出了无机物合成有机物的研究成果。1869年前后，门捷列夫揭示了元素周期律。在生物学领域，1838年，施莱登发表的《关于论植物的起源》中指出植物是由细胞组成的。1859年，达尔文在《物种起源》中系统地阐述了生物进化论思想。这些自然科学领域的一系列重大发现，不仅体现了自然界物质运动的多样性，而且揭示了自然界物质运动的普遍联系，从而以近乎系统的方式，为我们勾勒出一幅辩证的自然界图景，使提出辩证的自然观成为历史的必然。

与此同时，人们关于认识自然界的哲学立场、观点和方法也取得了新的进展。在这一时期，德国古典自然哲学达到了历史的顶峰。一方面，康德在《纯粹理性批判》等著作中，对时间和空间、物质与运动、变化与发展展开了深入的哲学思考，刻画了一幅关于自然界存在状态与发展的宏观图景。谢林则在《自然哲学体系初步纲要》中，用思辨的方式考察了自然物，把自然界描绘为一个无限多样化的系统。另一方面，黑格尔在《哲学全书》中不仅坚持了辩证的方法来认识自然界，而且强调自然哲学必须以自然科学为基础不断进行改造。为此，他根据自然科学的成果把自然界看作“是一种由各个阶段组成的体系，其中一个阶段是从另一个阶段必然产生的”①，并专门论证了时间、空间、运动和物质的统一性，提出了“自然界自在地是一个活生生的整体”②的著名论断。这些哲学思想的产生为马克思、恩格斯提出辩证唯物主义自然观提供了重要的思想来源。

马克思、恩格斯不仅科学地总结了当时自然科学的成就，而且继承了唯物主义和辩证法的基本观点，从而创立了辩证唯物主义自然观。马克思高度赞扬了黑格尔的伟大贡献。他指出：“黑格尔第一次——这是他的伟大功绩——把整个自然界的、历史的和精神的世界描写为一个过程，即把它描写为处在不断的运动、变化、转变和发展中，并企图揭示这种运动和发展的内在联系。”③不过，黑格尔的思想并不是完善的。马克思指出，在黑格尔那里，“自然界作为他在形式中的理念产生出来的”，“自然”只是“理念表现自己的一种方式”。因此，黑格尔对自然的根本看法是颠倒的，只是观念的辩证法。这种辩证法并不是

---

① ［德］黑格尔：《自然哲学》，梁学志等译，商务印书馆1980年版，第28页。
② ［德］黑格尔：《自然哲学》，梁学志等译，商务印书馆1980年版，第34页。
③ 《马克思恩格斯选集》第3卷，人民出版社1995年版，第362页。

对自然界的物质运动规律的根本性揭示，是唯心主义的辩证法，是不彻底的辩证法。马克思、恩格斯认为，只有坚持唯物主义的辩证法，才能揭示自然界的奥秘。为此，他们决定把辩证法从德国唯心主义哲学中解救出来，并用于唯物主义自然观的理论建构中，创立辩证唯物主义自然观。

二、辩证唯物主义自然观的基本内容

链接材料

辩证唯物主义自然观

人也是由分化而产生的。不仅从个体方面来说是如此——从一个单独的卵细胞分化为自然界所产生的最复杂的有机体，而且从历史方面来说也是如此。经过多少万年的搏斗，手脚的分化，直立行走得以最终确定下来，于是人和猿区别开来，于是奠定了音节分明的语言的发展和人脑的巨大发展的基础，从此人和猿之间的鸿沟就成为不可逾越的了。手的专业化意味着工具的出现，而工具意味着人所特有的活动，意味着人对自然界的具有改造作用的反作用，意味着生产。狭义的动物也有工具，然而这只是它们的身躯的肢体，蚂蚁、蜜蜂、海狸就是这样；动物也进行生产，但是它们的生产对周围自然界的作用在自然界面前只等于零。只有人才办得到给自然界打上自己的印记，因为他们不仅迁移动植物，而且也改变了他们的居住地的面貌、气候，甚至还改变了动植物本身，以致他们活动的结果只能和地球的普遍灭亡一起消失。而人所以能做到这一点，首先和主要是借助于手。甚至蒸汽机这一直到现在仍是人改造自然界的最强有力的工具，正因为是工具，归根到底还是要依靠手。但是随着手的发展，头脑也一步一步地发展起来，首先产生了对影响某些个别的实际效益的条件的意识，而后来在处境较好的民族中间，则由此产生了对制约着这些条件的自然规律的理解。随着自然规律知识的迅速增加，人对自然界起反作用的手段也增加了；如果人脑不随着手、不和手一起、不是部分地借助于手而相应地发展起来，那么单靠手是永远造不出蒸汽机来的。①

辩证唯物主义自然观的基本内容十分丰富，其主要观点包括以下几个方面：

(1)物质是自然界的第一性。物质是世界万物的本原和基础。世界上除了物质之外什么都没有。精神和意识都只是物质的产物。恩格斯指出："究竟什么是思维和意识，它们是从哪里来的，那么就会发现，它们都是人脑的产物，而人本身是自然界的产物，是在自己所处的环境中并且和这个环境一起发展起来的；这里不言而喻，归根到底也是自然界产物的人脑的产物，并不同自然界的其他联系相矛盾，而是相适应的。"②"世界的真正的统

---

① 《马克思恩格斯选集》第4卷，人民出版社1995年版，第273~274页。

② 《马克思恩格斯选集》第3卷，人民出版社1995年版，第374~375页。

一性在于它的物质性。”①辩证唯物主义自然观认为，物质性的自然界并不是什么观念或者神的创造，而是先于我们的意识的客观存在。我们关于自然界的所有观念都是对自然界本身的反映，只不过这些反映有的是扭曲的，有的是客观的。

(2)时间和空间是物质的固有属性和存在方式。世界上的物质始终是运动的。恩格斯指出：“一切存在的基本形式是空间和时间，时间以外的存在像空间以外的存在一样，是非常荒诞的事情。”②如果我们要把握纯粹的时间和空间，并把一切存在都排除在时间和空间之外，那么我们就不得不把所有在时间上同时或者相继发生的任何事物的变迁当做与此无关的东西，放在一旁，从而设想其中没有发生任何事情。但事实上是，“整个自然界，从最小的东西到最大的东西，从沙粒到太阳，从原生物到人，都处于永恒的产生和消失中，处于不断的流动中，处于不息的运动和变化中”③。不仅物质会有运动和变化，而且人们的思维、认识也处于运动变化之中。恩格斯认为：“运动，就它被理解为存在方式，被理解为物质的固有属性这一最一般的意义来说，囊括宇宙中发生的一切变化和过程，从单纯的位置变动起直到思维。”④换句话说，统一的物质世界中的万事万物都处在相互作用的普遍联系之中，都处在不断产生、不断消亡的运动、变化和发展的永恒的过程之中，而这种运动和变化都离不开时间和空间。

(3)自然界的物质运动遵循着矛盾对立统一、否定之否定、量变到质变三大运动规律。对立与统一是辩证法的实质和核心。质与量是事物的两个相互联系的属性。一定的量规定一定的质，一定的质也规定一定的量。质变和量变是事物运动发展的两种基本形式。量变引起质变，质变又引起新的量变。辩证唯物主义自然观认为，自然界一切事物的存在都是矛盾运动的结果。“一切事物中包含的矛盾方面的相互依赖和相互斗争，决定一切事物的生命，推动一切事物的发展。”⑤恩格斯认为：“在自然界中，质的变化——在每一个别场合都是按照各自的严格的确定的方式进行——只有通过物质或者运动(所谓能)的量的增加或减少才能发生。”⑥事物在肯定自身存在的同时，又包含着促使自身消亡的否定方面，辩证的否定构成从旧事物向新事物的转化。辩证的否定是对旧事物的既克服又保留，是包含着肯定因素的否定。肯定与否定是对立面的统一。肯定与否定的统一和斗争构成事物的否定之否定的螺旋式上升的发展过程。恩格斯指出：“否定的否定究竟是什么呢？它是自然、历史和思维的一个极其普遍的，因而极其广泛地起作用的、重要的发展规律；这一规律，正如我们已经看到的，在动物界和植物界中，在地质学、数学、历史和哲学中起着作用。”⑦

(4)人与人类社会都是自然界历史发展的产物。人与自然界之间具有相互作用。恩格斯指出：“我们每走一步都要记住：我们统治自然界，决不像征服者统治异族人那样，决

① 《马克思恩格斯选集》第3卷，人民出版社1995年版，第383页。
② 《马克思恩格斯选集》第3卷，人民出版社1995年版，第392页。
③ 《马克思恩格斯选集》第4卷，人民出版社1995年版，第270~271页。
④ 《马克思恩格斯选集》第4卷，人民出版社1995年版，第346页。
⑤ 《毛泽东选集》第1卷，人民出版社1991年版，第305页。
⑥ 《马克思恩格斯选集》第4卷，人民出版社1995年版，第311页。
⑦ 《马克思恩格斯选集》第3卷，人民出版社1995年版，第484页。

不是像站在自然界之外的人似的，——相反地，我们连同我们的肉、血和头脑都是属于自然界和存在于自然之中的。”①马克思认为：“社会是人同自然界的完成了的本质的统一，是自然界的真正复活。”②在自然界的发展历程中，自然界是人类劳动的产物，是变成了人类意志驾驭自然的器官或人类在自然界活动的器官的自然物质。它们是人类的双手创造出来的，是人类物化的知识力量，是人类认识对象化的历史产物。恩格斯认为：“人本身是自然界的产物，是在自己所处的环境中并且和这个环境一起发展起来的”③；“一切自然过程都有两个方面，它们建立在至少是两个起着作用的部分的关系上，建立在作用和反作用上。”④人与自然之间的基本关系是相互作用，而不是任何形式的单向度作用。自然界和人类劳动是获得财富的源泉。当人从自然界中学会了劳动，也就迈出了人类的第一步。人类社会区别于猿群的特征就是劳动。人们通过劳动使自然界为自己的目的服务，只不过我们不要过分陶醉于我们对自然界的胜利。因为对于每一次这样的胜利，自然界都会对我们展开不同程度的报复。

(5)实践是人类认识和改造自然界的主观见之于客观的、能动的活动，是人类存在的本质和基本方式，是人们认识自然界要遵循的客观性原则。马克思指出，人通过实践使自己从自然中分化出来。劳动使猿手变成了人手……双脚也发展得更加适应于直立行走。……此外，劳动的发展促进了语言的产生……猿的脑髓就逐渐地变成人的脑髓。而随着脑的进一步的发育，脑的最密切的工具，即感觉器官，也进一步发育起来……人最终脱离了动物界，从自然界中分化出来。⑤“整个所谓世界历史不外是人通过人的劳动而诞生的过程，是自然界对人说来的生成过程……因为人和自然界的实在性，即人对人说来作为自然界的存在以及自然界对人说来作为人的存在，已经变成实践的、可以通过感觉直观的。”⑥辩证唯物主义自然观认为，人们通过劳动实践活动认识、改造自然界。马克思指出，“社会生活在本质上是实践的。凡是把理论导致神秘主义的神秘东西，都能在人的实践中以及对这个实践的理解中得到合理的解决”⑦。人的自然本质与自然的人的本质统一的基础就是实践。作为人的本质力量的对象化活动，实践是人与自然统一的中介，是理解人与自然关系的钥匙。只有在这种对象性活动中才能说明人的本质，才能理解人与自然的关系，处理好人与自然的关系。

辩证唯物主义自然观的主要特征在于，第一，辩证唯物主义自然观始终以实践论为基础，强调实践在自然界发展中的“桥梁”作用，力图克服传统哲学中直观、感性地理解自然界的根本缺陷。第二，辩证唯物主义自然观坚持唯物论和辩证法的统一。辩证唯物主义自然观中的辩证法既不是黑格尔式的唯心主义辩证法，也不是以往的辩证法，而是辩证法和唯物主义的结合。第三，辩证唯物主义自然观坚持自然史和人类史的辩证统一，始终以

---

① 《马克思恩格斯选集》第4卷，人民出版社1995年版，第383~384页。
② 《1844年经济学哲学手稿》，人民出版社2000年版，第83页。
③ 《马克思恩格斯选集》第3卷，人民出版社1995年版，第374~375页。
④ 《马克思恩格斯选集》第4卷，人民出版社1995年版，第359页。
⑤ 《马克思恩格斯选集》第4卷，人民出版社1995年版，第372~378页。
⑥ 《马克思恩格斯全集》第42卷，人民出版社1979年版，第131页。
⑦ 《马克思恩格斯选集》第1卷，人民出版社1995年版，第60页。

人类社会发展的历史为依据，来揭示自然界的真实面目。第四，辩证唯物主义自然观坚持人的受动性和能动性的辩证统一，既强调人对自然界的认识与改造，同时又强调自然界的客观条件对人的实践活动的约束。第五，辩证唯物主义自然观坚持自在自然和人化自然的辩证统一，既强调人类已经涉足的部分自然界，又强调人类尚未关注到的自然界的客观存在。辩证唯物主义自然观充分体现了其科学性、彻底的革命性等特点。

三、辩证唯物主义自然观的伟大变革

辩证唯物主义自然观的创立是人类自然观认识史上的重大变革。它广泛吸收了包括自然科学成果在内的一切人类最新优秀成果，坚持唯物主义的哲学立场来认识自然、理解自然，是对人类认识自然界的一次理论升华。辩证唯物主义自然观既继承了古代朴素的唯物主义和辩证法的思想实质，又克服了古代朴素唯物主义由于缺乏科学认识而造成的直观、思辨的局限性；既坚持了机械唯物主义自然观的唯物主义立场，又批判了机械唯物主义自然观静止地、孤立地、形而上学地看待自然界的历史局限，克服了法国经验唯物主义自然观和德国思辨唯心主义自然观的固有缺陷。辩证唯物主义自然观的创立，标志着人类自然观完成了从古代朴素的辩证思维，发展到近代形而上学思维，再到唯物主义辩证思维否定之否定的发展历程，这是人类自然观发展史上思维方式的革命性变革，是人类认识自然界的智慧结晶。

辩证唯物主义自然观的创立，为促进科学技术的发展提供了理论基础和方法指导，为马克思主义的科学观、科学技术方法论以及科学技术与社会的探索奠定了理论基础。辩证唯物主义自然观主张实践是人类有意识、有目的、以客观的态度对自然界的否定性活动。它内含否定性、客观性和革命性的规定，是具有革命性、科学性特点的自然观。当自然科学从哲学中分离出来后，获得相对独立的发展。但是，各个自然科学领域的理论前提是什么，以及呈现怎样的发展规律，人们并不是很清楚。恩格斯则对自然科学的历史发展展开了广泛而系统的研究。在《自然辩证法》中，恩格斯援引自然科学成果，不仅论证了唯物主义，而且证明了辩证法的科学性。这就纠正了类似黑格尔唯心主义辩证法的错误应用，既指出了自然科学和人文社会科学的唯物主义前提，又指出了自然科学和人文社会科学的辩证思维方法。从而为人类认识自然界提供了唯物主义认识论和方法论，成为人类认识自然界史上的一个重要里程碑。

辩证唯物主义自然观的创立，突破了人类社会和自然界的传统界限，为自然科学、社会科学和人文科学的融合奠定了理论基础。在人类认识史上，自然科学从哲学中的分离本是人类认识自然界的进步。但是，如果彻底割裂自然科学与哲学认识的关系，割裂人类认识与人类实践活动的关系，就必然产生孤立的、纯粹抽象的各种错误理论。马克思认为："自然科学往后将包括关于人的科学，正像关于人的科学包括自然科学一样：这将是一门科学。"①这里充分阐明了自然科学与人文社会科学的必然联系。辩证唯物主义自然观坚持普遍联系和永恒发展的观点来认识自然界，强调自然科学与哲学认识的联姻，强调只有把

---

① [德]马克思：《1844年经济学哲学手稿》，中共中央马克思恩格斯列宁斯大林著作编译局译，人民出版社2000年版，第90页。

自然科学建立在人的实践活动的基础上，才能获得对自然界的科学认识。这为当代跨学科的研究范式，为自然科学、人文社会科学的相互融合发展，奠定了具有前瞻性的理论基础，从而极大地促进了人类对自然界及其人与自然关系的整体性认识。

第三节　辩证唯物主义自然观的当代发展

辩证唯物主义自然观就其本质来说，是批判的、革命的、科学的、开放的、发展的，而不是僵化的、一成不变的理论。随着人类认识和改造自然的不断发展，尤其是20世纪以来自然科学领域重大科学成果的不断涌现，人们从辩证唯物主义自然观出发，发展出了一些新的自然观理论形态。其中，系统自然观、人工自然观和生态自然观是当代最具代表性的辩证唯物主义自然观形态。

一、系统自然观

系统自然观是以系统论、控制论、信息论等自然科学成果为基础，对自然界存在方式和演化规律的理论概括和总结，是关于自然界存在及其演化的当代理论形态。它是对辩证唯物主义自然观的丰富和发展，是辩证唯物主义自然观在当代的主要表现形式之一。

（一）系统自然观的产生

系统自然观的思想萌芽早在古希腊时期的自然哲学和中国古代哲学中就有所体现。古希腊的赫拉克利特、德谟克利特等，近代的莱布尼茨、狄德罗、康德、黑格尔等，都主张自然界是一个系统。中国古代自然哲学家们所提出的“五行学说”认为，金、木、水、火、土五种元素相克相生，共同构成了一个统一的、运动着的整体。这种注重研究整体、协调和协同的思想其实质，就是承认自然界的存在及其演化的系统性，强调必须以系统的观点认识自然界，改造自然界。马克思和恩格斯十分强调自然界是一个普遍联系、永恒发展的大系统这一特点。恩格斯指出：“当我们深思熟虑地考察自然界或人类历史或我们自己的精神活动的时候，首先呈现在我们眼前的，是一幅由种种联系和相互作用无穷无尽地交织起来的画面……”①

链接材料

系统自然观

对科学发展的综合研究揭示了一个新奇的现象。科学的不同领域开始各自独立地形成相似的一般原理。因此，讲演者特别强调了组织整体和动态等方面，并且简述了它们对不同学科的影响。在物理学中，讲演者以他所描述的“机体论概念”来强调它们。在药物学、心理学（格式塔心理学、分层理论）和现代哲学中都可以找到相似的概念。

---

① 《马克思恩格斯全集》第20卷，人民出版社1971年版，第23页。

> 这展现了巨大的远景，迄今还不知道的统一世界观的前景。一般原理的统一怎样出现？贝塔朗菲对这个问题的回答是需要一个他称为“一般系统论”的科学新领域，而他试图找到它。这是一个逻辑——数学领域，他的任务是用公式来阐述和推导出能一般地用于“系统”的一般原理。从而就有可能精确地阐明整体和总和、分化、渐进机构化、中心化、层次、果决性和异同因果性等术语，这些名词术语发生于所有处理系统的学科并隐含着逻辑上的同型性。
>
> 20世纪的机械论世界观与机器、生物是机器的理论观点以及人本身的机械化等占了支配地位紧密相关。然而，与现代科学发展相一致的概念在声明本身中有着明显的范本。因此，可以期望科学的新世界概念是人类文化向一个新的阶段发展的表现。①

系统自然观的思想萌芽在20世纪随着系统科学的出现，得到了迅速发展，并诞生了系统自然观。这主要得益于一系列重大科学成果的出现。在对物质的微观认识领域中，1900年，普朗克提出了量子假说。1913年，波尔建立了量子化的原子结构模型。1923年，德布罗意波提出了物质波的概念。1925年，海森堡建立了矩阵力学。1926年，薛定谔建立了波动力学。1953年，美国生物学家沃森、英国生物学家克里克和威尔金斯发现了脱氧核糖核酸DNA的双螺旋结构。在物质的宏观及宇观认识领域中，从1905年到1906年，爱因斯坦创立了狭义相对论，并将这种狭义相对发展为广义相对论，扬弃了牛顿经典力学中关于绝对空间和绝对时间的观念，揭示了时间、空间与物质之间的相对性及其辩证关系。20世纪40年代末兴起的控制论、信息论、系统论成为系统科学的第一批重要成果。这标志着现代系统科学的真正建立。20世纪70年代，人们纷纷以系统的观点来认识自然界，相继出现了耗散结构理论、协同学、突变论等自组织理论、分形理论和混沌理论，这些自然科学成果为系统自然观的形成奠定了自然科学基础。

(二)系统自然观的基本观点

系统自然观坚持以唯物主义的基本立场，强调自然界的系统性。第一，在自然界的存在方式上，系统自然观认为，自然界的各种要素既与其所在的环境发生联系，又与其他系统发生关联。系统具有开放性、动态性、整体性和层次性等特点。低层系统对高层系统具有构成性关系，同一层次的系统之间具有相干性关系。第二，在其结构上，系统自然观认为，自然界是由若干要素通过非线性相互作用构成的整体。由若干要素经相干性关系构成低层系统，再通过新的相干性关系而构成新的高层系统。各层级的系统之间是逐级构成的结构关系。第三，在其演化规律上，系统自然观强调自然界的存在与演化是简单性与复杂性、构成性与生成性、确定性与随机性的辩证统一。它以进化与退化相互交替的形式演化着，经历着“混沌—有序”不断交替的过程，是无限循环和发展的。强调自然界的复杂性与简单性、生成性与构成性、线性和非线性的辩证统一是系统自然观的主要特点。

系统自然观不仅体现了人们对自然界的新认识，还是人们一种认识自然界的重要方

---

① 摘自[美]贝塔朗菲：《一般系统论：基础发展和应用》，林康义等译，清华大学出版社1987年版，第245页，有改动。

法。一般系统论的创始人贝塔朗菲认为：“古典科学中有许多学科，如化学、生物、心理学或社会科学，它们试把要考察的宇宙的各个元素割裂开来，——化合物和酶、细胞、基本的感觉、自由竞争的个人，诸如此类——希望把它们从概念或实验上重新放在一起会成为可以理解的整体或系统——细胞、头脑、社会。”①前一种认识自然界的方式有利于我们形成对自然界的微观认识，而后一种认识自然界的方式则更有利于我们从整体把握自然界的整体性规律。自然界本身的系统性决定了我们必须以系统的方式来认识自然、改造自然。由于自然界的系统性，系统方法在认识自然界中也具有普遍性。从分子、原子到物质基本微粒的认识，从微观物质到宏观、宇观物质的认识，都不能抛开系统的方法。

(三)系统自然观的重要作用

系统自然观的确立不仅丰富和发展了辩证唯物主义自然观中的物质观、运动观和时空观，而且为人们认识自然界的存在和演化提供了新的理论参考。在其认识自然界的方法上，系统自然观注重研究自然界的非稳定性、无序性、多样性、非平衡性和非线性作用等问题，提供了研究自然界性质、结构和功能及其演化方式和机制的一种新的系统思维方式，推动了马克思主义自然观在方法论方面的发展。系统自然观重视系统演化中实践的作用，从而建立起马克思主义自然观、认识论和方法论与历史观和价值观的联系。在其研究结论上，系统自然观实现了从认识存在到认识演化、从认识确定性到认识随机性、从认识简单性到认识复杂性、从认识线性到认识非线性的转变，促进了辩证唯物主义自然观在认识论方面的发展。

二、人工自然观

回顾人类的发展历史，为了谋求比自然系统更高的生物生产力，人们一直在把原本自然的东西变得不自然。人工自然观是以现代科学技术成果和人类社会实践的现状为基础，对现存人工自然界的存在、创造与发展规律及其与自在自然界的关系进行概括和总结的当代理论形态。它是辩证唯物主义自然观在当代的重要理论形态之一，是对辩证唯物主义自然观的丰富和发展。

(一)人工自然观的产生

马克思在《1844年经济学哲学手稿》中指出：“通过实践改造对象世界，改造无机界，人证明自己是有意识的类存在物，就是说是这样一种存在物，它把类看作自己的本质，或者说把自身看作类存在物。诚然，动物也生产。它为自己营造巢穴或住所，如蜜蜂、海狸、蚂蚁等，但是，动物只生产它自己或它的幼仔所直接需要的东西；动物的生产是片面的，而人的生产是全面的；动物只是在直接的肉体需要的支配下生产，而人甚至不受肉体需要的影响也进行生产，并且只有不受这种需要的影响才进行真正的生产；动物只生产自身，而人再生产整个自然界；动物的产品直接属于它的肉体，而人则自由地面对自己的产品。动物只是按照它所属的那个种的尺度和需要来建造，而人懂得按照任何一个种的尺度来进行生产，并且懂得处处都把内在的尺度运用于对象；因此，人也按照美的规律来构造。”②马克思认为，人

---

① [美]贝塔朗菲：《一般系统论》，秋同、袁嘉欣译，社会科学文献出版社1987年版，第9页。

② 《马克思恩格斯选集》第1卷，人民出版社1995年版，第46~47页。

来源于自然界，是自然界历史发展的产物。但是，人在自然界中的发展却会改变自然界。因此，原初的自然界最终分化为“自在自然”和“人工自然”两个部分。随着人类实践活动的丰富，我们所面对的自然界已经逐渐成为人工自然界。

在中西方思想史上，许多思想家早已关注到人对自然界的实践关系。在古希腊时期，柏拉图、亚里士多德等哲学家论述了“人工客体”等概念和改造自然界的内容。近代以来，培根和斯宾诺莎等哲学家提出了“人为事物”等概念和创造自然界的观点。康德和黑格尔提出了“人为自然立法”和“自然向人生成”的思想，论述了改造自然过程中的目的与手段之间的辩证关系。马克思、恩格斯提出了“人化自然”等概念，论述了以实践改造自然界的观点。在中国古代，人们就提出了“人胜天”、“制天命而用之”等改造自然界的思想。到20世纪60年代，随着人们对自然界的改造，我国当代学者又根据人类社会生产实践，提出了“人工自然”和“社会自然”等概念，对自然界的不同部分做出了区分，强调了人对自然界的改造。

人工自然观在当代的提出与发展，主要得益于科学技术的迅猛发展及其人们利用科学技术对自然界改造。如今，科学技术已经发展为第一生产力。当代自然科学的发展孕育了一批新的加工技术、控制技术、运输技术等高新技术。人们在生产实践中广泛采用新兴技术来提高生产效率，使我们生存的自然界发生了翻天覆地的变化。尤其是在资本主义世界，第一次科技革命、第二次科技革命、第三次科技革命不仅使许多原来存在的自然景观、自然环境改变了面目，而且创造了假山、人工景观、人工心脏等人工自然物。人类通过一般性劳动、社会性生产活动、使用日新月异的科学技术手段，有目的、有计划地改造自然环境，使其更适合人类的生存和发展。在科学技术突飞猛进的今天，人类正在以史无前例的速度、空前的深度和广度对大自然进行改造。这就使自然环境进入了在人类干预、改造下发展的新阶段。一个不断更新的人工自然界逐渐显现，而原初的“自在自然”正在离我们远去。为此，许多人认为，我们今天面对的自然界已经是一个“人工自然界”。

（二）人工自然观的基本观点

人工自然观的基本观点包括以下几点：第一，人工自然界是人改造自然界的历史产物。人工自然观认为，人工自然界是人们在社会历史实践中通过采取、加工、控制和保障等技术活动创造出来的相对独立的自然界。随着人类社会的发展，新的人工自然界还会不断出现新的样式。第二，人工自然界来源于天然自然界，既有自然属性，又有社会属性。它的发展既遵循天然自然界的规律，又遵循其自身发展的特殊规律。人工自然观认为，总体上，人工自然界经历了从简单到复杂、由低级到高级的演化历程。第三，人工自然界具有目的性、物质性、实践性、价值性和中介性等特征。人工自然界再现了技术应用的经济价值和生态价值。人工自然观认为，人们通过研究、开发和应用生物技术和生态技术，采用生态科学和系统科学的方法，创建资源和环境友好型社会和生态型的人工自然界。人工自然观的核心在于强调人对自然界的改造。其主要特征体现在，它注重强调实践的作用和意义，进而为主张人工自然界和天然自然界的和谐统一奠定了逻辑基础。

（三）人工自然观的重要意义

人工自然观把对自然本身的认识再次回归到了对人本身的认识上，并把对自然界的认识聚焦到人与自然关系的认识上，走出了以往自然观理论形态偏重于对自在自然界展开探索的研究视野，拓展了人们对自然界的根本认识。这是人类认识自然观的伟大进步。另外，人工自然观还充分展现了人的主观能动性，强化了人的主体性和创造性，把自然界区分出一个人工自然界，并认为人工自然界是最能体现人的本质力量对象化的创造性领域，实现了唯物论和辩证法、受动性和能动性、自然史和人类史的辩证统一，这是对辩证唯物主义自然观的一大丰富和发展。同时，人工自然观的出现为人工自然界和天然自然界的和谐共存，主张尊重自然和社会规律的理性原则与客观方法，提供了理论基础，从而打开了人类追求人与自然和谐相处的理论通道。

三、生态自然观

生态自然观是在人类逐渐面对全球性生态危机的背景下，根据生态科学和系统科学等科学成果，对自然及其人与自然关系的理论概括和总结。它是系统自然观在生态领域的具体体现，是辩证唯物主义自然观的当代理论形态之一。

（一）生态自然观的产生

20世纪中叶以来，随着科学技术的广泛引用，人们在享受利用科学技术改造自然，创造前所未有的物质财富的同时，自然环境也遭受了严重的破坏。自然界的“生态危机”问题日渐凸显。1949年，美国学者福格特在《生存之路》中首次提出“生态平衡”的概念。他认为，我们必须进一步认识人类改造自然的力量及其结果。人们对森林的过度砍伐、草场的过度放牧、土地的污染等人类实践活动正在打破自然界的生态平衡。地球上的物种正在走向新的灭绝阶段。因此，保护生态平衡已经成为当代人类社会的重大课题。在随后的半个世纪，一方面，人口数量的迅速增长大大加速了对自然资源的消耗。相对有限的自然资源，如何能够保障全世界人口的正常生产、消费成为当前十分紧迫的全球性问题；另一方面，人们在利用科学技术改造自然的过程中，所出现的科学技术过度利用，已经导致可利用的土地、水等自然资源遭到了严重污染。土地沙漠化、酸雨等全球性环境事件越来越多，越来越严重地影响到了全球人类社会的生存与发展。人类社会发展的现实促使人们不得不反思为什么会出现这些“生态危机”。

对于“生态危机”的反思，不同学者从不同角度提出了不同的观点。有的认为，“生态危机”的产生与社会制度有关，是社会异化的产物；有的认为，是我们的发展观念出了问题；有的认为，是人口数量控制不够，等等。所有反思的最后与问题的核心都不能绕过人与自然的关系这一根本问题。马克思、恩格斯认为，人是自然界中的一部分，环境创造人，人也创造环境。人们只有在人与自然的和谐相处中才能获得全面发展。我们既不能单方面只强调自然界对人的约束，也不能单方面只看到人们对于自然界的改造，而应该看到人与自然的相互关系、相互作用。人类所生存的自然界是人与自然相互作用的历史产物。因此，人们在生产实践活动中，必须尽可能地维护生态平衡。生态学及其相关科学的迅猛发展不仅从当代科学再次验证了马克思这些观点的科学性，而且大大加速了人们对于人与自然关系的理解。为了解决当代的“生态危机”，正确处理人与自然的关系，生态自然观便应运而生。

生态自然观也是人们关于人与自然关系共生、共存、共发展的理论提升。在古希腊时期，亚里士多德从生态学和目的论的视角，主张人和其他有机体共存于自然界系统中。在中国古代，一部分先哲提出了“天人合一”的自然观思想，并构成了儒家文化的重要思想内容之一。马克思在谈到人与动物的根本区别时指出：“动物仅仅利用外部自然界，简单地通过自身的存在在自然界中引起变化；而人则通过他所作出的改变来使自然界为自己的目的服务，来支配自然界。这便是人同其他动物的最终的本质的差别，而造成这一差别的又是劳动。但是，我们不要过分陶醉于我们人类对于自然界的胜利。对于每一次这样的胜利，自然界都对我们进行报复。”①这些思想都是生态自然观的重要思想来源。

（二）生态自然观的基本观点

马克思、恩格斯的生态思想是当代生态自然观的重要思想来源。它主要包括了以下内容：第一，自然界是人类生存和发展的前提和基础。马克思指出，人是“现实的、有形体的、站在稳固的地球上呼吸着一切自然力的人”②。第二，人与自然环境之间有着相互作用。马克思认为，人来源于自然环境，但又创造了新的自然环境。人们在改造环境的过程中不仅体现了人的本质，而且促进了人的发展，使新的自然环境更加适合于人类生存和发展。第三，追求人与自然的和谐一致是人类社会发展的基本目标之一。恩格斯认为，我们必须认识到“自身和自然界的一体性”③。人来源于自然界，而又回归于自然界。因此，人和自然界具有一体性。在人类社会发展的每一个阶段，我们都必须把改造自然、建设自然、美化自然与人的全面发展有机地结合起来，创造更加符合人性的自然界。马克思认为，人与自然的不可分离性决定了我们必须处理好人与自然的关系。处理好这一关系的现实路径就在于不断改变不合理的社会制度。马克思指出，在一个崭新的合理的社会里，“社会化的人，联合起来的生产者，将合理地调节他们和自然之间的物质变换，把它置于他们的共同控制之下，而不让它作为盲目的力量来统治自己；靠消耗最小的力量，在最无愧于和最适合于他们的人类本性的条件下来进行这种物质变换”④。

当代生态自然观丰富和发展了马克思、恩格斯的生态思想，形成了当代生态自然观。它主要包括以下基本观点：第一，我们所赖以生存的自然界是一个生态系统。人类及其他生命体、非生命体与所在环境相互依存，具有作用关系。任何生态环境的破坏行为都将导致人类社会遭受意想不到的自然灾害。第二，整个自然界的生态系统是一个自组织的开放系统。它具有整体性、动态性、自适应性、自组织性和协调性等特征。第三，生态自然界是天然自然界和人工自然界的统一，是人类社会文明发展的目标。人们可以通过改变生活方式，制定社会行为规章制度，坚持可持续性、共同性和公平性等原则下，实现人类社会与生态系统的协调发展。生态自然观把自然界看作一个生态系统，十分强调人与自然的生态和谐，既强调人的主观能动性，又强调人改造自然界的适度性。它的最终归宿指向的是科学技术与人、自然界的全面、协调、可持续发展，强调的是人与其他生命体和非生命体的和谐统一。

---

① 《马克思恩格斯选集》第4卷，人民出版社1995年版，第383页。
② 《马克思恩格斯全集》第42卷，人民出版社1979年版，第167页。
③ 《马克思恩格斯选集》第4卷，人民出版社1995年版，第384页。
④ 《马克思恩格斯选集》第4卷，人民出版社1995年版，第384页。

链接材料

生态环境与我们的未来

地球上生命的历史一直是生物及其周围环境相互作用的历史。可以说在很大程度上，地球上植物和动物的自然形态和习性都是由环境塑造成的。就地球时间的整个阶段而言，生命改造环境的反作用实际上一直是相对微小的。仅仅在出现了生命新种——人类之后，生命才具有了改造其周围大自然的异常能力。

在过去的四分之一世纪里，这种力量还没有增长到产生骚扰的程度，但它已导致一定的变化。在人对环境的所有袭击中最令人震惊的是空气、土地、河流以及大海受到了危险的、甚至致命物质的污染。这种污染在很大程度上是难以恢复的，它不仅进入了生命赖以生存的世界，而且也进人生物组织内，这一罪恶的环链在很大程度上是无法改变的。在当前这种环境的普遍污染中，在改变大自然及其生命本性的过程中，化学药品起着有害的作用，它们至少可以与放射性危害相提并论。在核爆炸中所释放出的锶 90，会随着雨水和飘尘争先恐后地降落到地面，居住在土壤里，进入其上生长的草、谷物或小麦里，并不断进入到人类的骨头里，它将一直保留在那儿，直到完全衰亡。同样地，被撒向农田、森林、花园里的化学药品也长期地存在于土壤里，同时进入生物的组织中，并在一个引起中毒和死亡的环链中不断传递迁移。有时它们随着地下水流神秘地转移，等到它们再度显现出来时，它们会在空气和太阳光的作用下结合成为新的形式，这种新物质可以杀伤植物和家畜，使那些曾经长期饮用井水的人们受到不知不觉的伤害。正如阿伯特·斯切维泽所说："人们恰恰很难辨认自己创造出的魔鬼。"

为了产生现在居住于地球上的生命已用去了千百万年，在这个时间里，不断发展、进化和演变着的生命与其周围环境达到了一个协调和平衡的状态。在有着严格构成和支配生命的环境中，包含着对生命有害和有益的元素。一些岩石放射出危险的射线，甚至在所有生命从中获取能量的太阳光中也包含着具有伤害能力的短波射线。生命要调整它原有的平衡所需要的时间不是以年计而是以千年计。时间是根本的因素；但是现今的世界变化之速已来不及调整。

新情况产生的速度和变化之快已反映出人们激烈而轻率的步伐胜过了大自然的从容步态。放射性已远远在地球上还没有任何生命以前，就已经存在于岩石放射性本底、宇宙射线爆炸和太阳紫外线之中了；现存的放射性是人们干预原子时的人工创造。生命在本身调整中所遭遇的化学物质再也远远不仅是从岩石里冲刷出来的和由江河带到大海去的钙、硅、铜以及其他的无机物了，它们是人们发达的头脑在实验室里所创造的人工合成物，而这些东西在自然界是没有对应物的。①

---

① 摘自[美]蕾切尔·卡逊：《寂静的春天》，吕瑞兰等译，吉林人民出版社 1997 年版，第 13 页。

(三)生态自然观的启示意义

生态自然观把人从自然界的“旁边”，再次拉回到自然界“之中”，不仅继承了辩证唯物主义自然观关于人与自然关系的基本立场，强化了辩证唯物主义在理解人与自然关系方面的基本观点，而且促使人们重新审视和辩证地理解“人类中心主义”等自然观。这对于纠正“人类中心主义”不合理之处带来的社会影响，积极引导人们正确认识人与自然的关系、人类与生态系统的关系，具有十分重要的实践意义。另外，生态自然观为我们正确处理人与自然的关系指出了新的方向。生态自然观强调，人在实施和实现可持续发展中具有主导性地位和作用。维护生态平衡最终依赖于我们的人类行为。这为发挥人的主体创造性，强化人与自然界协调发展的生态意识，实现可持续发展和建设生态文明提供了必要的理论前提和现实条件。

分析与思考

1. 简述人类思想史上典型的自然观理论形态及其历史演变。
2. 简述辩证唯物主义自然观的基本内容及其主要特征。
3. 如何看待辩证唯物主义自然观的当代发展及其价值?
4. 自然观与科学技术的发展有何关系?
5. 如何正确处理人与自然的基本关系?
6. 如何理解系统是自然界物质的普遍存在方式?

第三章

马克思主义科学观

要论提示

- 马克思主义科学观是对科学的本质、科学的结构与功能、科学理论的评价标准、科学发展的机制与规律的辩证唯物主义认识。
- 马克思、恩格斯在丰富的社会实践基础上，创立了马克思主义科学观。它的创立，为我们正确认识科学的地位和作用提供了理论指导。在领导俄国社会主义革命和建设的具体过程中，列宁和斯大林创造性地丰富和发展了马克思主义科学观。
- “科学”是一个不断变化、发展的概念。科学与技术之间既相互区别，又相互促进、相互转化。对“科学”内涵的理解，应包括知识体系、研究活动、社会建制三个方面。
- 马克思、恩格斯认为，社会需求是科学发展的根本动力，社会制度和科学人才也是科学发展的巨大动力。

科学观是关于人类科学活动及其结果的总观点，是对科学发展史、科学发展规模、科学发展方向的哲学概括和抽象，其主要内容包括科学的本质特征、科学活动的准则、科学理论的结构、科学的社会功能及发展机制。科学观构成了科学意识的核心理念，它影响着人类科学活动的方向、规模和速度。马克思主义科学观以辩证唯物主义和历史唯物主义为理论基石，赋予科学观以正确的世界观和方法论，这是马克思主义科学观区别于以往学说的显著特征。

第一节　马克思主义经典作家关于科学的基本观点

马克思主义科学观由马克思、恩格斯创立，经列宁、斯大林、毛泽东、邓小平、江泽民、胡锦涛、习近平等的发展，形成了完备的理论体系。在这个理论体系中，马克思主义经典作家(即马克思、恩格斯、列宁、斯大林)的科学观是其理论基础。对马克思主义经典作家的科学观进行系统梳理，有助于我们厘清思路，形成正确的科学观。

一、马克思、恩格斯关于科学的基本观点

马克思、恩格斯非常注重对自然科学的研究，以提高其著作的科学性和严密性。马克思在写作《资本论》的过程中，就十分重视对数学和科学史的研究。马克思深切感受到，离开必要的数学分析，就无法把经济规律揭示出来并表达清楚。19 世纪 50 年代，恩格斯就开始学习和研究物理学、化学、生物学、天文学、数学等自然科学，并对这些科学成果作了深刻的哲学概括，写出了《自然辩证法》一书。自然科学的知识积累，为马克思、恩格斯科学观的形成奠定了深厚的理论基础。马克思、恩格斯的科学观包括以下基本观点：

(一)科学属于一般生产力，而非直接生产力

在马克思看来，知识形态上的科学属于“一般生产力”，或者叫“潜在的生产力”。一旦科学进入生产过程，这种知识形态的生产力就转化为现实的、直接的生产力。当

科学进入生产过程后，会提高劳动者素质，改善生产工具和工艺流程，拓展劳动对象，优化管理方法，从而大幅度提高劳动生产率。马克思说："自然界没有制造出任何机器，没有制造出机车、铁路、电报、走锭精纺机，等等。它们是人类劳动的产物，是变成了人类意志驾驭自然的器官或人类在自然界活动的器官的自然物质。它们是人类的手创造出来的人类头脑的器官；是物化的知识力量。"①这说明生产工具是人创造的，是人类智慧的物化，是科学知识转化为现实生产力的结果。正因为科学能转化为直接生产力，马克思才这样感慨道："一般社会知识，已经在多么大的程度上变成了直接的生产力，从而社会生活过程的条件本身在多么大的程度上受到一般智力的控制并按照这种智力得到改造。"②马克思对科学的这种革命性认识，还体现在他对各种经济时代的划分上。他说："各种经济时代的区别，不在于生产什么，而在于怎样生产，用什么劳动资料生产。劳动资料不仅是人类劳动力发展的测量器，而且是劳动借以进行的社会关系的指示器。"③马克思还按照"制造工具和武器的材料"的不同，将人类历史划分为"石器时代、青铜器时代和铁器时代"④。

（二）科学是推动社会发展的革命性力量

马克思指出，随着科学的进步，人类对自然的支配能力日益增强，人在劳动过程中的地位和作用也产生了很大变化，这促进了生产方式的改变。他说："工业中机器和蒸汽的采用，使社会各阶级的一切旧有关系和生活条件发生了变革；它把农奴变成了自由民，把小农变成了工业工人；它摧毁了旧的封建手工业行会，消灭了许多这种行会的生存手段。"⑤人类历史发展的实际进程，也能印证马克思的这种观点。由于工业革命后出现了蒸汽机、电力机和其他各种机器，使得以前那种分散的、单个的、家庭手工业的生产方式被集中的、协作的、成千上万人协同劳动的大机器工厂所代替。生产方式的另一重要方面是生产关系，生产力的发展也会导致生产关系的变革，从而推动社会的前进。1847 年，马克思在《哲学的贫困》一书中指出："人们改变自己的生产方式，随着生产方式即谋生的方式的改变，人们也就会改变自己的一切社会关系。手推磨产生的是封建主的社会，蒸汽磨产生的是工业资本家的社会。"⑥马克思在为《人民报》创刊 4 周年的宴会上作演讲时，对科学的伟大历史杠杆作用作了十分精辟而形象的概括："这个社会革命并不是 1848 年发明出来的新东西。蒸汽、电力和自动走锭纺纱机甚至是比巴尔贝斯、拉斯拜尔和布朗基诸位公民更危险万分的革命家。"⑦在 1848 年欧洲革命被镇压以后，有人认为革命火苗从此熄灭了，但马克思指出，这些人"没有料到自然科学正在准备一次新的革命。蒸汽大王在前一世纪中使世界发生了天翻地覆的变化，现在它的统治已到末日，另一种更大得无比的革

① 《马克思恩格斯文集》第 8 卷，人民出版社 2009 年版，第 197 页。
② 《马克思恩格斯文集》第 8 卷，人民出版社 2009 年版，第 198 页。
③ 《马克思恩格斯文集》第 5 卷，人民出版社 2009 年版，第 210 页。
④ 《马克思恩格斯全集》第 49 卷，人民出版社 1982 年版，第 418 页。
⑤ 《马克思恩格斯文集》第 2 卷，人民出版社 2009 年版，第 378~379 页。
⑥ 《马克思恩格斯文集》第 1 卷，人民出版社 2009 年版，第 602 页。
⑦ 《马克思恩格斯文集》第 2 卷，人民出版社 2009 年版，第 579 页。

命力量——电火花将取而代之”①。马克思也曾为科学的革命力量而欢呼和鼓舞：“火药、指南针、印刷术——这是预告资产阶级社会到来的三大发明。火药把骑士阶层炸得粉碎，指南针打开了世界市场并建立了殖民地，而印刷术则变成新教的工具，总的来说变成科学复兴的手段，变成对精神发展创造必要前提的最强大的杠杆。”②马克思认为，资产阶级推翻封建统治的一个重要武器就是科学。文艺复兴时期，哥白尼、伽利略等科学家的“日心说”，成为推翻基督教绝对权威的重要思想武器；启蒙主义者不仅高举理性和科学的大旗，卢梭、伏尔泰等还以“科学精神”论证“自由、平等、民主、博爱”的正确性；达尔文的进化论将基督教的“创世说”赶出了历史舞台。对马克思本人来说，他也将自己的政治经济学作为无产阶级推翻资产阶级统治的思想武器，并充分论证了“无产阶级将成为资本主义社会掘墓人”的观点。

(三)科学不恰当的发展和应用会导致异化问题

马克思、恩格斯在高度肯定科学的伟大力量时，也没有忽视科学的异化问题。科学的异化，首先表现在它导致人对自然的过度掠夺以及自然界对人的“报复”。在资本主义社会中，由于资本的本性是最大限度地追逐剩余价值，这导致了“自然界的一切领域都服从于生产”，而科学“不过表现为狡猾，其目的是使自然界(不管是作为消费品，还是作为生产资料)服从于人的需要”③。在这种价值观的驱使下，人们会最大限度地利用和掠夺自然界，引发一系列负面效应。恩格斯在研究了人类活动与动植物分布、气候变化的关系后，谆谆告诫人们应重视生态问题：“我们不要过分陶醉于我们对自然界的胜利。对于每次这样的胜利，自然界都报复了我们。每一次胜利，在第一步都确实取得了我们预期的结果，但是在第二步和第三步却有了完全不同的、出乎预料的影响，常常把第一个结果又取消了。”④在恩格斯看来，导致人与自然价值背离的原因是多方面的，既有认识论上的原因，又有社会生产方式的原因。当人们生活在狭隘的社会关系中时，他们生产和生活的目的是很自私、很功利的，也很难辩证地看待人与自然的关系。恩格斯也认为，人对自然的支配并不是统治，更不是征服和破坏，而是要实现人与自然的共同发展。在人与自然的关系中，人居于主导地位，人有责任关爱、保护大自然。自然界作为价值客体，是受盲目必然性制约的客观世界，它没有自身的目的和愿望。人与自然之间价值背离的主要责任在人，而不在自然界。正如恩格斯所说：“动物也进行生产，但是它们的生产对周围自然界的作用在自然界面前只等于零。只有人能够做得到给自然界打上自己的印记，因为他们不仅迁移动植物，而且也改变了他们的居住地的面貌、气候，甚至还改变了动植物本身，以致他们活动的结果只能和地球的普遍灭亡一起消失。”⑤只有人类有能力担负起“再生产整个自然界”的重任，也只有人类能充当人与自然之间健康关系的建立者。因此，人们要摆正自己在自然界中的位置，培养对大自然的“敬畏感”，

---

① 《马克思恩格斯文集》第7卷，人民出版社2009年版，第348页。
② 《马克思恩格斯文集》第8卷，人民出版社2009年版，第338页。
③ 《马克思恩格斯文集》第8卷，人民出版社2009年版，第90~91页。
④ 《马克思恩格斯全集》第22卷，人民出版社1971年版，第519页。
⑤ 《马克思恩格斯文集》第9卷，人民出版社2009年版，第421页。

尊重自然界自身的发展。

（四）科学进步是推动共产主义实现的重要力量

科学对人类生产方式和生活方式改变的最终目标，是实现人的自由全面发展的共产主义社会。马克思认为，自由的本质存在于人们现实的实践活动之中，而科学在这个过程中发挥了重大作用。科学正是通过对客观必然性的把握，使人类的认识和实践由必然上升到自由。时间构成人的生命，它是人们所承受的一种必然性约束，自由的人能在有限的时间里，使自己的兴趣、爱好、力量和才能等得到最大的发展。马克思说："整个人类的发展，就其超出人的自然存在所直接需要的发展来说，无非是对这种自由时间的运用，并且整个人类发展的前提就是把这种自由时间作为必要的基础。"①科学通过提高劳动生产率，为人类的发展创造了宝贵的自由时间——"贝色麦、西门子、吉尔克里斯特—托马斯等人新发明的炼铁炼钢法，就以较少的费用，把以前需时很长的过程缩短到最低限度。由煤焦油提炼茜素或茜红染料的方法，利用现有的生产煤焦油染料的设备，已经可以在几周之内，得到以前需要几年才能得到的结果"。② 正是由于科学的发展，"把社会必要劳动缩减到最低限度"，便给所有人腾出了时间，于是，"个人会在艺术、科学等方面得到发展"③。不仅如此，科学发展还为人类活动提供了广阔的天地。"在陆地上，碎石路已经被铁路排挤到次要地位，在海上，缓慢的不定期的帆船已经被快捷的定期的轮船航线排挤到次要地位，并且整个地球布满了电报网。"④这使人们活动的空间越来越广，各种文明的交流也越来越频繁，人们能充分利用各行业、各地域的互补性来实现自由全面发展。同时，也是由于科学的发展，使"生产劳动同智育和体育相结合，它不仅是提高社会生产的一种方法，而且是造就全面发展的人的唯一方法"⑤。科学发展在消灭劳动分工的片面性之时，逐渐使劳动由谋生的手段变为生活的目的，成为人们自由自觉的活动。于是，创造性的劳动将成为人的天性，成为人们乐趣、幸福和生命意义之所在。劳动的自由使劳动者成为具有多方面知识和能力的主体，并活跃在各个领域——"在共产主义社会里，任何人都没有特殊的活动范围，而是都可以在任何部门内发展，社会调节着整个生产，因而使我有可能随自己的兴趣今天干这事，明天干那事，上午打猎，下午捕鱼，傍晚从事畜牧，晚饭后从事批判"⑥。这个时候，人们才真正摆脱了自然和社会盲目力量的支配，才"第一次成为自然界的自觉的和真正的主人，因为他们已经成为自身的社会结合的主人了。这是人类从必然王国进入自由王国的飞跃"⑦。

---

① 《马克思恩格斯全集》第32卷，人民出版社1998年版，第215页。
② 《马克思恩格斯文集》第7卷，人民出版社2009年版，第84页。
③ 《马克思恩格斯文集》第8卷，人民出版社2009年版，第197页。
④ 《马克思恩格斯文集》第7卷，人民出版社2009年版，第84页。
⑤ 《马克思恩格斯文集》第9卷，人民出版社2009年版，第339~340页。
⑥ 《马克思恩格斯文集》第1卷，人民出版社2009年版，第537页。
⑦ 《马克思恩格斯文集》第3卷，人民出版社2009年版，第564页。

链接材料

希波克拉底的道德誓言

希波克拉底(公元前460—公元前370)是古希腊伯里克利时代的医师，被西方尊为“医学之父”。他秘密进行人体解剖，获得了许多关于人体结构的知识。在他最著名的外科著作《头颅创伤》中，详细描绘了头颅损伤和裂缝等病例，提出了施行手术的方法。其中关于手术的记载非常精细，所用语言也非常确切，足以证明这是他亲身实践的经验总结。

他在题为《箴言》的论文集中，辑录了许多关于医学和人生方面的至理名言，如“人生短促，技艺长存”；“机遇诚难得，试验有风险，决断更可贵”；“暴食伤身”；“无故困倦是疾病的前兆”；“简单而可口的饮食比精美但不可口的饮食更有益”；“寄希望于自然”等，这些经验之谈脍炙人口，至今仍给人以启示。

古代西方医生在开业时，会宣读一份有关医务道德的誓词，它的主要内容取自希波克拉底的誓言。其内容如下：“我以阿波罗及诸神的名义宣誓，我要遵守誓约，矢志不渝。对传授我医术的老师，我要像父母一样敬重。对我的儿子、老师的儿子以及我的门徒，我要悉心传授医学知识。我要竭尽全力，采取我认为有利于病人的医疗措施，不给病人带来痛苦与危害。我不把毒药给任何人，也决不授意别人使用它。我要清清白白地行医和生活。无论进入谁家，只是为了治病，不为所欲为，不接受贿赂，不勾引异性。对看到或听到不应外传的私生活，我决不泄露。如果我违反了上述誓言，请神给我以相应的处罚。”1948年，世界医协大会对这个誓言加以修改，把它作为国际医务道德规范。①

二、列宁和斯大林关于科学的基本观点

列宁和斯大林的科学观，是对马克思恩格斯科学观的继承与发展。在当时，列宁和斯大林的科学观对世界社会主义运动以及对世界科学事业的促进作用是显而易见的。以史为鉴，可以明得失。在当今知识经济条件下，重新审视他们的科学观，不仅可以让我们对马克思主义科学观的历史演变有清晰的认识，也可以为我们构建科学与人文良性互动的社会机制提供有益借鉴。

(一)列宁的科学观

列宁科学观的形成，与第二次科技革命息息相关。第二次科技革命发生于19世纪70年代至20世纪40年代，它以德国和美国为中心，以电磁学理论的创立为先导，以电力的广泛应用为标志。20世纪初，面对射线、元素、放射性、电子等自然科学的新发现，列宁断言：“电子和原子一样，也是不可穷尽的，自然界是无限的，而且它无限地存在着。正是绝对地无条件地承认自然界存在于人的意识和感觉之外这一点，才把辩证唯物主义同

① 王兴文、谭静怡：《图说世界科技文化》，吉林人民出版社2010年版，第54页。

相对主义的不可知论和唯心主义区别开来。”①列宁没有把当时人们认识到的最小粒子当做物质结构的终极层次，并提炼出“物质结构层次不可穷尽”的辩证唯物主义观点。列宁这一思想不断得到了物理学的证实，即每次试图把物质分解成最小单位的尝试都是失败的。列宁还描述了自然科学与哲学的关系：辩证法是自然与社会最普遍的发展法则，各个科学分科，如数学、力学、化学、物理、生物学、经济学及其他自然科学、社会科学等，是研究物质世界及其认识之发展的各个方面。……自然科学为哲学提供基础，哲学不能脱离自然科学，它是对自然知识的概括和总结，自然科学发展，哲学也要随之发展。同时，哲学为自然科学的发展提供指导思想，自然科学的发展不能脱离辩证唯物主义的指导。② 对于认识论领域可能出现的种种问题及应对之策，列宁也做过深入思考，他说：“正因为现代自然科学经历着急剧的变革，所以往往会产生一些大大小小的反动的哲学学派和流派。因此，现在的任务就是要注意自然科学领域最新的革命所提出的种种问题，并吸收自然科学家参加哲学杂志所进行的这一工作，不解决这个任务，战斗唯物主义决不可能是战斗的，也决不可能是唯物主义。”③他还建议，共产党的彻底唯物主义者要与现代自然科学家结成联盟，以实现让自然科学捍卫和宣传唯物主义，并使其为社会主义革命服务的目的。

列宁科学观的核心，是将科学与社会主义建设相结合，并提出了其经典命题——“共产主义就是苏维埃政权加全国电气化”④。列宁在阐述这一观点时，将当时科学的最新成果“电气化”作为整个科学的代名词。列宁认为，与资本主义社会相比，电气化与社会主义更具有直接的关系，因为“在资本主义制度下，从事采煤的千百万矿工的劳动的‘解放’，必将造成工人大批失业，贫困现象大大加重，工人的生活状况更加恶化”⑤。而社会主义由于采取生产资料公有制和按劳分配，便不会产生这样的悲剧。1920 年 6 月，列宁在《土地问题提纲初稿》中论述了科学对于巩固社会主义政权的作用：“只有在无产阶级的国家政权最终平定剥削者的一切反抗，保证自己完全巩固，完全能够实施领导，根据大规模集体生产和最新技术基础(全部经济电气化)的原则改组全部工业的时候，社会主义对资本主义的胜利以及社会主义的巩固才算有了保证。”⑥而要获得这种胜利，就必须掌握科学，并让广大群众能熟练运用科学。列宁还指出，科学的作用能否得到充分发挥，与科学所处的社会制度密切相关。“在资本主义社会里，技术和科学的进步意味着榨取血汗的艺术的进步。”⑦只有在社会主义条件下，才能合理进行社会生产和产品分配，才能正确发挥科学的作用，让全体劳动者过上美好、幸福的生活。因此，社会主义和共产主义是先进政治制度和先进科学知识相结合的产物。列宁坚信：“劳动生产率，归根到底是使新社会制度取得胜利的最重要最主要的东西。资本主义创造了在农奴制度下所没有过的劳动生产率。资本主义可以被最终战胜，而且一定会被最终战胜，因为社会主义能创造新的高得多

---

① 《列宁选集》第 2 卷，人民出版社 1995 年版，第 193 页。
② 《列宁全集》第 35 卷，人民出版社 1985 年版，第 102 页。
③ 《列宁选集》第 4 卷，人民出版社 1995 年版，第 651 页。
④ 《列宁选集》第 4 卷，人民出版社 1995 年版，第 364 页。
⑤ 《列宁全集》第 23 卷，人民出版社 1990 年版，第 94 页。
⑥ 《列宁选集》第 4 卷，人民出版社 1995 年版，第 231 页。
⑦ 《列宁全集》第 23 卷，人民出版社 1990 年版，第 19 页。

的劳动生产率。这是很困难很长期的事业，但这个事业已经开始，这是最主要的。……共产主义就是利用先进技术的、自愿自觉的、联合起来的工人所创造的较资本主义更高的劳动生产率。”①列宁还指出：“归根到底，战胜资产阶级所需力量的最深源泉，这种胜利牢不可破的唯一保证，只能是新的更高的社会生产方式，只能是用社会主义的大生产代替资本主义的和小资产阶级的生产。”②在他看来，要建设社会主义，必须大力发展科学，缩小城乡差距，在电气化基础上合理地组织生产。只有当国家全面实现了电气化，为工业、农业和运输业打下了坚实基础的时候，才算取得了最后的胜利。而要实现苏维埃政权的电气化，就必须“除了进行长期的工作来教育群众和提高他们的文化水平，还要立即广泛地和全面地利用资本主义遗留给我们的、在通常情况下必然浸透了资产阶级的世界观和习惯的科学技术专家”③。在列宁的时代，苏联的总体科学水平比资本主义国家落后，要实现全国电气化，使苏联的小农经济变成大工业经济，必须“使每一个工厂、每一座电站都变成教育的据点，如果俄国布满了由电站和强大的技术设备组成的密网，那么，我们的共产主义经济建设就会成为未来的社会主义的欧洲和亚洲的榜样”④。为此，列宁明确要求，应“认真地进行驱散这些有学问的游手好闲之徒的工作，并且必须明确规定，由谁负责向我们清楚地、及时地、合乎实际需要而不是例行公事地介绍欧美的科学”⑤。列宁还批评了那种狂妄自大、不尊重科学知识的共产党员：“这样的共产党员在我们这里很多，我宁可拿出几十个来换一个老老实实研究本行业务的和内行的资产阶级专家。”⑥

(二)斯大林的科学观

斯大林作为苏联模式的缔造者，非常善于运用科学为社会主义建设服务。由于战乱的影响，苏联的科学水平要比当时的英、美等国落后，苏联面临着赶超世界先进科学水平的历史任务。为此，斯大林强调，苏联必须尽快从落后的农业国变成先进的工业国。1932年，联共(布)第十七次代表会议决定，苏联第二个五年计划的主要任务是“在发展新科技的基础上，完成整个国民经济的改造”。为了实现这一目标，斯大林主要采取了两条措施：用最先进的科技武装工业部门，特别是重工业和国防工业；将新科技成果大力投入农业生产，加大农业机械化建设，以提高农产品产量。

斯大林还非常重视科学发展中人的因素，他指出：“人才、干部是世界上所有宝贵的资本中最宝贵最有决定意义的资本。”⑦他还说：“单靠新技术是解决不了问题的。尽管有头等的技术，头等的工厂，如果没有能够驾驭这种技术的人才，那么这些技术就不过是技术而已。为了使技术能够产生效果，一定还要有能够操纵技术和推进技术的人才，有这样的男女工人干部。”⑧因此，斯大林非常重视科学人才的培养，即使在国家财政困难的情况

---

① 《列宁选集》第4卷，人民出版社1995年版，第16~17页。
② 《列宁选集》第4卷，人民出版社1995年版，第13页。
③ 《列宁选集》第3卷，人民出版社1995年版，第727页。
④ 《列宁选集》第4卷，人民出版社1995年版，第366页。
⑤ 《列宁全集》第51卷，人民出版社1988年版，第274页。
⑥ 《列宁选集》第4卷，人民出版社1995年版，第442页。
⑦ 《斯大林文集》，人民出版社1985年版，第47页。
⑧ 《斯大林文集》，人民出版社1985年版，第68页。

下，他也大力保证教育经费的投入。斯大林还把培养科学人才的任务纳入国家发展战略，责成教育人民委员会、最高经济委员会和交通人民委员会共同承担这一重大任务。为了提高教育质量和水平，斯大林选派优秀的党员干部和专家担任高等学校的领导，挑选具有理论素养和实践经验的科学家担任教学工作。经过这些举措，到1937年，苏联的知识分子干部已达960多万人，其中科学人才达400万人左右。

由于斯大林对科学的重视，使苏联的科学水平得到了很大提高。第二次世界大战前，苏联在物理学、数学、化学、生物学等领域就已得到了广泛的发展。苏联有些科学成果，如现代半导体物理学、无线电定位、乙烯醚的提取等，都走到了世界前列。在斯大林的科学观指导下，苏联的经济也得到了较快发展。苏联工业产量1937年比1932年增加了120%，比1913年增加了近5倍，第二次世界大战前的苏联已逐步向工业强国大踏步迈进。

总之，列宁和斯大林在继承马克思、恩格斯科学观的基础上，将科学与社会主义革命和建设相结合，实现了马克思主义科学观由理论向实践的飞跃。列宁和斯大林的科学观在马克思主义理论史上占有重要地位，具有不可磨灭的历史意义。

三、马克思主义科学观的基本特征

马克思主义以辩证唯物主义和历史唯物主义为世界观和方法论，这是马克思主义科学观的理论基石。马克思主义科学观是对以往科学观的批判、继承和超越，它呈现出独有的理论特点。

（一）真理性

马克思主义科学观建立在正确的世界观、方法论之上，准确揭示了科学理论的本质和规律。马克思主义哲学的最大成果是唯物史观，这是马克思主义与以往旧哲学最根本区别。马克思主义运用唯物史观来研究整个社会历史，研究科学在社会发展中的作用，才能得出“科学是一种在历史上起推动作用的革命力量”“科学是最高意义上的革命力量”等正确而深刻的观点。马克思主义科学观实现了辩证法与唯物论的结合，既克服了抽象逻辑的片面性，又克服了唯心主义的主观性。以往的科学观往往只关注科学某些具体方面的问题，马克思主义则从整个社会历史进程中总体地把握科学。马克思指出：“物质生活的生产方式制约着整个社会生活、政治生活和精神生活的过程。”①科学理论的形成及其作用的发挥，也必然受社会物质生活条件和社会关系的制约，故唯物史观的方法论要求，不能脱离社会发展状况、阶级关系等而孤立地考察科学。只有将科学放到社会大系统中，对科学进行全面的研究，才能形成正确的科学观。

（二）导向性

马克思主义科学观具有鲜明的导向性，这既表现在它从工人阶级立场出发，也表现在它以实现全人类共同利益为最终目的。科学本身不是意识形态，但科学观作为人文社会科学的一部分，是属于意识形态的。与其他非马克思主义科学观不同，马克思主义科学观是为无产阶级革命和建设服务的，它体现了鲜明的无产阶级党性原则。马克思主义认为，科

---

① 《马克思恩格斯文集》第2卷，人民出版社2009年版，第591页。

学在社会发展过程中，通过三种方式对社会实施影响：一是与物质生产相结合，转化为生产力和现实的物质力量；二是与精神生产相结合，作为思想素材改变人们的思维方式；三是作为一种相对独立的社会活动过程，以促进人的自由全面发展和社会的整体发展。① 马克思主义科学观，是适应无产阶级斗争的需要而创立的，并随着无产阶级革命和建设任务的发展而与时俱进。马克思在《〈黑格尔法哲学批判〉导言》中指出："批判的武器当然不能代替武器的批判，物质力量只能用物质力量来摧毁；但是理论一经掌握群众，也会变成物质力量。"②科学一旦与革命结合起来，就会转化成巨大的"物质力量"。恩格斯在《波斯与中国》中，曾大力赞赏科学的军事价值，就是因为他看到了科学在推动社会革命中的巨大作用。马克思主义科学观旗帜鲜明地指出，科学能推动生产力发展，进而推动生产关系和上层建筑的变革。人类历史上的三次科技革命，也充分证明了科学推动社会发展的巨大作用。马克思主义科学观，印证了社会历史发展的必然趋势，立场鲜明地代表了无产阶级的利益。虽然马克思主义科学观是无产阶级的科学观，但无产阶级没有狭隘的阶级利益，无产阶级的阶级利益与广大人民群众的根本利益是完全一致的。因此，马克思主义科学观也代表了广大人民群众的根本利益，具有无穷的真理性力量。

（三）发展性

重视实践，强调实践的作用，是马克思主义学说区别于一切非马克思主义学说的重要标志之一。正如马克思所说："从前的一切唯物主义（包括费尔巴哈的唯物主义）的主要缺点是：对对象、现实、感性，只是从客体的或者直观的形式去理解，而不是把它们当做感性的人的活动，当做实践去理解，不是从主体方面去理解。"③马克思主义科学观不是空中楼阁，不是凭空捏造的学说或臆断、妄想，而是扎根于丰富的科学实践，有着深厚的实践基础。由于实践是不断变化发展的，故马克思主义科学观也体现出与时俱进的发展性。

马克思主义并不是一个封闭的、僵化的、一成不变的观念系统，而是开放的、充满活力的、不断发展的思想体系。马克思主义科学观也随着实践的发展而发展，随着时代的变化而变化，表现出时代性和发展性的特征。自从马克思、恩格斯创立马克思主义科学观以来，它并没有停滞不前。在苏俄，列宁、斯大林继承了马克思主义科学观，并结合苏俄的革命和建设实际，创造性地发展了马克思主义科学观。在中国，毛泽东、邓小平、江泽民、胡锦涛、习近平等，在继承马克思主义科学观的基础上，结合中国革命和建设的实际，为马克思主义科学观增添了许多新内容，使马克思主义科学观日臻成熟与完善。如十月革命胜利后，列宁根据当时俄国的具体国情，提出了著名的"共产主义＝苏维埃政权+全国电气化"的公式，并亲自主持制订了全国电气化计划。20世纪50年代，毛泽东也旗帜鲜明地提出，要打好科学技术这一仗，不打好这一仗，生产力无法提高。邓小平根据我国改革开放和现代化建设的具体实际，创造性地提出了"科学技术是第一生产力"的思想。这些都体现了马克思主义科学观紧密联系实际、随着实践的发展而发展的特点。

总之，马克思主义科学观以马克思主义世界观和方法论为理论基础，有着深厚的马克

---

① 《马克思恩格斯全集》第32卷，人民出版社1998年版，第29~31页。
② 《马克思恩格斯文集》第1卷，人民出版社2009年版，第11页。
③ 《马克思恩格斯文集》第1卷，人民出版社2009年版，第499页。

思主义哲学底蕴。马克思主义科学观吸收了人类以往科学观的优秀理论成果，并对其进行了批判性的继承和创造性的改造。马克思主义科学观还以实践为力量源泉和发展动力，在实践中不断得到改进和完善。因此，马克思主义科学观是真理性、导向性和发展性的统一。

第二节　科学的内涵及特征

人类历史上愚昧和迷信的盛行，总是与当时的科学知识水平落后有关。由于对自然现象及其运动规律的无知，由于人们缺乏科学知识来调整人与自然、人与社会的关系，从而产生了种种愚昧和迷信。但随着科学的发展，人类对自然规律的认识日益深入，人们认识世界和改造世界的能力也不断提高。但什么是科学？科学的基本特征是什么？这需要我们从探析科学的内涵着手，以进一步总结科学的基本特征。

一、科学的内涵

科学是随着时代的发展而进步的，因而“科学”的内涵也是一个历史的范畴。在学术界，对“科学”内涵的研究由来已久，不同学者从不同视角对“科学”的内涵进行了探讨。本书将从以下三个方面探析“科学”的内涵：

（一）从语汇学角度探析科学的内涵

“科学”是一个不断变化、发展的概念。科学最初是对“science”的意译。“science”源自拉丁语中的“scientia”，其原意是指知识、学问。早在12世纪初，宇宙论者威廉就尝试给科学下过定义，认为科学是“以物质为基础的知识”①。康德在其著作《自然科学的形而上学起源》中认为：“每一种学问，只要其任务是按照一定的原则建立一个完整的知识系统的话，皆可被称为是科学。”②在康德看来，科学是一种系统性知识，科学研究的目的就是建立一套能得到证明的陈述系统（即理论体系）。贝尔纳也有类似的认识，他在《历史上的科学》中说道：“科学是按照在自然界的次序，对事物进行分类，并对它们的意义所进行的认识。”③马克思在《神圣家族》中指出：“科学是认识的一种形态，它是由人们在漫长的人类社会生活中所获得知识累积起来的，且现在还在继续累积的认识成果——知识的总体和持续不断的认识活动本身。”《苏联百科词典》解释道：“科学是人类活动的一个范畴，它的职能是总结关于客观世界的知识，并使之系统化。‘科学’这个概念本身不仅包括获得新知识的活动，而且还包括这个活动的结果。”④

“科学”一词，在中国古代没有出现过，但在《礼记·大学》中有“格物致知”的说法，意思是指“穷究事物的原理而获得知识”。清朝末年，中国学者将声学、光学、电磁学、化学等自然科学称之为“格致学”。19世纪以后，科学研究逐渐朝精细化方向发展，笼统

---

① 沈铭贤：《新科学观》，江苏科学技术出版社1988年版，第231页。

② 孙正聿：《哲学通论》，辽宁人民出版社1998年版，第142页。

③ ［英］J. D. 贝尔纳：《历史上的科学》，伍况甫等译，科学出版社1959年版，第21页。

④ 陈昌曙：《自然科学的发展与认识论》，人民出版社1993年版，第52页。

的科学逐渐分化为各个专门的学科领域，并拥有各自的研究对象、研究方法、理论体系和知识结构。于是，日本著名教育家福泽谕吉将"science"译为"科学"，即"分科之学"的意思。随后，康有为和严复也采纳了这种翻译方法，从此"科学"一词在中国广泛使用。我国1987年出版的《中国大百科全书·哲学》认为："科学是以范畴、定义、定律形式反映现实世界多种现象的本质和运动规律的知识体系。"在2000年出版的《辞海》中，将"科学"界定为"运用范畴、定理、定律等思维形式反映现实世界各种现象的本质和规律的知识体系"。当代学者董光璧认为："我们今天所理解的科学，即逻辑推理、数学描述和实验检验相结合的自然科学，形成于16—17世纪的欧洲科学革命，并衍生出科学的现代形式。"①

(二)从科学与技术比较角度探析科学的内涵

随着当代经济与社会的发展，科学与技术日益密不可分，因此人们将二者合称为"科技"。"技术"一词源自古希腊文，原意是指"技能""技巧""艺术"等。关于技术的概念，不同时代有不同的理解。亚里士多德将技术看做"制作的智慧"。到了古罗马时代，随着工程技术的逐渐发展，人们将技术看作"工艺制造"和"知识形态"二者的统一。18世纪末，法国"百科全书派"的狄德罗在其主编的《百科全书》中指出："技术是为某一目的而共同协作组成的各种工具和规则体系。"这是最早对技术所下的较规范的定义。我国2000年出版的《辞海》对技术的定义是："泛指根据生产实践经验和自然科学原理而发展的各种工艺操作方法和技能。如电工技术、焊接技术、木工技术、作物栽培、育种技术等。除操作技能外，广义地讲，还包括相应的生产工具和其他物质设备，以及生产的工艺过程和作业程序、方法等。"在《哲学大辞典》中，对技术的定义是："技术一般指人类为满足自己的物质生产、精神生产以及其他非生产活动的需要，运用自然和社会规律所创造的一切物质手段和方法的总和。"

科学与技术之间既相互区别，又相互促进、相互转化。二者的区别在于：科学属于认识论范畴，其目的在于认识世界；其发展方向主要是从实践到理论，重点回答"是什么"和"为什么"等问题。科学成果表现为知识形态，并通过概念、原理、假说、定律等逻辑形式展现出来；科学的评价标准是对和错，科学所产生的经济社会效益是间接的。科学理论一旦建立，人们只承认创立者的优先权和发现权，作为知识成果的科学理论，则属于全人类；反之，技术的发展方向一般是从理论到实践，侧重于解决"做什么"和"怎么做"等问题，其目的在于改造世界。技术成果既有知识形态的(如专利等)，也有物质形态的(如工具、器械、设备等)；对技术成果的评价主要看经济社会效益。技术成果具有专利权，社会不仅承认技术的发明权，还承认发明者的专有权和独占权。

科学与技术不仅相互区别，还相互依存、相互促进、相互转化。如果说20世纪以前科学技术的发展路线是"从生产到技术再到科学"的话，20世纪以后则是"从科学到技术再到生产"。20世纪以前，科学与技术之间的联系是松散的，基本上呈各自独立发展之势。技术进步主要依靠传统技艺的改进和新经验的积累而缓慢前进，科学则主要靠人民群众的知识积累和少数科学家的科学实验发展起来。20世纪以后，科学与技术的联系更加

① 转引自路甬祥：《科学与中国》，北京大学出版社2005年版，第263页。

紧密，科学发展在受到技术创新推动的同时，走在了技术前面，成为推进技术发展的强大驱动力。科学是技术的前提和理论基础，对技术具有指导性作用——科学为新技术思路的产生提供直接理论源头；科学研究为技术活动提供实验对象和分析方法；科学进步为技术发展培养人才；技术活动的成果要由科学来评估和检验。同时，技术对科学有巨大的反作用——技术应用的前景为科学研究提出新的课题和挑战；应用技术的发展为科学研究提供精密的仪器设备，使科学家能更深入、细致地观察自然现象；技术应用的经济效果为科学研究提供经费支持和物质保障。总之，随着科技的发展，科学与技术已成为一个不可分割的整体。在此意义上，J. D. 贝尔纳把20世纪开始的新技术革命称为“现代科学技术革命”，以体现科学与技术的一体化发展趋势。

(三)科学是知识体系、研究活动、社会建制的统一

科学是由多种要素构成的复杂整体，只有把有关科学的各种含义联系为一个整体，才能全面、系统地认识科学的内涵。英国科技史学家 J. D. 贝尔纳对科学作了如下解释：科学是一种建制；科学是一种方法；科学是一种维持和发展生产的主要因素；科学是一种累积的知识传统；科学是一种重要的观念来源和精神因素，是构成人们诸多信仰的最大势力之一。① 在贝尔纳的归纳基础上，我们可以从知识体系、研究活动、社会建制三个角度探讨科学的内涵。

首先，科学是系统化、理论化的知识体系。在自然界中，从宇宙星辰到地球构造、从植物动物到人类社会、从动物心理到人的思维，都有其独特的规律。人们对这些规律的认识，以及由此构成的知识体系，就表现为科学。但不是所有的知识都叫科学，科学是知识的高级形态，只有那些理论化、系统化、具有真理性的知识，才叫科学。科学需要借助于一些概念、范畴、判断、推理、公式、原理等表述出来，科学知识的内容是客观的，逻辑形式是严密的。人类在实践中所获得的许多局部的经验、灵感的火花，由于其零碎、分散、不成体系，故不能算作科学。科学知识还必须具备真理性和深刻性，能经受严格科学实验的检验，能反映事物的本质和规律。

其次，科学是认识世界的研究活动。科学研究是人们探索规律、获取科学知识的过程。在哲学史和科学发展史上，一般将科研活动里的思想和行为过程也纳入对科学内涵的理解中。科学不仅指人类已经取得的精神成果，也指人类反映外部世界、探索客观规律以获取知识的创造性过程。这个生产过程无时无刻不凝结着人类精深的科学思维，总是与科学精神、科学思想、科学方法和科学原则相联系。其他的劳动资料有各种科学仪器、设备和技术手段等，它们能延伸科学工作者感官和大脑的功能，是沟通认识主体与认识客体之间的桥梁。各种文献资料，以及科学思维和科学方法，是科学工作者认识世界的手段，这些手段是否精良，直接关系到科学研究的效率。科研劳动的加工原料是人类的实践活动(特别是科学实验)及现有的科学知识。在科研劳动中，科学家利用科学方法分析研究实验数据，从中总结出新的规律。科学知识在其使用和传播中，不仅不会磨损其价值，还会使其价值越来越大。

---

① [英]J. D. 贝尔纳：《科学的社会功能》，陈体芳译，广西师范大学出版社2003年版，第12~13页。

再次，科学是一种社会建制。贝尔纳指出："作为集体的、有组织机体的科学建制，是一种新兴制度。"①近代以来，科学几乎已形成了建制化所需要的一切基本要素——科学的组织和机构、职业科学家队伍、科学学会和协会、科学的教育系统、科学与工业结合的各个环节等。随着第二次世界大战后科学的加速发展，科研规模逐渐扩大，学科急剧分化和高度综合的趋势更加明显，科学成果转化为生产力的速度越来越快，科学对社会的影响越来越深远。现今的科学建制目标不仅是"扩展知识"，还应加上"首先把新知识转化为现实生产力"。科学的规范结构也不仅包括默顿所提出的四种基本规范——普遍性、公有性、无私利性和有条理的怀疑主义，还要求科学具有服务社会、为人类创造物质财富的功能。

只有把科学理解为知识体系、研究活动、社会建制的统一体，才能准确界定科学的内涵，反映科学的本质。这三者的完美结合，全面展现和解答了科学是什么、科学怎样产生、由谁产生、在什么社会体制下产生等问题。

二、科学的基本特征

通过以上对"科学"内涵的深入分析，我们可以对科学的基本特征作以下概括：

（一）科学的可检验性

科学的可检验性，在于它具有不以人的意志为转移的客观内容。所有科学知识都坚持用物质世界自身来解释世界，不承认任何超自然的、神秘的东西。科学事实、科学定律、科学假说、科学理论，无一例外都是以科学实践为基础，是经过严密逻辑论证和反复实践检验的。

科学是对客观世界真实、准确的反映，而不是虚幻、歪曲的反映。对科学理论的真与伪、正确与错误、全面与片面的评价，应有客观的实验依据。可检验性要求对科学理论所涉及的内容给予明确解释，并推导出特定的可检验的实验事实，将理论推导出的数据与实验中得到的结果相比较，进行实验检验。如果科学理论不具备逻辑的自洽性或经受不住实验检验，就会被修正或淘汰。科学的真理性，正是由其可检验性加以保证的。

在科学发展的历史上，很多思想家从不同侧面探讨了科学理论的可检验性问题。比如，逻辑经验主义认为，如果一个命题具备"可检验性"或"可验证性"，才是科学的命题，否则便是非科学的命题；波普尔认为，科学理论具有普遍性，可被证伪②的理论才是科学的，否则就是非科学的；库恩和拉卡托斯认为，科学与非科学的划界标准在于，是否在范式或科学研究纲领的指导下从事"解难题"活动。可以看出，科学与非科学的最根本区别，在于是否具备可检验性。伪科学是伪装成科学形式的非科学，它伪造或篡改实验数据，回避或拒绝科学实验的检验和同行专家的鉴定，或者用违背科学实验准则和程序的"实验"去取代规范的科学实验。正是由于科学真理的可检验性，才使得科学与一切伪科学、宗教

---

① ［英］J. D. 贝尔纳：《历史上的科学》，伍况甫等译，科学出版社 1959 年版，第 14 页。

② 证伪，即是用可观察的证据与科学理论相比较，是一种实践检验的方式，但这种检验的目的是为了对科学理论进行批判和反驳。

神学区别开来。

(二)科学的精确性和严密性

科学作为一种认识活动，有其特殊的认识手段(科学仪器、实验设备等)和认识方法(观察法、实验法、归纳演绎法等)。科学作为认识成果，有其特殊的表现形式，即由基本概念、基本定律、科学事实、科学假说以及由逻辑推理和实验检验建立起的科学理论等构成。

科学理论是从基本科学概念和基本科学定律出发，借助推理规则和辅助假设，推演出的由一系列定律或结论构成的严密的逻辑体系。在这个逻辑体系中，包括三个基本的知识元素——基本概念，联系这些概念的判断(即基本原理、基本定律)，由这些概念、原理、定律推演出来的逻辑结论(即各种具体的规律和预见)。正如爱因斯坦所说："理论物理学的完整体系是由概念、被认为对这些概念是有效的基本定律，以及用逻辑推理得到的结论这三者所构成的。"①这三者依一定关系，形成一个有层次、有结构的系统。科学理论是科学成果的系统体现，零散的知识堆积在一起不能成为科学理论。科学理论必须具备系统性、完备性、逻辑性和自洽性，必须通过明确的概念、恰当的判断、正确的推理和严密的证明加以表述。因此，精确性和严密性是科学理论的重要特征。

链接材料

欧几里得的几何学

欧几里得建立起来的几何学体系之严谨和完整，就连20世纪最杰出的大科学家爱因斯坦也不能不对其另眼相看。爱因斯坦说："一个人当他最初接触欧几里得几何学时，如果不曾为它的明晰性和可靠性所感动，那么他是不会成为一个科学家的。"欧几里得以他的主要著作《几何原本》而著称于世，他的工作之重大意义在于把前人的数学成果加以系统地整理和总结，以严密的演绎逻辑，把建立在一些公理之上的初等几何学知识构建成一个严整的体系。

《几何原本》中的数学内容也许没有多少为他所原创，但是关于公理的选择、定理的排列以及一些严密的证明无疑是他的功劳，在这方面，他的工作出色无比。欧几里得的《几何原本》共有13篇，第一至第四篇主要讲多边形和圆的基本性质，像全等多边形的定理、平行线定理、勾股弦定理等。第二篇讲几何代数，用几何线段来代替数，这就解决了希腊人不承认无理数的矛盾，因为有些无理数可以用作图的方法把它们表达出来。第三篇讨论圆的性质，如弦、切线、割线、圆心角等。第四篇讨论圆的内接和外接图形。第五篇是比例论，这一篇对以后的数学发展史有着重大意义。第六篇讲的是相似形，其中有一个命题是：直角三角形斜边上的矩形，其面积等于两直角边上的两个与这相似的矩形面积之和。第七、八、九篇是数论，

① ［德］爱因斯坦：《爱因斯坦文集》第1卷，许良英等译，商务印书馆1976年版，第265页。

即讲述整数和整数之比的性质。第十篇是对无理数进行分类。第十一至第十三篇讲的是立体几何。全部十三篇共包含有467个命题。

《几何原本》的出现，说明人类在几何学方面已经达到了科学状态，在经验和直觉的基础上建立了科学的、逻辑的理论。欧几里得这位亚历山大大学的数学教授，已经把大地和苍天转化为一幅由错综复杂的图形所构成的庞大图案。他还运用他的惊人才智，指挥灵巧的手指将这个图案拆开，分成为简单的组成部分：点、线、角、平面、立体——把一幅无边无垠的图，译成初等数学的有限语言。《几何原本》的重要性并不在于书中提出的哪一条定理，它的贡献在于欧几里得将这些材料作了整理，并在书中作了全面的系统阐述。这包括首次对公理和公设作了适当的选择。而这些选择的做出，是非常困难的工作，需要超乎寻常的判断力和洞察力。然后，他仔细地将这些定理作了安排，使每一个定理与以前的定理在逻辑上前后一致。在需要的地方，他对缺少的步骤和不足的证明也作了补充。《几何原本》作为教科书使用了两千多年，在形成文字的教科书之中，无疑它是最成功的。①

（三）科学的解释性和预见性

科学理论不仅应该能解释已知事物的运动、变化、发展，还应该能预见未知事物的存在。一种科学理论，若能根据背景知识预见未知事物及其规律，就会大大提高理论本身的可靠性和可接受性。科学家的工作并不仅仅是阐释现有的实验结果，或以科学理论为“工具”来解决问题，还要从现有科学理论出发，去预见更深刻的、还未被发现的科学现象和科学规律。雷舍尔指出，科学的理论目标是描述（回答关于自然的What和How问题）和说明（回答关于自然的Why问题）；科学的实践目标是预言（我们对于自然的预期的成功组合）和控制（有效地干预自然）。②

在科学发展的历程中，几乎每个曾在科学领域里确立过优势地位的理论，都作出过成功的预言。以爱因斯坦的广义相对论为例，它有三个著名的预言，即太阳引起的光线偏折、内行星轨道的近日点进动、光谱线的引力红移。20世纪初，不仅广义相对论作出了光线引力场弯曲的预言，光的微粒说也作出了这个预言。1919年5月29日，地球上的一些地区发生了日全食，A. S. 爱丁顿和F. 戴森率领的两个探测小组分别赴西非的普林西北岛和巴西的索勃拉市，以拍摄日全食时太阳附近的星空照片，并将其与太阳不在这一位置的星空照片相比较。他们得出的光线偏折值与爱因斯坦的预言非常相符，这曾引起过全世界的轰动。此后，几乎每逢日全食，各国天文学家都要作此项观测。20世纪70年代以后，射电天文学的进展使得这项观测的精度大为提高，而观测结果与爱因斯坦的理论预言更加符合了。

（四）科学的系统性和发展性

在前面对科学内涵的界定中，将科学理解为知识体系、社会活动、社会建制的统一体。随着科学日益渗透到社会的各个领域，人们倾向于将科学与自己所在的领域结合起

① 王兴文、谭静怡：《图说世界科技文化》，吉林人民出版社2010年版，第46页。

② 刘大椿：《科学哲学通论》，中国人民大学出版社1998年版，第221页。

来，从各种不同角度探讨科学的内涵。于是，科学的内涵进一步拓展，除前面所讲的三方面外，很多学者将科学文化、科学方法、科学的精神气质也纳入对科学内涵的理解中，这使得科学成为一个系统性的范畴，而这个系统性范畴又随着实践不断发展。

科学是关于客观事物的本质和规律的相对正确的认识，是经过逻辑论证和实验检验并由一系列概念、判断和推理表达出来的知识体系。科学理论既是科学活动过程的高级阶段成果，又是形成新的科学认识的起点。科学理论不是凝固的、绝对不变的，而是相对的、发展的。随着实践和认识的发展，科学理论的客观真理性、逻辑严密性、系统全面性和理论完备性都会面临种种挑战，这种挑战也进一步促进了科学的发展。正如列宁所说，认识是思维对客体的永远的、没有止境的接近。新的科学理论，只会在逻辑上更严密，在内容上更符合经验事实。因此，系统性和发展性是科学理论的重要特征。

（五）科学的主体际性

科学知识具有客观真理性，它的基本概念反映事物固有的本质属性，基本定律反映客观事物之间的内在联系，因而科学知识是客观的、普遍的。科学理论不是笼统的、有歧义的一般性陈述，而是确定的、具体的命题，它能在可控条件下重复接受实验的检验。科学能被不同认识主体普遍理解，能接受不同认识主体的实验检验，能在不同认识主体之间被广泛交流和讨论，这就是科学的主体际性。科学的主体际性，是科学发现获得社会承认的基本条件之一。

科学作为一种社会意识形式，其内容是由大自然的“纯”客观性决定的。作为一种特殊的社会意识形式，科学并不依赖于特定的经济基础，也不为特定的经济基础辩护；其发展也是由社会存在所决定的，它是社会发展到一定历史阶段的产物，并随着社会的进步而不断完善。当然，科学的发展也要受经济基础制约，不同阶级的世界观和一定社会的政治制度对科学发展会有不同程度的影响。这里所讲的主体际性，是指科学是经实践检验并被证明为真理的知识体系，它可以被社会各阶级的人发现、利用和继承。自然科学既无国界，也无阶级和民族界限，是人类共同的财富。从科学发展的历程来看，科学不会随着某一经济基础的变革而改变。虽然战争或时代变迁会毁灭部分的科学资料和科学仪器，但科学更多的是在继承的基础上而发展的。意识形态属于上层建筑，是为经济基础服务的。随着经济基础的变革，意识形态迟早会随之改变。新、旧意识形态往往存在质的差异，其所代表的阶级立场也完全不同。自然科学不属于意识形态，因此它可以独立于经济基础而存在。比如，经典物理学在资本主义时代就早已产生，但从其适用范围来看，它对资产阶级和无产阶级都是真理。

第三节　科学的发展动力

科学作为一种社会活动和社会建制，它受到经济、政治、文化等多种社会因素的影响和制约。当代人类实践的发展，对科学的发展既提出了紧迫要求，也奠定了现实基础。到底是什么推动了科学的发展？什么才是科学发展的真正动力？对此，马克思主义经典作家和西方科学哲学家给出了各自的观点。

一、马克思主义经典作家关于科学发展动力的思想

科学发展离不开社会需求，社会需求决定了科学发展的方向和速度，这是马克思主义的根本观点。除此之外，马克思、恩格斯还考察了社会制度和科学人才在科学发展中的巨大作用。

(一)社会需求是科学发展的根本动力

社会需求涉及经济、政治、文化、军事等各个方面，其中经济和生产领域的需求是最主要的。与此相应，经济和生产领域的科学也发展最快、应用最多、作用最大。马克思认为，没有需要就没有生产，“有了机器纺纱，就必须有机器织布，而这二者又使漂白业、印花业和染色业必须进行力学和化学革命”①。因此，“要把自然科学发展到它的最高点；同样要发现、创造和满足由社会本身产生的新的需要”②。马克思还指出：“传动机构规模的扩大同水力不足发生了冲突，这也是促使人们更精确地去研究摩擦规律的原因之一。同样，靠磨杆一推一拉来推动的磨，它的动力的作用是不均匀的，这又引出了飞轮的理论和应用。飞轮后来在大工业中起了非常重要的作用。大工业最初的科学要素和技术要素就是这样在工场手工业时期发展起来的。”③在考察了社会需求对具体学科诞生的推动作用后，恩格斯总结出一条规律，即“经济上的需要曾经是，而且越来越是对自然界的认识不断进展的主要动力”④。恩格斯还指出：“和其他各门科学一样，数学是从人的需要中产生的，如丈量土地和测量容积、计算时间和制造器械。”⑤在考察了科学发展史后，恩格斯总结出：“在中世纪的黑夜之后，科学以意想不到的力量一下子重新兴起，并且以神奇的速度发展起来，那么，我们要再次把这个奇迹归功于生产。”⑥“社会一旦有技术上的需要，这种需要就会比十所大学更能把科学推向前进。整个流体静力学(托里拆利等)是由于16世纪和17世纪意大利治理山区河流的需要而产生的。”⑦

近代以来，虽然科学实践的范围不断拓展，但社会需求仍是科学发展最直接、最持久的动力。马克思指出，工艺学诞生于社会需求，“大工业的原则是，首先不管人的手怎样，把每一个生产过程本身分解成各个构成要素，从而创立了工艺学这门完全现代的科学”⑧。在马克思看来，科学理论的完善离不开生产实践的检验，“理论的方案需要通过实际经验的大量积累才臻于完善”⑨。从科学发展史本身，也能证实马克思、恩格斯的观点。比如，古代天文学是为了满足游牧民族和农业民族定季节的需要而产生的；古代力学是为了满足建筑、航海和水利建设的需要而产生的；古代数学是为了计算时间节气、土地

---

① 《马克思恩格斯文集》第5卷，人民出版社2009年版，第440页。
② 《马克思恩格斯文集》第8卷，人民出版社2009年版，第90页。
③ 《马克思恩格斯文集》第5卷，人民出版社2009年版，第433页。
④ 《马克思恩格斯文集》第10卷，人民出版社2009年版，第599页。
⑤ 《马克思恩格斯文集》第9卷，人民出版社2009年版，第41页。
⑥ 《马克思恩格斯文集》第9卷，人民出版社2009年版，第427页。
⑦ 《马克思恩格斯文集》第10卷，人民出版社2009年版，第668页。
⑧ 《马克思恩格斯文集》第5卷，人民出版社2009年版，第559页。
⑨ 《马克思恩格斯文集》第5卷，人民出版社2009年版，第437页。

面积、容器体积和物体重量而产生的；空气动力学和材料力学是为满足航天和航空工业发展的需要而产生的；原子物理学和放射化学是为满足开发原子能的需要而产生的。从具体事例来看，哥白尼“日心说”诞生的最直接原因就是为了满足当时航海和历法的需要。再如，公元前120年左右，古希腊数学家、工程师希罗运用蒸汽的反作用力发明了一个玩具，但由于当时社会对此没有需求，这种发明便没有被推广，其所包含的科学理论也没有得到发展。17世纪时，由于采矿业快速发展的需求，蒸汽力学和热力学理论才取得了辉煌成就。早在1600年，英国医生吉尔伯特出版的《论磁》一书便对电磁学有了初步研究，但由于当时人们不需要它，电磁学理论一直没有得到发展。到了第二次工业革命的时候，由于经济社会发展对电磁学的需要，才促使电磁学理论取得突破性进展。原子结构理论也经历过一个不断完善的历程。1904年，英国物理学家汤姆逊提出了关于原子结构的“均匀模型”。1911年，汤姆逊的学生、新西兰物理学家卢瑟福根据a粒子散射实验，否定了“均匀模型”，提出了“有核模型”。尽管“有核模型”能够解释一些实验事实，但仍不能解释原子的稳定性问题和原子线状光谱实验。于是，丹麦物理学家玻尔于1913年提出了原子结构的量子化轨道理论，从而成功解释了热辐射和光谱学中的很多现象。正如马克思、恩格斯所指出的：“如果没有工业和商业，哪里会有自然科学呢？”①

链接材料

哥白尼与“日心说”

在古代欧洲，亚里士多德和托勒密主张“地心说”，认为地球是静止不动的，其他的星体都围着地球这一宇宙中心旋转。这一学说本来是古代人对天体运动的一种解释，在观测精度不高的条件下，它与当时的观测资料吻合得相当好，并与人们的经验相一致，因此比较容易为人们所接受，一直流传了1000多年。中世纪后期，天主教会给它披上了一层神秘的面纱，与基督教《圣经》中关于天堂、人间、地狱的说法吻合起来。处于统治地位的教廷便竭力支持“地心说”，因而“地心说”长期居于统治地位。

在科学与宗教神学的较量中，最先突破宗教神学藩篱的是尼古拉·哥白尼(1473—1543年)，他是波兰一位伟大的天文学家。他以惊人的天才和勇气揭开了宇宙的秘密，奠定了近代天文学的基础。哥白尼以毕生的精力进行天文学研究，创立了《天体运行论》这一“自然科学的独立宣言”。哥白尼从小就对天文学极感兴趣，青年时代在意大利求学期间，他就受到了人文主义思想的影响，研究了大量的古希腊哲学和天文学著作。他赞成毕达哥拉斯学派的治学精神，主张以简单的几何图形或数学关系来表达宇宙的规律，他对托勒密的“地心说”产生了怀疑，并逐渐形成

① 《马克思恩格斯文集》第1卷，人民出版社2009年版，第529页。

了"日心说"的思想。他经过30多年的努力，写成了6卷本的《天体运行论》一书，总结和阐述了他的"日心说"，并于1543年临终前出版了，但遗憾的是，他只摸了摸书的封面便与世长辞了。①

(二)社会制度是科学发展的外部保障

科学发展总是在一定政治制度下进行的，政治制度在相当大程度上左右着科学发展的方向，它也成为科学发展的外部保障。新的政治制度能推动科学发展，是科学发展的重要促进条件之一。恩格斯指出："只有奴隶制才使农业和工业之间的更大规模的分工成为可能，从而使古代世界的繁荣，使希腊文化成为可能。没有奴隶制，就没有希腊国家，就没有希腊的艺术和科学。"②在资本主义制度下，资产阶级支持自然科学的发展，那是因为"资产阶级为了发展工业生产，需要科学来查明自然物体的物理特性"③。然而，一旦科学进步损害到资产阶级利益时，资产阶级就会阻止科学的发展，因而资本主义制度并不是总能促进科学创新。19世纪后，随着资本主义基本矛盾的不断加深，其对科学发展的阻碍作用日益明显，而只有社会主义和共产主义才能真正推动科学的发展。对此，恩格斯有着深刻的洞察："只有一种有计划地生产和分配的自觉的社会生产组织，才能在社会方面把人从其余的动物中提升出来，正像一般生产曾经在物种方面把人从其余的动物中提升出来一样。历史的发展使这种社会生产组织日益成为必要，也日益成为可能。一个新的历史时期将从这种社会生产组织开始，在这个时期中，人自身以及人的活动的一切方面，尤其是自然科学，都将突飞猛进，使以往的一切都黯然失色。"④

法律制度对科学的发展具有引导、管理和规范作用，它可以为科学创新的整个过程创造良好的外部环境，激发科学人才的创新热情。马克思曾指出，《工厂法》促进了一种新科学的诞生，"在火柴业里，少年们甚至在吃中饭时也得用火柴棍去浸蘸发热的磷混合溶液，这种溶液的有毒的气体直扑到他们脸上，这种情况过去被认为是自然规律。工厂法(1864年)的实施使工厂不得不节省时间，结果促使一种浸蘸机问世"⑤。从科学发展史来看，1474年，处于地中海沿岸的威尼斯制定了世界上第一部《专利法》，其中明确规定了对发明权的保护手段和对侵权行为的处理办法。这部法律极大地促进了该地区的科学发展和经济繁荣，威尼斯也由此成为世界上的著名城市。英国的专利法，为蒸汽机等机器的发明提供了很好的外部环境。第二次世界大战后，韩国制定了很多促进科学发展的法律，其中最有影响的是《科学技术振兴法》。这部法律使韩国的科学进步日新月异，其科学水平逐渐能与美、日等国相媲美。美国为了大力推动科学发展，也制定了大量相关法律，如保护发明专利的《专利法》、促进科学成果转化的《斯蒂文森-维特勒科学创新法》和《联邦科技转移法》、确定科学成果归属权的《贝哈-多尔法案》等。

---

① 王兴文、谭静怡：《图说世界科技文化》，吉林人民出版社2010年版，第65页。
② 《马克思恩格斯文集》第9卷，人民出版社2009年版，第188页。
③ 《马克思恩格斯文集》第3卷，人民出版社2009年版，第510页。
④ 《马克思恩格斯文集》第9卷，人民出版社2009年版，第422页。
⑤ 《马克思恩格斯文集》第5卷，人民出版社2009年版，第548页。

（三）科学人才是科学发展的主体动力

所谓科学人才，是指具有一定专业知识和专门技能，能在科学创新中作出突出贡献的人。科学人才是科学进步的中坚力量，在科学发展中具有基础性、决定性、战略性作用，是科学发展的主体动力。恩格斯指出：“如果我们有哲学家和我们一起思考，有科学家为我们提供知识，有工人和我们一起为我们的事业奋斗，那么世界上还有什么力量能阻挡我们前进呢？”①社会进步是全方位的，各行各业都需要大量科学人才，特别是尖端人才。对此，恩格斯强调：“过去的资产阶级革命向大学要求的仅仅是律师，作为培养政治家的最好的原料；而工人阶级的解放，除此之外还需要医生、工程师、化学家、农艺师及其他专门人才，因为问题在于不仅要掌管政治机器，而且要掌管全部社会生产。”②1891 年，恩格斯在《致奥·倍倍尔的信》中指出：“为了占有和使用生产资料，我们需要有技术素养的人才，而且数量很大。”③

马克思、恩格斯都曾大力赞赏科学人才在科学发展的巨大作用。德国化学家肖莱马是第一位以辩证唯物主义为指导进行科研活动的科学家，他于 1877 年发表的巨著《化学教程大全》得到恩格斯的高度肯定。恩格斯认为：“此书被认为是英国和德国目前最好的一部著作。”④英国物理学家格罗研究过力、热、光、电、磁之间的转化，它在 1846 年出版的《物理力的相互关系》一书中，详尽阐述了自然界能量之间的相互关系。1864 年，马克思在《致莱·菲力浦斯的信》中对这部著作给予了高度评价，认为它是“自然科学方面一本很出色的书”⑤。1867 年，恩格斯在致马克思的信中，对德国化学家霍夫曼的著作《现代化学通论》给予了中肯的评价：“这种比较新的化学理论，虽然有种种缺点，但是比起以前的原子理论来是一大进步。”⑥1865 年，马克思在致恩格斯的信中，积极评价了英国物理学家丁铎尔把日光分解成热光和纯光的重要性——“这是我们时代的最卓越的试验之一”⑦。法国物理学家德普勒架设第一条输电线路的实验，引起了恩格斯的高度关注，恩格斯对此评价道：“这件事实际上是一次巨大的革命。蒸汽机教我们把热变成机械运动，而电的利用将为我们开辟一条道路，使一切形式的能——热、机械运动、电、磁、光——互相转化，并在工业中加以利用。”⑧

对于如何发挥科学人才的作用，马克思认为，科学人才应面向社会需求，从中寻找进行科学创新的源头。在马克思看来，客观的社会需求是理论创新的源泉，“在思辨终止的地方，正是描述人们实践活动和实际发展过程的真正的实证科学开始的地方”⑨。马克思非常尊重科学人才，并指出科学研究活动是一种高级劳动，他说：“这种劳动力比普通劳

---

① 《马克思恩格斯全集》第 2 卷，人民出版社 1957 年版，第 595 页。
② 《马克思恩格斯文集》第 4 卷，人民出版社 2009 年版，第 446 页。
③ 《马克思恩格斯文集》第 10 卷，人民出版社 2009 年版，第 621 页。
④ 《马克思恩格斯全集》第 35 卷，人民出版社 1971 年版，第 442 页。
⑤ 《马克思恩格斯全集》第 30 卷，人民出版社 1974 年版，第 666 页。
⑥ 《马克思恩格斯文集》第 10 卷，人民出版社 2009 年版，第 261 页。
⑦ 《马克思恩格斯全集》第 31 卷，人民出版社 1972 年版，第 46 页。
⑧ 《马克思恩格斯文集》第 10 卷，人民出版社 2009 年版，第 449 页。
⑨ 《马克思恩格斯文集》第 1 卷，人民出版社 2009 年版，第 526 页。

动力要较高的教育费用，它的生产需要花费较多的劳动时间，因此它具有较高的价值。既然这种劳动力的价值较高，它也就表现为较高级的劳动，也就在同样长的时间内对象化为较多的价值。"①这表明，科学人才的科研活动是一种较复杂的劳动，能够创造出较多的价值，因而科学人才的待遇超过其他劳动者是合情合理的。

二、国外学者对科学理论及其发展的思想

科学理论的发展过程，就是人类不断认识世界、判断各种事物之是非真伪的过程，即不断追求真理的过程。科学理论在其发展过程中，必须不断接受实践的检验，并不断吸收新的经验事实，以实现理论的正确性。在科学哲学史上，关于科学理论的发展问题，主要有以下几种思潮：

(一)逻辑经验主义的累积发展模式

惠威尔(W. Whewell)是第一个系统地提出科学理论发展模式的哲学家。在1837年出版的《归纳科学史》一书中，他把科学的发展比做"支流汇合成江河"，认为"科学通过将过去的成果逐渐归并到现在的理论中而得到进化"。1960年，内格尔(E. Nagel)在《科学的结构》一书中提出，科学理论的发展表现为"一个相对自足的理论为另一个内涵更大的理论所吸收，或者归化到另一个内涵更大的理论，科学进步就是在这种不断的'吸收'、'归化'中实现的"②。换言之，先提出的理论总可以从后提出的理论中演绎出来，这种现象在科学史上屡见不鲜。例如，开普勒行星运动定律包含了哥白尼的"日心说"，而牛顿的力学体系又包含了开普勒、伽利略等人的成果。但归纳主义的累积模式认为，科学的发展是由许多绝对真命题的积累，观察次数愈多，观察愈广泛、愈深入，归纳得出的结论就愈有普遍性，愈正确；科学发展只有量上的增加和渐进的积累，而没有革命的、质的飞跃。正如苏联哲学家C. P. 米库林斯基所指出的，归纳主义的累积模式"实质上只承认科学的增长，而反对科学的真正发展。即认为世界的科学图景只在扩展，而不是在改变"③。

(二)波普尔的证伪主义发展模式

波普尔提出的科学知识增长的证伪主义模式，突破了逻辑经验主义只对科学知识做静态的语言逻辑分析的框架。波普尔反对逻辑经验主义的证实原则，提出了证伪原则。在《猜测与反驳——科学知识的增长》一书中，他突破了归纳主义的累积模式，提出了一个富有批判精神的"猜测、反驳、再猜测、再反驳"的科学发展模式。他认为："科学知识的增长不是观察的结果，而是不断推翻一种科学理论，由另一种更好的、更使人满意的理论取而代之。"④在波普尔看来，科学理论不能被证实，只能被证伪。不论看到多少只白天鹅，也不能证实"凡天鹅皆白"这一命题；但只要看到一只黑天鹅，就能否证这一命题。说一个理论具有可否证性，其意思就是：对于从这个理论推导出来的陈述，在逻辑上总可能有某种事件与之发生冲突；反之，一种理论与任何可能发生的或可想象的事件都不会相

---

① 《马克思恩格斯文集》第5卷，人民出版社2009年版，第230页。
② [美]内格尔：《科学的结构》，徐向东译，上海译文出版社2005年版，第12页。
③ 林德宏：《科学思想史》，江苏科学技术出版社1985年版，第142页。
④ [英]卡尔·波普尔：《猜测与反驳》，傅季重等译，上海译文出版社2005年版，第24页。

抵触，这样的理论就不具有可否证性，因而它也就不属于科学的范围。鉴于此，凡是在逻辑上有可能被证伪的理论，不管是事实上已被证伪的理论（如地心说、燃素说等），还是尚未被证伪但将来有可能被证伪的理论（如相对论、量子力学等），都是科学理论；反之，任何在逻辑上不可能被证伪的、永恒的、“绝对正确”的理论，都是非科学的。可否证性并不等于已被否证，但只有具备可否证性的理论，才存在已被否证和未被否证两种状态。已被否证的理论被排除掉、淘汰掉；未被否证的理论则保存下来，但这种保存只是暂时的，它们仍然具有可否证性。在波普尔看来，科学家在追求理论的精确性和普遍性的同时，也在追求理论的可否证性。一种理论的精确性越高，其可否证性程度也越高；一种理论的表述越模糊，其可否证性程度也越小。但波普尔在批判逻辑经验主义的同时，又走向了另一个极端，即认为科学知识都是不确定的、推测性的和假设性的。波普尔把可证伪性作为区分科学与非科学的唯一标准，太过于看重证伪的价值，而忽略了证实的价值，这反而削弱了其学说的力量。

（三）库恩的科学革命模式

库恩 1962 年出版的《科学革命的结构》一书，一反传统的只注重科学发展内部动因的方法，从对科学活动主体的科学家群体的分析入手，揭示出社会和心理因素在科学发展中的地位和作用，并建立起一种崭新的科学理论发展模式。库恩指出，科学发展是沿着“前科学—常规科学—反常—危机—科学革命—新常规科学”的路径不断前进的。库恩的科学发展模式既不是传统归纳主义的“渐进积累”，也不是波普尔的“不断证伪”，他克服了两者的片面性，综合了两者的合理性，提出了科学发展是常规科学与科学革命相互交替、新旧范式不断更替的过程。库恩认为，范式的建立标志着一门科学的成熟，新旧范式的“格式塔转换”意味着科学的进步。所以，在库恩看来，范式是科学的基石。而范式之间是不可通约的，在由旧范式过渡到新范式的过程中，不可能存在一种用来对相互竞争的范式进行评价和选择的真理标准。科学总是同一定科学共同体相联系的，不同的科学共同体接受不同的范式，而不同的范式又有不同的真理标准。所以，科学的真理性同发展着的科学知识一样，也是历史的、相对的、变化的。历史主义试图向人们阐释这样一个观念：科学是一个逐渐形成的、不断变化的过程，科学的领域是没有边界的，科学的真理性绝对没有先验的和一开始就永远确定的基础；因而不存在普遍有效的、永恒不变的真理评价标准，真理评价标准同科学本身一样，具有自己的历史并不断发展着。库恩把连续性和间断性对立起来，把连续性完全交给常规科学，把间断性全部交给科学革命，由此割断了常规科学与革命科学之间的联系。不仅如此，库恩把科学的真理评价标准完全相对化，否认存在着永恒的、超历史的真理评价标准，这又走到了另一个极端，即否认真理评价标准在其发展过程中的连续性和继承性。可见，如果不采取辩证分析的方法，很容易从历史主义滑向相对主义。库恩就是如此，他否认了科学真理发展过程中具有普遍意义的东西，这使他的学说和多元主义、非理性主义难以划清界限了。

（四）拉卡托斯的科学研究纲领方法论

匈牙利科学哲学家拉卡托斯在《科学研究纲领方法论》一书中，提出了“科学研究纲领的进化阶段—科学研究纲领的退化阶段—新研究纲领取代退化的研究纲领—新研究纲领的进化阶段”的科学发展模式。他指出，每个时代的每门学科并非仅有一种研究纲领存在，而是同时存在着很多研究纲领，且研究纲领之间不断地在竞争。他还断言，一个研究纲领经过调整辅助性假说后，能够对经验事实做出新的成功的预言，就是进化的，否则就是退化的。“科学研究纲领”由四个部分组成：①硬核，即最基本的理论公设和公理、定律等，它不容反驳，如遭到反驳，整个研究纲领就会遭遇挑战，放弃“硬核”就意味着放弃整个研究纲领；②保护带，它由辅助性假设和初始条件组成，调整或修改保护带，可以消除研究纲领与经验事实的不一致；③反面启发法，即告诉科学家哪些研究途径应该避免，它具体要求科学家们在科学研究纲领的发展过程中不得修改或触动其“硬核”；④正面启示法，即告诉科学家应该遵循哪些研究途径，表现为一些关于如何改变、发展科学研究纲领，如何修改、精炼保护带的提示或暗示，它是人们预先设想的科学研究纲领的研究方向、次序或政策。在启示法的指导下，科学家通过不断修正保护带或转移问题，以吸收或同化反常，克服与理论不一致的经验事实，从而保证整个研究纲领的不断完善。拉卡托斯把科学理论看作是由彼此联系的硬核、保护带和启示法组成的整体，认为经验反驳并不立即淘汰理论，而是先修改和调整保护带，从而克服了波普尔的证伪主义原则(即认为理论一旦被经验证伪就会被抛弃)的弊端。不仅如此，拉卡托斯的科学研究纲领方法论还吸收了库恩的合理观点，并克服了其片面性，从而更符合科学发展的实际历程。拉卡托斯肯定了科学研究纲领之间更替的先后连续性和继承性，认为新纲领只有继承旧纲领的全部合理的经验内容并有新的预见，才能取代旧纲领，从而消除了库恩模式中否定新旧研究纲领之间先后连续性和继承性的错误。除此之外，拉卡托斯对科学发展的动态模式做了深入细致的研究，肯定了研究纲领有一个发生和发展的过程，科学革命就是由进化的研究纲领取代退化研究纲领的过程，从而较好地展现了科学理论发展中进化与革命、量变与质变的统一。但拉卡托斯仅以预见性大小作为检验科学理论进化和退化的标准，而忽视了预见性的大小仍需要通过实践来检验，这是其理论的主要缺陷。

(五)费耶阿本德的韧性原理

美国科学哲学家费耶阿本德认为，科学本质上是一项“无政府主义”的事业，没有普遍的、规范性的科学研究方法。他主张把“普遍性规则”和“僵化的传统”彻底摒弃，并倡言在科学研究中应“不要任何规定，怎么都行”。在此前提下，费耶阿本德从多元方法论出发，倡导多元的科学发展模式。他认为，理论的多元性才是客观知识的本质特征。他认为，鉴于人们的观察既可能被陈腐的观念所“污染”，也可能受到历史时代以及主客观条件的制约而导致失误，故不应坚持“理论与事实相一致的原则”。他指出，理论与事实不一致并不是因为理论本身不正确，故过早地否认理论是不对的，应该给理论以“喘息时间”，这样理论才能不断改进，并消除矛盾。这就是他关于科学理论的“韧性原理”。“韧性原理”意味着这样一种科研方法：从许多理论中选出一种可望取得最好效果的理论，即使遇到巨大的困难，仍然加以坚持。费耶阿本德还提出了“增生原理”，与“韧性原理”配合使用。“增生原理”要求，当许多理论同时并存或相互批评时，每个理论都能调整和改变自己，从而出现理论的增多和扩散现象；而理论的扩散会对某一理论的反常现象起到放大作用，最终导致此理论被科学共同体抛弃，产生科学革命。“科学理论多元论”、“韧性原理”和“增生原理”，共同构成了费耶阿本德的科学发展模式。

（六）劳丹的解决问题式科学发展模式

在费耶阿本德提出“无政府主义认识论”后，非理性主义思潮在西方科学界泛滥，这种思潮从 20 世纪 60 年代开始遭到一些科学哲学家的批评。他们一方面继承了历史主义学派将科学哲学与科学史相结合的研究方法，另一方面又批判了其非理性主义和相对主义的错误，从而产生了新历史主义学派。劳丹就是其中一位代表人物。1977 年，美国科学哲学家劳丹在《进步及其问题》一书中提出了以“解决问题”为中心的科学发展模式。他认为，科学的进步表现为后继理论比先前理论具有更高的解决问题能力。为了系统地解释这个模式，劳丹把问题分为经验问题和概念问题。经验问题又分为未解决问题、已解决问题和反常问题。对于一个理论来说，评价它的基本标准是看它解决了多少问题，以及遇到了多少反常现象。科学的目的就是把解决经验问题的范围扩展到最大限度，并将反常现象和概念问题降到最少。因此，科学理论进步就在于后继理论能够比先前理论解决更多经验问题，并减少反常现象和概念问题。与库恩认为常规科学由一个取胜的范式所垄断的看法不同，劳丹认为始终存在着相互冲突的研究传统，同一研究传统中也可能存在着不同的理论。劳丹的科学进步模式，把科学理论看成解决问题的工具，因而科学没有一个终极目标，只有作为工具来解决问题的具体目标，科学进步就表现为理论作为解决问题工具之完善。

阅读书目

1. [美]D. 普赖斯：《小科学，大科学》，宋剑耕等译，世界知识出版社 1982 年版。

2. 江泽民：《论科学技术》，中央文献出版社 2000 年版。

3. [法]卢梭：《论科学与艺术》，何兆武译，商务印书馆 1965 年版。

4. 库恩：《科学革命的结构》，上海科学技术出版社 1980 年版。

5. [美]I. B. 科恩：《科学中的革命》，鲁旭东等译，商务印书馆 1998 年版。

思考题

1. 谈谈马克思、恩格斯关于科学异化的思想。
2. 谈谈科学与技术的区别。
3. 谈谈科学的基本特征。
4. 谈谈马克思、恩格斯关于科学发展动力的思想。

第四章

科学研究方法论

要论提示

- 科学研究始于问题，科学问题来源于多个不同的方面。
- 逻辑思维是科学思维的一种最普遍、最基本的类型，主要包括归纳方法、演绎方法和类比方法。逻辑思维方法在科学认识中具有重要的发现意义。
- 非逻辑思维在现代科学研究中发挥着重要作用，主要包括形象思维和直觉思维。它们是创造性思维的重要形式。
- 系统思维是现代科学研究中主导思维方式，主要包括系统论方法、控制论方法和信息论方法。系统思维在科学研究中具有重要的方法论意义。

科学研究的逻辑起点是问题，科学问题的提出标志着科学的真正进步，在科学研究中根据理论和实践的需要提出有研究价值的问题，具有非常重要的意义。科学研究离不开逻辑思维的归纳方法、演绎方法和类比方法，这些方法是科学研究走向科学发现的最基本的思维工具。现代科学研究中的形象思维和直觉思维，作为非逻辑思维方法，是创造性思维的重要形式，在科学认识中具有重要的创新意义。系统思维的主要形式系统论方法、控制论方法和信息论方法是现代科学研究中具有普适意义的方法，对于自然科学的各门具体科学的发展和进步可以发挥重要的作用。了解和掌握科学研究的各类科学方法，是保证我们科学思维、做好科研工作非常重要的基础。

第一节　科学问题

科学研究的逻辑起点不是一般的观察，而是问题。科学问题的提出，标志着科学的真正进步，根据科学问题的性质和研究的需要，对科学问题可以进行不同的分类。科学问题的提出是一个非常复杂的过程，科学问题来源于多个不同的方面。

一、科学研究始于问题

科学问题，是指一定时代的科学认知主体在当时的知识背景下提出的关于科学认知和科学实践中需要解决而又未解决的矛盾。

科学研究作为一项创造性的探索性活动，它的逻辑起点在哪里？这一直是致力于科学方法研究的科学家和哲学家非常感兴趣和激烈争论的问题。早在古希腊时代，亚里士多德曾明确提出过科学发现逻辑的一般程序，得出“科学始于观察”的论断。近代以来，科学家们也从实践方面为“科学始于观察”的论断提供了许多有力的佐证，观察和实验是科学研究的逻辑起点，一直为近代大多数科学家和哲学家所接受。

现代科学的发展，使人类由过去近代的小科学时代进入到现代的大科学时代，人们开始注意到，现代科学研究的实际过程与传统的“科学研究始于观察”的程序很难符合。从观察和搜集材料开始，然后经过归纳上升为理论的关于科学研究的观点受到现代科学家和哲学家的质疑和批评。

当代科学哲学家波普尔根据现代科学的发展规律和特点，从理论上对“科学始于观察”进行了批判，并系统地阐述了“科学始于问题”的观点。波普尔指出：“科学和知识的增长永远始于问题，终于问题——愈来愈深化的问题，愈来愈能启发新问题的问题。”①波普尔认为，从科学理论发展的总体过程看，只有发现了原有理论不能解决的问题时，人们才会去修正它、补充它，或着手建立新理论，从这个意义上可以说，问题既是旧理论的终点，也是新理论的起点；从科学研究的具体进程看，人们总是以问题为框架有选择地去搜集事实材料，与问题有关的材料被搜集起来，与问题无关的材料则任其流散，不在科学认识主体中引起信息效应。著名科学家爱因斯坦也从自己的科学实践中认识到，科学研究的逻辑起点不是一般的观察，而是问题。爱因斯坦明确指出：“提出一个问题往往比解决一个问题更重要。因为解决问题也许仅仅是一个数学上的或实验上的技能而已，而提出新的问题，新的可能性，从新的角度去看待旧的问题，却需要有创造性的想象力，而且标志着科学的真正进步。”②

链接材料

波普尔的实验

观察首先要回答观察什么、为什么观察和如何观察的问题，漫无目标的观察实际上是不存在的。波普尔在一次演讲时，一开始就宣布：“女生们，先生们：请观察。”听众莫名其妙，不知道要观察什么。波普尔认为，这就是没有问题引起的。

科学问题是一定历史时代的产物。只有从当时的科学认识和科学实践的水平出发，才能提出有价值的科学问题。例如，德国数学家希尔伯特之所以能于1900年提出作为数学研究目标的23个问题，对当代数学的发展产生了重大影响，就是因为他的研究领域几乎遍及当时数学的各个重要分支且造诣很深，能够总揽全局，把握数学发展的动向。

“科学研究从问题开始”与“认识以实践为基础”，是从不同角度提出的不同命题。前者着眼于科学研究的程序，后者着眼于认识的来源，二者层次不同，实质是统一的。

二、科学问题的分类

根据科学问题的性质和研究的需要，对科学问题可以进行不同的分类。

根据学科的性质，可以将科学问题区分为基础理论问题和应用研究问题；根据问题在整个所要达到的目标中的地位，可分为关键问题与一般问题等。

根据问题求解的类型，可以把科学问题划分为：关于研究对象的识别与判定，回答是

---

① [奥地利]波普尔：《猜想与反驳》，傅季重，周昌忠译，上海译文出版社1986年版，第318页。

② [美]爱因斯坦、英菲尔德：《物理学的进化》，周肇威译，上海科学技术出版社1962年版，第59页。

什么的问题；关于事物内在机理和规律性的研究，分析事物现象之间的因果关系，回答为什么的问题；关于研究对象的状态及运动转化过程，回答是怎样的问题等。

根据科学抽象的程度不同，可以把科学问题划分为经验性问题、理论性问题和哲学性问题。

凡是与观察、实验等实践活动有关的问题，大多属于经验性科学问题，比如，现象学、运动学而非动力学的问题，着重在知其然，而主要不在于知其所以然，像阿基米德揭开金王冠之谜的故事、曹冲称大象的故事，其中所涉及的浮力问题，就属于经验性的科学问题。

凡是与解释现象和理论思维有关的问题，一般称为理论性科学问题，比如，探讨有关科学概念、原理、假说和理论的过程中所遇到的问题，都要回答"为什么"这一本质问题，像爱因斯坦探讨时空弯曲问题、分子生物学探讨 DNA 结构问题，就属于理论性科学问题。

凡是从哲学思维视角对未揭自然之谜的发问，又称为哲学性科学问题，比如"夸克幽禁"问题、宇宙爆炸问题、大陆漂移问题、生命起源问题、"蝴蝶效应"问题，这些关系到当代自然科学领域中的重大基本问题，都是与自然观、认识论密切相连的基本哲学问题，这类科学问题的确立，不仅预示着本门学科将会有重大的突破，而且还预示着哲学的进一步发展前景。

三、科学问题的来源

由于科学理论发展的相对独立性与自主性，科学问题的提出是一个非常复杂的过程，它涉及科学研究的内部和外部。

(一) 来源于科学实验与科学理论的矛盾

比如，以太漂移实验和黑体辐射实验与原有的经典物理学理论发生了矛盾，从而形成了相对论和量子论的科学问题，把物理学理论的研究推进到了全新的认识领域。凡是原有理论解释不了新现象、新事实的时候，就会产生需要探讨的问题；当对同一事实进行不同的观察或实验，所获得的各种结果找不到统一解释时，也会产生需要研究的科学问题。

(二) 来源于不同学派的论争中或不同理论之间的矛盾

在同一学科领域中，不同学派对同一事物所作出的解释之间相矛盾时，或者不同学科之间的理论产生矛盾时，就会产生科学问题。比如，物理学与生物学之间的矛盾，即生物系统自发地向有序、熵减少的方向发展，而非生命孤立系统自发地向无序、熵增加的方向发展，产生了不可逆的两个方向问题，这一科学问题的提出和解决，促进了非平衡态热力学的发展，导致了耗散结构理论的创立。

(三) 来源于社会需要与现有的生产技术手段不能满足这种需要的矛盾

工农业生产的需要、社会生活与人类健康的需要、军备和战争需要等提出了大量问题，这些问题经过抽象、转化，可以成为基础理论研究的问题，如农业增产的需要、培养优良品种的农业技术研究等，向遗传学提出了研究的问题。

(四) 来源于科学的空白区或学科的交叉处

科学的发展趋势是不断交叉、融合的。各门科学之间的结合区域，正是科学发展比较薄弱的区域，也是最容易产生矛盾、引发科学问题的区域。比如维纳的控制论理论就是在这个区域中提出来的。

(五)来源于理论自身推演过程的逻辑矛盾

科学史上许多悖论、佯谬，常常诱发出科学发现，从而表明某一理论自身的逻辑矛盾也是科学问题的主要来源。在数学发展的历史上，曾经发生过三次重大的危机，都是原有理论基础中逻辑矛盾暴露的结果。希帕索斯悖论、无穷小悖论和罗素悖论的发现与解决，都导致了原有自洽理论体系向新的自洽理论体系的过渡与飞跃。物理学中的光速悖论、双生子佯谬，系统科学中的整体性悖论，也都说明某一理论自身的逻辑矛盾的发现与解决，导致了重大的科学创造。

第二节　逻辑思维方法

逻辑思维是在感性认识的基础上，运用概念、判断、推理等形式对客观世界进行间接的概括的反映过程，是科学思维的一种最普遍、最基本的类型。逻辑思维是人认识自然最常用与最基本的思维方法，它的最主要基本类型有归纳、演绎以及类比等方法，它们是构成一切复杂的思维活动，包括创造性思维在内的基本要素。

一、归纳方法

(一)归纳方法及其特点

归纳方法是从个别或特殊的事物中概括出共同本质或一般原理的逻辑思维方法。

归纳方法的特点是归纳推理的方向是从个别到一般，它是一种或然性的推理方法。任何个别事实中都包括某种一般性，这就使归纳结果有一定的可靠依据，但又因任何个别都不能完全地包括在一般之中，因而归纳结论就不能不带有很大的或然性。如根据牛、马、羊是胎生的，牛、马、羊等都是哺乳动物，推出一切哺乳动物都是胎生的。但鸭嘴兽是哺乳动物，却是卵生的。归纳法具有很大的创造性。它是从已知推至未知的方法，但它不是以现成的一般知识作为推理前提，而是以已知的关于科学事实的知识作为前提，因而能够概括、解释新的科学事实，扩展认识成果，形成新的一般原理，其结论常常超出了前提的范围。归纳法可用于证明，但主要是用于整理和加工科学事实，从而提出科学假说和科学理论，或用于设计观察实验。总之，归纳法主要用于科学发现，即发现科学事实或从中概括出一般原理，所以人们常常称它为“发现的逻辑”。

(二)归纳方法的主要类型

根据所概括的对象是否完全，归纳方法分为两类，即完全归纳法和不完全归纳法。不完全归纳法又分为两种：简单枚举归纳法和科学归纳法(又称判明因果联系法)。

1. 完全归纳法

完全归纳法是穷尽某类事物所有的对象之后，概括出一般性结论(全称判断)的推理方法。因为这种归纳法是完全研究了所要研究的一切对象之后，才作出的一般性结论，所以它的结论是可靠的。完全归纳法的公式为：

根据：S1 具有(或没有)P 属性，

S2 具有(或没有)P 属性，

S3 具有(或没有)P 属性，

……

Sn 具有(或没有)P 属性，

S1，S2，S3，…，Sn 都是(或不是)S。

推出结论：所以一切 S 都具有(或都不具有)P 属性。

完全归纳法只有在所研究的某类事物中的对象不太多的情况下，才可以运用。在自然科学研究中，往往由于被考察的事物有无限多个，不可能一一举出和分析研究，就是那些有限的事物也不容易一一列举。正因为采用完全归纳法有困难，人们常运用不完全归纳法。

2. 简单枚举归纳法

简单枚举归纳法是根据对某类事物中一部分对象的考察，发现某一属性在一些同类事物中不断出现，又没有遇到反例，即没有出现相反的情况，从而概括总结出这一类事物的一般性结论。

枚举归纳推理的公式为：

根据：S1 具有(或没有)P 属性，

S2 具有(或没有)P 属性，

S3 具有(或没有)P 属性，

……

S1，S2，S3，…，Sn 都是(或不是)S 类的典型。

推出结论：所以一切 S 都具有(或没有)P 属性。

在大多数情况下，同一类自然事物是无限多的，人们不可能穷尽个别。枚举归纳推理也只大致地包括个别，不可能将个别概括无遗。例如“天鹅皆白”“鸟都会飞”“鱼都用鳃呼吸”“血都是红的”“金属都沉到水底”“金属能导电”等，这些从大量经验事实的基础上归纳出来的结论，似乎是理所当然的。但是，事实本身难以穷尽，这些简单枚举归纳法的结论只能适用于一定范围。后来人们发现，澳大利亚有黑天鹅，非洲有鸵鸟不会飞，在南美洲有用肺呼吸的鱼，在南极洲有一种鱼的血是白色的，钾和钠这两种金属可以浮在水面上，金属锗是一种半导体。因此，枚举归纳法所得出的结论具有或然性。

三是科学归纳法。

所谓科学归纳法，是根据对某一类事物中部分对象的本质属性和因果关系的研究，判明事物之间的内部联系，也就是从事物因果关系中揭示出研究对象的规律性，从而作出关于这一类事物的一般性的结论。科学归纳法，按其判明因果关系的不同方式，分为五种形式，即：求同法、求异法、求同求异并用法、剩余法和共变法。科学归纳法又称为穆勒法。

1. 求同法

如果所研究的现象 a 出现在两个以上的场合中，只有一个情况 A 是共同的，那么，那个共同的情况 A 就与所研究的现象 a 之间有因果关系，其公式为：

场合不同、情况不同现象
①A、B、C a、b、c
②A、B、D a、b、d
③A、C、E a、c、e

所以，情况A与所研究的现象a有因果关系。

求同法的可靠性，既和观察到的场合的数量有关，也和各个场合中不相同情况之间的差异程度有关，观察到的场合越多，各个不相同的情况之间的差异越大，求同法就越可靠。

2. 求异法

如果所研究的现象a在一个场合出现，在第二个场合不出现；其中一个情况A在一个场合出现，在第二个场合不出现，那么，这个情况A与所研究的现象a有因果关系，其公式为：

场合不同情况不同现象
正面场合(1)A、B、C a、b、c
反面场合(2)B、C b、c

所以，情况A与所研究的现象a之间有因果关系。

一只具有完整触须的淡水龙虾遇到强烈的气味便迅速逃跑，但当触须被剪去后，这只龙虾对强烈的气味就没有反应了。可见，触须是龙虾的嗅觉器官。因为这两种情况相比，唯一的区别是剪去了触须。这个例子说明，运用此法进行科学实验时，总有一个正面场合与一个反面场合。在正面场合中加入一个新条件，而在反面场合中则不加入这个条件，然后比较这两个场合各产生什么结果。这种方法，在对照实验中得到了广泛应用。

3. 求同求异并用法

此法是将求同法与求异法合并起来使用，以判明情况A与所研究的现象a之间的因果联系，其公式为：

场合	不同情况	不同现象
正面场合	A、B、C	a、b、c
	A、D、E	a、d、e
反面场合	B、F、G	b、f、g
	D、O、P	d、o、p

所以，情况A与所研究的现象a之间有因果关系。

应用此法，可分为三步进行：第一步，把研究的现象a出现的那些场合加以比较；第二步，把研究的现象a不出现的那些场合加以比较；第三步，把前两步比较所得的结果再加以比较。人们很早就发现，种植豆类植物(如大豆、蚕豆等)时，不仅不需要给土壤施氮肥，而且还可使土壤增加氮，而种植其他植物时则不出现这种情况。经过观察，人们发现，豆类植物的根部有根瘤，而其他植物则没有根瘤。因此，人们得出结论，豆类植物的根瘤能使土壤增加氮。这说明，豆类植物的根瘤与土壤增加氮有因果关系。

4. 共变法

如果在所考察的场合中，某种情况 A 发生变化(其变化为 A1、A2、A3)，所研究的现象 a 也随之发生变化(其变化为 a1、a2、a3)，由此判明这种情况 A 与所研究的现象 a 之间有因果关系，其公式为：

场合	不同情况	不同现象
①	A1、B、C	a1、b、c
②	A2、B、C	a2、b、c
③	A3、B、C	a3、b、c
……		

所以，情况 A 与所研究的现象 a 之间有因果关系。

从上式可以看出，由场合①变到场合②时，情况 A1 变到 A2，现象则由 a1 变到 a2，其他现象不变；由场合②变到场合③时，情况 A2 变到 A3，现象则由 a2 变到 a3，其他现象不变。应用共变法时，只能是一个情况发生变化，另一个现象也随之而变化，其他现象应保持不变。如果还有其他的现象发生变化，那么应用此法时就会得出错误的结论。

5. 剩余法

被研究的某一复杂现象是另一复杂现象的原因，把其中已判明因果关系的部分减去，那么剩余部分定有因果关系，其公式为：

A、B、C、D 是 a、b、c、d 的原因，

A 是 a 的原因，

B 是 b 的原因，

C 是 c 的原因，

所以，D 与 d 之间有因果关系。

居里夫人发现镭，实际上是运用了剩余法。她已知铀发出的放射线强度，并已知一定量的沥青铀矿石所含的纯铀数量。但是，她观测到一定量的沥青铀矿石所发出的放射线要比它所包含的纯铀发出的放射线强许多倍。由此，她推论出沥青铀矿石一定还含有其他放射性更强的元素，经过艰苦地提炼，她终于发现了镭。

判明因果联系的归纳法的优点在于，它把因果规律作为逻辑推理的客观根据，并且以观察、实验、调查的结果为基础或前提，结论一般是可靠的。因此，在科学研究中，常用它来进行对照实验和析因实验的实验设计，以及用于加工、整理有关的经验事实材料。但是，这种归纳法也有其局限性。它只涉及线性的、简单的和正确定性的因果关系，而对于现代科学研究所广泛涉及的非线性因果关系、双向因果关系和随机性因果关系等复杂的问题，这种归纳法就显得无能为力了。

(三)归纳方法在科学认识中的作用

归纳法可以使认识逐步接近真理。在以收集经验材料为主的阶段，归纳法的作用尤为突出。要使从实验、观察和科技文献等方面获取来的大量感性经验材料条理化和系统化，

就要运用归纳法对之进行整理、加工和制作，使认识逐步深入。达尔文之所以能够创立进化论，不仅由于他在长期的观察、实验中，积累了十分丰富的资料，而且还在于他巧妙地运用了归纳法等科学方法，才从中概括出“自然选择”的一般结论。

归纳法是提出假设和假说的基本方法。人们运用归纳法可以通过一些个别经验事实和经验材料的考察得到启示，进而提出科学假说或假设。数学中，哥德巴赫猜想就是使用不完全归纳法的典范。

链接材料

哥德巴赫猜想

1742 年德国数学家哥德巴赫根据奇数 77 = 53+17+7，461 = 449+7+5 = 257+199+5，等等，每次相加的 3 个数都是奇数，于是他提出一个猜想：所有大于 5 的奇数都可以分解为 3 个奇数之和。他把这一猜想写信告诉了欧拉，欧拉肯定了他的想法，并补充提出：4 以后的每个偶数都可以分解为两个素数之和。这两个命题后来合称为哥德巴赫猜想。

运用归纳法可以发现事物的规律性。运用归纳法，可以从大量的经验材料和事实中概括出事物的普遍规律。对每种事物的认识，都要经过由浅入深、由片面到全面、由感性认识到理性认识的过程。每一门自然科学在其发展的过程中，都要通过实验观察等方法去积累经验材料，从中进行总结和概括，最后抽象出普遍原理、定理或经验公式，这就必须运用归纳法。我国卓越的地质学家李四光在创立地质力学的初期也运用了归纳方法。他从俄罗斯某些地区和我国江苏、广西等地区的类似地质现象中归纳出“山”字形构造，又从其他地区的地质现象中归纳出其他形式的构造，如“多”字形、“歹”字形，等等，最后在这些不同类型构造的基础上，归纳出构造体系的科学概念。达尔文指出：“科学就是整理事实，以便从中得出普遍规律的结论。”①自然科学中的经验定律大多是运用归纳方法总结出来的，有些普遍程度很高的基本定律也是从较低级的一般规律中归纳出来的。开普勒发现了行星运动三定律，伽利略发现了自由落体运动和抛射体运动的规律，牛顿在这些归纳成果的基础上，把苹果落地、石子抛射、行星绕日、月亮绕地等表面上各不相同的运动联系起来，从个性中找出共性，概括出经典力学三大定律和万有引力定律。这些均是运用归纳法的成功实例。

二、演绎方法

演绎方法在思维行程上是和归纳方法相反的一种逻辑方法。其特点、作用及其与归纳方法的关系如下：

---

① ［英］贝弗里奇：《科学研究的艺术》，陈捷译，科学出版社 1979 年版，第 96 页。

（一）演绎方法及其特点

演绎方法是从一般原理推演出个别结论的思维方法。其主要形式是由大前提、小前提和结论三部分组成的三段论，可用下式表示：

大前提：所有的 M 都是 P，

小前提：所有的 S 都是 M，

结论：所以，所有的 S 都是 P。

上式中，大前提是已知的一般原理，小前提是已知的个别事实与大前提中的全体事实的关系，结论则是由大、小前提中通过逻辑推理获得的关于个别事实的认识。例如，1977 年美国物理学家格拉肖的"毛粒子"的推演，就曾用一般原理推出夸克可能是由更基本的粒子所构成的结论，其思维方法就是演绎推理的方法。

大前提：自然界一切物质都由其基本组成部分所构成。

小前提：夸克是自然界中的一种物质。

结论：夸克是由更基本的"毛粒子"所构成。

从上述例子可以看出：演绎推理之所以可能，是因为一般存在于个别之中，共性存在于个性之中，一类事物或现象的共有属性，在每一个别事物或现象中必然具有，所以从一般必然能够推出个别，这就是演绎法的哲学理论根据。演绎方法的推理方向是从一般到个别。演绎方法是一种必然性推理方法，结论较可靠。演绎方法揭示个别和一般的必然联系，只要推理的前提是真实的、推理的形式是合乎逻辑的，推理的结论也必然是真的。由于推理的前提是一般，推出的结论是个别，一般中概括了个别，前提中概括了结论，所以演绎推理的结论是必然的。演绎方法是一种创造性比较小的思维方法。由于演绎是从一般到个别的推理，因而不可能对科学知识作出新的概括，不可能用它总结出更普遍的科学原理。演绎推理的结论原则上都包括在其前提之中，不可能超出前提的范围，它提供的新知识极为有限，在科学上取得较大进展的作用也有限。

（二）演绎方法在科学认识中的作用

第一，为科学知识的合理性提供逻辑证明。

演绎法是进行逻辑证明或反驳的有力工具。运用演绎法可以反驳错误的理论。例如，关于轻重不同物体的下落速度的结论问题就是如此。公元前 4 世纪，亚里士多德提出物体的重量与其下落速度成正比的理论。到了 16 世纪，伽利略不但用实验推翻了这一错误理论，而且还用演绎推理的方法给予了更加有力的反驳。

演绎法是建立科学理论体系的有效方法。根据演绎法具有证明或反驳的巨大作用，人们选择可靠的原理、定理、公理等命题作为前提，经过逻辑推理、证明或反驳某些命题，进而建立一定的科学理论体系。演绎法的这种作用，在一切用公理构造起来的理论体系中，表现得最为突出。例如，整个欧几里得《几何原本》的宏伟大厦，是以少数不证自然的定义、公理、公设作为出发点，然后巧妙地运用演绎的逻辑推理方法去证明其余的命题，从而得出了一系列的几何定理。17 世纪，牛顿仿照欧几里得几何学的建立方法，写成了名著《自然哲学之数学原理》等。直到今天，中学几何教科书的基本内容仍然采用欧几里得几何学基本原理。演绎推理在进行逻辑论证和建立自然科学理论体系方面的有效性，已为大量的事实所证明。

链接材料

伽利略关于亚里士多德命题的逻辑证明

伽利略设物体 A 比物体 B 重得多，按照亚里士多德的理论，A 和 B 在空中由同一高度同时下落，A 应比 B 先着地。现在把 A 和 B 捆在一起，构成复合物(A+B)，这样，根据亚里士多德的观点：一方面，因为(A+B)比 A 重，所以它应比 A 先着地；另一方面，因为 A 大于 B，所以 A 比 B 下落得快，B 要减慢 A 的下落速度，因此(A+B)应当比 A 后着地。于是，得出了两个自相矛盾的结论，这就从逻辑上驳斥了亚里士多德的错误观点。

这种自相矛盾的结论之所以产生，从逻辑上讲，是因为推理的大前提是错误的，即亚里士多德关于重物比轻物先着地的命题是错误的。伽利略从实验和逻辑上推翻了这一统治自然科学界达千年之久的“权威”理论。由此可见，演绎法的论证和反驳的作用是显而易见的。

第二，演绎方法也是解释和预见科学事实提出假说的重要方法。

发现了某些科学事实之后，运用演绎方法对其作出合理的解释，常常为科学预言和假说的提出指明了正确的途径。泡利提出中微子假说，得益于他以能量守恒定律为前提，推演出了衰变过程中能量也应是守恒的结论。门捷列夫之所以能纠正十多种元素的原子量误差，是由于他以化学元素周期律为大前提进行演绎推理的结果。

(三)归纳和演绎的辩证关系。

演绎推理结论的正确性取决于前提的正确性，而前提的正确性在演绎范围内是无法解决的，这又必须依赖归纳法和其他科学方法得出的一般原理作为演绎推理的前提。而归纳结论又有其或然性，所以演绎结论也并不是绝对可靠的，这也要靠归纳事实加以检验，因此归纳法和演绎法有着密切的联系，演绎必须以归纳为前提，归纳也需要以演绎为指导，它们是相互依赖、相互渗透和相互促进的。恩格斯指出：“归纳和演绎，正如综合和分析一样，必然是属于一个整体的。不应当牺牲一个而把另一个捧到天上去，应当设法把每一个都用到该用的地方……”①而要做到这一点，就只有注意它们的相互关系和相互补充。概括起来，归纳与演绎的辩证关系表现在以下四个方面：

(1)演绎必须以归纳为基础。演绎的基本职能在于使思维从一般性原理过渡到特殊的或个别的知识。要进行演绎，必须先有一般性原理作为出发点，而这种作为出发点的一般性原理都反映了许多个别事物的共同属性或本质的判断。它们是人们运用以归纳为主的方法对这些个别事物进行认识的结果。如果没有归纳，人们就不可能从个别事物中概括出一

---

① 《马克思恩格斯选集》第 4 卷，人民出版社 1995 年版，第 335 页。

般性原理，那么演绎就失去了赖以依据的前提，也就不可能进行演绎。所以说，演绎是以归纳得出的结论为前提的。

(2)归纳要以演绎为指导。从归纳过程来说，归纳虽是演绎的基础或出发点，没有归纳就没有演绎。但是，归纳又必须依赖于演绎，以确定其研究的目的和方向。人们运用归纳法从许多个别事实中得出一般性原理，必须先进行观察、实验和调查，搜集有关个别事例的经验材料，然后才能根据大量的经验材料归纳出一般性原理。然而，人们在为归纳作准备而搜集经验材料时，必须以一定的理论原则作为指导，才能按照确定的方向有目的地进行搜集，否则就会迷失方向。此外，人们对已有的经验材料进行归纳时，也必须以一般性原理为指导，才能按照归纳的原则进行，否则就得不出应有的结论。

(3)归纳与演绎相互渗透。在实际思维过程中，归纳与演绎并不是绝对分离的。在同一思维过程中，既有归纳又有演绎，并且是在归纳过程中包含着演绎的因素，在演绎过程中包含着归纳的因素。绝对不存在只有归纳而无演绎或只有演绎而无归纳的实际思维过程。归纳和演绎在实际思维过程中是互相联系、相互渗透的。

(4)归纳与演绎可以互相转化。在人类的认识过程中，人们总是首先认识了许多不同事物的特殊本质，然后才有可能进一步地进行概括，以认识其共同本质。当人们已认识了这种共同本质之后，就以这种共同本质的认识为指导，继续对尚未研究或尚未深入研究过的各种具体事物进行研究，找出其特殊的本质。人类的认识总是这样由特殊到一般，又由一般到特殊，循环往复地进行的。与这种认识过程相适应的归纳和演绎也是相互转化的。不过，这种转化是有条件的，即当人们运用归纳法认识一般之后，继续以一般为指导认识个别时，在思维过程中归纳就转向演绎；当人们认识了许多个别之后需要进一步认识一般时，在思维过程中演绎又转向归纳。这就是归纳和演绎在一定条件下相互转化的主要形式。

三、类比方法

类比方法是在思维过程中既不同于归纳又不同于演绎的又一种逻辑思维方法。

(一)类比方法及其特点

类比方法是根据两类对象之间在某些方面的类似或同一，推断它们在其他方面也可能类似或同一的逻辑思维方法。这种方法可表示为以下公式：

A 有 a、b、c、d

B 有 a、b、c

则 B 可能有 d。

从类比推理的公式可以看出类比方法的特点：

第一，类比推理的过程可以是“特殊→特殊”，也可以是“一般→一般”。类比推理是通过两个不同的对象进行比较，找出它们的相似点或相同点，然后以此为根据，把其中某一对象的有关知识或结论推移到另一对象中去的思维方法，它既包含从特殊到特殊的推理，也包含从一般到一般的推理。进行类比的两个事物可以是同类的，也可以是不同类的，而且它们之间进行类比的属性和关系，可以是本质的，也可以是现象的，它们之间的相似点，可以有多个，也可以有一个。

第二，类比方法在逻辑上是或然性的。类比方法的客观基础是事物之间的同一性和差异性，其同一性提供了类比的根据，而差异性则限制了类比的结论。事物之间的同一性构成了某些相似的属性，它们的差异性却又使其属性不一定是相似的。因此，类比推理成为一种或然性推理，它的结论有的可能是正确的，有的可能是错误的，有的可靠性大些，有的可靠性小一些。

第三，类比方法是一种富于创造性的方法。类比方法虽然也要借助于已知知识，从已知推测未知，但却不受已知知识的束缚。演绎法受到作为前提的一般原理的限制，归纳法则过分地受到特殊知识的限制，类比法可以只根据少数特殊知识，而提出富于创造性的科学思想。在科学发展过程中，常常出现这样的情形，当发现了某些科学事实之后，由于旧理论无法解释，演绎法对此无能为力，由于科学事实数量太少，归纳法也无从下手，这时类比法却可起到探索尖兵的作用。因此，运用类比方法有利于科学家充分发挥想象力，在广阔的范围内把不同事物联系起来进行类比，从而提出具有创造性的科学思想。

类比推理的客观基础是事物之间存在普遍联系的本性。但类比方法毕竟是扬弃了未知的(或不甚清楚的)中间环节，而从一事物径直推出另一事物的判断，所以在逻辑上类比推理的思维过程，其基本环节是联想和比较，是一种富于创造性的方法。

(二)类比方法在科学认识中的作用

类比方法在科学认识中具有开拓思想、触类旁通的重要功能。类比推理是凭借原有的部分知识去推测未来和获取新的知识，是一种富于创造性的逻辑推理方法和思维形式。类比方法能帮助人们打开思路，受到启发，进而引出新的线索，探求自然奥秘。所以类比推理具有科学发现的功能。是否善于运用类比推理，这也是衡量一个人创造性思维能力的标志之一，人们掌握了类比推理，遇到问题就能举一反三、触类旁通，提高分析问题和解决问题的能力。

类比方法是提出科学假说的重要工具。科学假说是在原有的理论不能解释新的问题时提出来的。在这种情况下，新见解不可能从旧理论中演绎出来，又很难从有限数量的事实中归纳出来，类比方法正好在这种场合发挥独特作用。科学史上不少假说是靠类比方法提出来的。例如，富兰克林发现雷电本质是通过将天空雷电与电火花相比，发现二者有不少相似之处，从而类推出天空雷电与地面电火花都是正负电猛烈放电现象之后，提出假说，并安排实验得到证实的。可见，类比具有重大科学价值。

类比方法有利于新的技术设计思想的产生和技术原理的提出。20世纪发展起来的仿生学，人们受到生物某一功能的启发而提出某种仿生设计思想时，就把生物的生理过程和人们仿效的机械(或物理、化学)过程进行了类比，从而设计出某种先进的东西。如"电子警犬""机器人"等科研成果，就是运用类比推理和其他科学研究方法的结果。

类比方法能够推进不同科学领域研究方法的移植和渗透。在探索自然奥秘的过程中，不同学科领域研究方法的移植和渗透，是推动自然科学发展的有力杠杆。但是，科学研究方法的移植和渗透，必须根据一定的条件，按照一定的规则才能实现。而根据类比方法，如果一门自然科学的研究对象中的某一或某些事物，或属性或定量表示其属性相互关系的数学方程式，与另一门自然科学的研究对象中的某一或某些事物属性相同或相似，那么，这门自然科学的某些研究方法，就可以移植或渗透到另一门自然科学中去。例如，由于机械运动能够转化为热运动，而在化学运动过程中也伴有热效应，因而我们可以把热力学的研究方法移植和渗透到化学中去，用来揭示化学运动、变化的方向和限度。

（三）类比方法的局限性

自然科学的研究工作常常是在“山重水复疑无路”的情况下，运用类比方法，则可收到“柳暗花明又一村”的效果，这正如康德所说：“每当理智缺乏可靠论证的思路时，类比这个方法往往能指引我们前进。”①

有许多重大的科学和技术成就是运用类比方法取得的，但是也应看到，类比方法有一定的局限性，即由类比所推论出来的是一种或然性的结论，这种结论有时是正确的，有时是错误的，在各种逻辑推理方法中，类比法是可靠性最小的一种方法。

类比推理的结论之所以不一定可靠，主要有以下三个方面的原因：首先，是由类比法的客观基础所决定的。类比法乃是异中求同的方法，客观事物之间的相似性或同一性，使类比法有可能获得正确的结论；客观事物之间的差异性，又使类比法的结论具有或然性。如果根据两个事物具有相似性进行类比推理，推出的属性正好是它们的差异性时，类比法的结论就会发生错误。其次，类比推理的逻辑根据是不充分的。类比法是以两个对象的某些属性相似或相同为前提，推出它们在其他属性方面也相似或相同的结论。其前提和结论之间并没有必然的联系，只是一种可能性。这就决定了类比只是一种或然性推理。再次，类比法的推理规则是很不严密的。逻辑推理的结论的可靠性似乎与其推理规则的严密程度成正比。演绎法具有最严密的推理规则，归纳法次之，类比法的推理规则最不严密。因此，演绎法的可靠性最大，归纳法次之，类比法最小。

类比法可靠性最小，而创造性却最大，这是它在认识功能上的重要特点。逻辑推理的可靠性又似乎与其创造性成反比。演绎法的可靠性最大，而创造性却最小，类比法相反。因而类比法在逻辑上的不可靠性并非绝对的坏事。在一定意义上说，类比法的创造性是以它的逻辑上的不可靠性为代价的。正是由于它的逻辑根据不充分和推理规则不严密等原因，使得它的可靠性最小，但由此却使它的活动范围宽广和不受已知知识的限制，从而具有最大的创造性。不能由于类比法的可靠性甚差而对它有所忽视，应当扬其所长而避其所短。

第三节 非逻辑思维方法

逻辑思维是在人类实践基础上，经过漫长的历史发展而逐渐形成的。到了 19 世纪末 20 世纪初，情况发生了重大变化，随着实践的高层次化、科学发展的非经典化，仅仅依靠逻辑思维而忽视或排斥其他的思维类型或形式，已经不能适应科学和实践发展的客观需要了。逻辑思维在任何时候都是不可缺少的思维类型，它是一种严格的、确定性的思维，按照确定的、逻辑的格式，通过归纳和演绎等形式有序地进行。逻辑思维使思维获得一种严密性、确定性，但也限制了人们思维的发散性、想象力，以及思维建构的创造力。显

---

① ［德］康德：《宇宙发展史概论》，上海外国自然哲学著作编译组译，上海人民出版社 1972 年版，第 147 页。

然，认识沿着单一的逻辑思维走下去是有局限性的。

20 世纪以来，人们日益认识到形象思维、直觉思维的重要性，这主要在于：人类实践对象的宏观化和微观化要求人类思维的创造性；人类实践对象的复杂化要求人类思维的综合性；人类实践对象的多变性要求人类思维的灵活性。从逻辑思维深入到非逻辑思维，也是人对自身理解的深化。人是万物发展的最高层次，人类的进步与整个世界、整个宇宙的发展有着密切的关系，直到现在为止，人的许多潜在能力并没有被很好地挖掘出来。现代认识论的这一转化，说明从包括形象思维、直觉思维和灵感思维在内的非逻辑思维角度来发散人的潜在能力，无疑具有重大的意义。

一、形象思维方法

形象思维作为非逻辑思维的一种在科学认识中具有自身的特点和作用。

（一）形象思维及其特点

形象思维是在形象地反映客体的具体形状或姿态的感性认识基础上，通过意象、联想和想象来揭示对象的本质及其规律的思维形式。形象思维的特点主要表现在以下几个方面：

1. 形象思维的“细胞”是形象的意象

意象是对同类事物形象的一般特征的反映。它是从印象、表象这些还处于感性阶段的关于对象的生动形象中，经过形象分析、综合而建立起来的。通过这样的分析和综合，意象便舍弃了印象、表象中与对象本质无关的个性特征，更加集中地反映了对象的共性。这种共性，在意象中又是以形象的形式，而不是像在概念中以抽象的形式表现出来的。

2. 形象思维的一般形式是运用意象进行联想和想象

广义的联想是指由一事物想到另一事物的思维活动，它包括印象联想、意象联想、概念联想。形象联想的特点是它通过反映意象之间的关系来把握意象的内容；是对意象有所断定的思维形式；通过类比来揭示意象之间的差别与相似。

想象是在联想的基础上加工原有意象而创造出新意象的思维活动。想象的方法是形象分析、形象综合等思维方法。人类认识自然和改造自然的每一重大进展，从宏观到微观和宇观，从第一把石斧的制成到登月的成功，都可以找到想象这种思维形式的踪迹。因此，爱因斯坦认为：“想象力比知识更重要，因为知识是有限的，而想象力概括着世界上的一切，推动着进步，并且是知识进化的源泉。严格地说，想象力是科学研究中的实在因素。”①

3. 形象思维是用个别表现一般，保留直观性、鲜明性、生动性，具有美学价值

逻辑思维是用一般概括个别，舍弃事物的个别形态，强调精确性、条理性、系统性，具有科学价值。形象思维是通过感性形象来反映和把握事物的思维活动。形象思维形成不同于逻辑思维的加工系统，在这一系统中输入到大脑中的是外界的色彩、线条、形状等形象信息，大脑则通过联想、想象等方法，对形象信息进行加工整理，从而创造出某种独特而完整的形象，并以这种形象揭示事物的本质和存在状态。

---

① ［德］爱因斯坦：《爱因斯坦文集》第 1 卷，许良英、范岱年译，商务印书馆 1976 年版，第 284 页。

(二)形象思维在科学认识中的方法论意义

概括起来形象思维的意义有以下三个方面：

1. 形象思维可以直观形象地揭示研究对象的本质和规律

科学研究是一项极富探索性的活动，仅仅依靠逻辑思维是不够的，应当在充分发挥抽象思维的同时，善于使用形象思维。人的大脑分为左脑和右脑两部分，右脑又称“情感半球”，专司音乐、绘画、形象等功能；左脑也叫“逻辑半球”，专司语言、分析、计算等功能。形象思维可以充分调动、发挥人的右脑半球，对于一些高度抽象的理论，可以通过形象化的描述加以理解。例如，卢瑟福的太阳系原子模型对于理解原子结构，电子如何在一定轨道上绕核运动，能使人一目了然，产生清晰而深刻的印象。科学研究，需要充分调动人的左、右脑功能，智商、情商的研究正是反映了大脑在科学研究中的各自作用。

2. 形象思维较之逻辑思维更富有创造性

由于联想和想象在形象思维中的主导作用，使得形象思维较之逻辑思维更富有创造性，这突出地表现在理想模型的塑造和理想实验的设计过程中。形象思维往往能够突破现实的局限，以研究对象极度的纯化和简化的形式来揭示对象的本质和规律。例如，伽利略关于惯性运动的理想实验就是以纯化和简化的形式表现出来的。

3. 形象思维在技术领域有着更为突出的意义

创造任何人工自然物的先决条件就是意象的创造。罗马的斗兽场、悉尼的歌剧院、美国的导弹和航天飞机，一个个凝结着人类创造力的巨大工程都是首先体现在一定的形象和一定的蓝图上，然后再建造起来的。没有形象思维，没有形象思维与逻辑思维的结合，就不可能有任何的工程技术，也不可能出现人类改造世界的宏伟图景。马克思曾经指出：“蜜蜂建筑蜂房的本领使人间的许多建筑师感到惭愧。但是，最蹩脚的建筑师从一开始就比最灵巧的蜜蜂高明的地方，是他在用蜂蜡建筑蜂房以前，已经在自己的头脑中把它建成了。劳动过程结束时得到的结果，在这个过程开始时就已经在劳动者的想象中存在着，即已经观念地存在着。”①马克思这里讲的“观念”虽然是泛指的，但是不难理解，正是关于对象的意象的创造，构成了创造任何人工自然物的先决条件。

二、直觉思维方法

(一)直觉思维及其特点

直觉思维，是指不受某种固定的逻辑规则约束而直接领悟事物本质的一种思维形式。直觉思维有时还伴随着被称为“灵感”的特殊心理体验和心理过程，它是认识主体的创造力突然达到超水平发挥的一种特定心理状态。在直觉和灵感中都包含着使问题一下子澄清的顿悟。科学史上的许多重大的难题，往往就是在这种直觉和灵感的顿悟中，奇迹般地得到解决的。

直觉和灵感具有以下基本特征：

1. 认识发生的突发性

直觉和灵感都是认识主体偶然受到某种外来信息的刺激而突然产生的随机过程。阿基

---

① 《马克思恩格斯选集》第2卷，人民出版社1995年版，第178页。

米德在洗澡时突然领悟浮力定律，达尔文在阅读马尔萨斯《人口论》时突然产生“自然选择”的思想。应该说，直觉思维的突发性乃是长期“冥思苦想”的结果。这种思维的高度集中，调动了下意识参与信息加工，从而产生了一种突发性的“顿悟”。它是“长期积累，偶然得之”的过程，体现了从量变到质变的辩证运动。

2. 认识过程的突变性(非逻辑性)

直觉和灵感就是思维过程实现质变的、表现为逻辑上的、跳跃的突变形式，它可以一下子使感性认识升华为理性认识，使不知转化为知。就逻辑思维而言，它是一种有意识的、程序性的思维过程，而直觉思维则是一种无意识的、思维过程的简化，省略了细微过程，问题与结论直接结合，没有显现出中间的逻辑过程，它打破了思维活动的常规程序，较为迅速地把握到问题的实质，因此，这种非逻辑性并非没有逻辑性，只不过是处于潜在的状态罢了。

3. 认识成果的突破性

直觉思维往往是主体的意识和潜意识与客观对象在特定条件下的一种突然沟通，它不受常规思路、思维定势和逻辑规则的束缚。当然，这种思维的结果往往具有一定的模糊性，有待用逻辑方法等手段进一步改造、制作和加工。

(二)直觉思维和灵感在科学认识中的方法论意义

直觉思维是创造性思维的重要形式，也是发挥科学认识主体思维能动性的突出表现。直觉和灵感都是创造主体长期从事科学研究活动的实践经验和知识储备得以集中利用的结果，是创造者日积月累地针对要解决的问题所思考的各种线索凝聚于一点的集中突破，是创造者显意识与潜意识的豁然贯通。灵感还包含着丰富的情感因素，实现了创造主体全身心的总动员。

直觉思维是产生超常新思想、新概念、新假说、新模型的基本途径之一。爱因斯坦特别强调直觉的作用，他认为物理学家的最高使命是要得到那些普遍的基本定律，然而要通向这些定律并没有逻辑的道路，“只有通过那种以对经验的共鸣的理解为依据的直觉，才能得到这些定律”。他明确提出：“我相信直觉和灵感。”①爱迪生在总结经验时说，发明是1%的灵感加上99%的血汗。当问题艰深复杂，没有逻辑通道，采用逐步推理方法难以奏效时，直觉思维就可以大显神通，它可以帮助人们在茫无头绪中作出敏锐的识别与选择，迅速排除假想，超越逻辑障碍，抓住问题的症结，调查事物的本质。美国科学家普拉克和贝克曾向许多科学家进行了调查，结果有33%的人说经常出现直觉，50%的人说偶然出现，只有17%的人说从未得益于直觉。这一结果可以说明直觉和灵感在科学认识中的重要性。

三、非逻辑思维和逻辑思维的关系

逻辑思维与非逻辑思维同属于思维而又在诸多方面不同，表明二者是对立的统一。

(一)非逻辑思维和逻辑思维的辩证统一

想象、直觉和灵感等非逻辑思维在科学创造中的作用无疑是非常重要的。但是，强调

① [德]爱因斯坦：《爱因斯坦文集》第1卷，许良英、范岱年译，商务印书馆1976年版，第107、284页。

非逻辑思维的重要，并不意味着贬低逻辑思维的作用，更不能认为科学的创造过程是可以完全脱离逻辑思维而只靠非逻辑思维完成的。实际上，在任何科学创造过程中，两者都是互为补充的：在逻辑方法还走不通的地方，科学就需要用非逻辑方法开辟新的通路；而当非逻辑方法已打开通路后，又必须及时地从旧认识到新认识之间的"深渊"上架起逻辑的桥梁。即使是最卓越的想象力、直觉和灵感，其认识成果也必须经过逻辑的加工，找到其逻辑的根据；否则，它们就不可能成为真正的科学知识。整个科学体系及其一切真理性经过实践检验的科学知识，总是能够而且应该在逻辑上前后一致的。如果设想科学可以无视逻辑，可以舍弃逻辑的依据和论证，人们就无法判断其真伪，也无法建立起从科学理论到实践检验的通道，那么，科学就将不成其为科学，而只好诉诸约定和信仰了。所以，一种足以完成科学创造过程中完整的创造性思维方法必定是逻辑思维与非逻辑思维的辩证统一和综合应用。

(二)逻辑思维与非逻辑思维的对立

科学研究过程从本质上说是逻辑思维与非逻辑思维交互发生作用的过程。通常的情况是，非逻辑思维开拓思路，逻辑思维最终完成，逻辑思维与非逻辑思维交织在一起应用。但是，逻辑思维与非逻辑思维毕竟是两种不同的思维形式，它们既有相通的一面，又有相区别的一面。非逻辑思维与逻辑思维的区别主要表现在：

1. 两者的特点不同

非逻辑思维是一种较少思想束缚、超越思想常规、摆脱成见、构筑新意以达到科学认识上产生突破的思维，带有较大的启发性、灵活性；逻辑思维是重在抽象过程，以理论形态，通过概念、判断、推理等思维形式来揭示对象本质，具有严密性、自洽性和明确性的特点。

2. 两者的作用不同

非逻辑思维是实现创造发明的灵魂，能赋予逻辑思维巨大的生命力；逻辑思维是实现创造发明的基础，特别是在科学理论体系的建构中，更不可缺少逻辑思维的作用。

3. 两者所属的层次不同

逻辑思维还属于一般的智能结构，非逻辑思维则集中反映创造力。虽然逻辑思维能力与创造性思维能力不无关系，但是有很强逻辑思维能力的人不一定具有很强的创造性思维能力，反之亦然。

另外，我们也应该看到，逻辑思维也具有创造性的内容，例如归纳法、演绎法的运用，分类法、类比法的运用，也能促进人们发现新的问题，使人觉悟到本来未知的东西；而非逻辑思维方法的运用，同样渗透着逻辑方法。潜意识、直觉、灵感、形象思维的活动都不同程度地借助于逻辑思维的能力。一个完整的创造过程，特别是重大的科学理论的发现过程，基本上都经历了"逻辑思维(作为基础)→非逻辑思维(实现跳跃)→逻辑思维(加以完成)"这样的阶段。

总之，在科学研究中，不应当把逻辑思维与非逻辑思维看成不相干的东西，在对两者作为区分的同时，应肯定它们的互补关系。

第四节 系统思维方法

20 世纪 40 年代末，几乎同时产生了许多把自然界作为系统考察的系统理论，特别是以一般系统为对象进行研究的系统论，以通信系统为对象的信息论，以及以控制为研究对象的控制论等的创立，对现代科学技术发展和现代思维方式产生了重大影响。随后，耗散结构理论、协同学、突变论、超循环理论、生命系统论等非平衡自组织理论，也逐步产生和发展起来。这些理论，为科学技术的发展提供了新思想、新观点，同时，也为人们认识和改造世界提供了新的思维工具，催生了系统科学方法，即按照系统科学的观点和理论，把研究对象视为系统来解决认识和实践中的各种问题的方法群，使人类进入了以系统思维来揭示和描绘自然界的清晰图景的新时代。

系统科学方法的理论基础是系统科学，系统科学是以系统为研究对象的学科群，是探索系统的存在方式和运动变化规律的学问，是对系统本质的正确反映和真理性认识，是一个知识体系。目前系统科学已衍生出几十个分支学科，其中最基础的分支学科，也是广为人知的有系统论、信息论、控制论，简称“三论”。原则上说，系统科学方法有多种具体方法，但相对而言，最基本、最成熟、应用最广泛的系统科学方法是系统论、信息论、控制论。这三种理论所提供的方法，即系统论方法、信息论方法和控制论方法。

一、系统论方法

系统论方法是运用系统论的基本原理来解决现实问题的一种行为方式，它把研究对象始终当做一个系统。

(一) 系统和系统论方法

这里涉及系统和系统论方法两个方面。

1. 系统的概念和特点

系统是指由相互联系、相互作用的若干要素，以一定的结构构成的有特定功能的统一的整体。凡是系统都具有以下特征：系统是由若干要素组成的；系统的各要素之间存在着特定的关系，形成一定的结构；系统的结构使它成为一个有特定功能的整体；系统总是存在于一定的环境之中，功能是在系统与外部环境的相互作用中表现出来的。要素、结构、功能和环境都是完备地规定一个系统所必需的。

系统是普遍存在的。从人的思维到人类社会，从无机界到有机界，从自然科学、社会科学到交叉科学，没有一个事物不是从属于一定系统的。万事万物皆系统。人类就是生活在系统之中，既要靠各种自然系统和社会系统维持生存，又要不断地造成新的系统。系统是物质的存在形式，也是人类社会和人本身存在的形式。

2. 系统论方法

系统论是以系统观和系统思想为核心的理论，主要研究系统的一般特征、分类、模式、演化规律及其描述方法。朴素的系统观和系统思想古已有之，如战国时期修建的四川都江堰工程，北宋时期的丁谓主持修复的汴梁皇宫，都是我国古代系统思想和方法用于工程建设的杰作。古希腊文化中也蕴含着许多朴素的系统思想，如哲学家德谟克利特著有

《世界大系统》一书，亚里士多德提出了“整体大于它的各部分的总和”的观点，这是对系统问题的一种基本表述，至今仍然正确。作为一门学科，系统论源于20世纪对生物机体存在机制的研究，其创立者是美籍奥地利生物学家贝塔朗菲，1945年，他发表《关于一般系统论》一文，标志着系统论的正式诞生。20世纪60年代以来，系统论的理论和应用得到迅速发展，并不断派生出新的系统应用学科。目前，它已被广泛应用到科学技术、经济、文化教育和军事的各个领域，成为人们普遍注意的一门现代科学理论和方法。

系统论方法，就是按照事物本身的系统性，把对象放在系统中加以考察和研究的方法。具体地说，就是从系统整体的观点出发，从系统与要素之间、要素与要素之间，以及系统与外部环境之间的相互联系、相互作用中考察对象，以达到最佳的处理问题的科学方法。

（二）系统论方法的基本原则

用系统论方法研究和处理复杂问题，必须遵循如下原则：

1. 整体性原则

所谓整体性原则，就是把研究对象视为有机整体，探索其组成、结构、功能及运动变化的规律性。这个原则产生的基础，就是系统的本质。这个原则要求我们在科学研究中，始终把对象看作是由各个部分或各个环节组成的合乎规律的有机整体。整体性原则所要解决的是所谓“整体性悖论”，即系统的整体功能不等于它的各个组成部分功能的总和，它具有各个组成部分所没有的新功能。而系统的整体功能则是由系统的结构决定的。系统论方法的整体性原则，正是着眼于系统的整体功能，并根据系统结构决定系统整体功能的原理，具体分析系统结构怎样决定系统的整体功能，为实现特定的系统功能应选择怎样的结构等问题。

2. 动态性原则

所谓动态性原则，是指同所有的物质运动一样，任何一个系统也总是处在不停的运动状态之中。系统各元素之间不断地有物质、能量和信息的交流；而只要不是孤立系统和封闭系统，系统又总是从属于一个更大的系统，所以它和外部环境也存在着这几个方面的交流。因此，系统的平衡和稳定只是一种动态的平衡和稳定。系统论方法的一个重要作用就是要能够反映和处理这个系统的运动。

动态性原则同把客观事物看成静止的或一成不变的机械论正好相反。从本身上讲，现实的具体系统都是动态系统，也就是说，该系统的状态随时间而变化。用数学语言来说，系统的状态变量是时间的函数，在动态系统中，状态特征取决于随时间变化的信息量。这样，随着时间的推移，系统的结构、功能都会发生变化；达到一定程度时，就发生了旧系统的分解和新系统的建立。动态性原则并不否定系统相对稳定和事物相对静止的可能性。它主张在系统的变换中把握系统的相对静止，把系统的相对静止看作是系统运动的特殊状态。

3. 最优化原则

所谓最优化原则，就是从多种可能的途径中，选择出最优的系统方案，使系统处于最优状态，达到最优效果。最优化是自然界物质系统发展的一种趋势。以生物系统为例，在长期的生物进化过程中，各种生物都形成了适应周围环境的精巧完善的系统结构和最优的整体功能。螳螂在 1/20 秒钟内便能确定昆虫飞过的速度、距离与方向，准确无误地迅速把它捕获，这是现代化火炮跟踪系统望尘莫及的。海豚的游泳速度每小时可达一百多公里，远远超过了现代潜艇的航速。这些自然系统发展的最优化趋势，为系统论方法的最优化原则提供了客观依据。而实现系统整体功能最优化的关键则在于选择最佳的系统结构。随着人们对系统结构研究的日益深入，已逐步发展出各种最优化理论，如线性规划、非线性规划、动态规划、最优控制论和决策论等数学理论。最优控制技术也在各个领域得到广泛运用，有所谓最优计划、最优设计、最优控制和最优管理等。

4. 模型化原则

所谓模型化原则，就是指运用系统论方法时，由于系统比较大或比较复杂，难以直接进行分析和实验，因而一般都要设计出系统模型来代替真实系统，通过对系统模型的研究来掌握真实系统的本质和规律。模型化是实现系统论方法定量化的必经途径，只有根据研究的目的，设计出相应的系统模型，才能确定系统的边界范围，鉴定系统的要素及其相互联系、相互作用的情况，才能进行定量的计算。模型化也是进行系统试验的必要途径。只有建立了系统模型，才能运用电子计算机进行系统仿真，从而不断检验和修正系统方案，逐步实现系统的最优化。

整体性原则、动态性原则、最优化原则、模型化原则是运用系统论方法的四项基本原则，它们在系统论方法中的地位都很重要，它们分别从不同方面表现了系统论方法的本质特征。整体性原则是系统论方法的根据和出发点，系统论方法之所以成为一种独立的科学方法，主要就是由于它把对象作为整体来研究，离开了整体性原则，也就谈不上系统论方法。动态性原则是系统论方法的基础，它要求在运动中反映和处理系统问题。最优化原则是系统论方法的基本目的，人们设计和运用系统的目的，总是为了实现最优化，高质量、高效率地完成一定的工作任务。模型化原则作为实现最优化原则的手段和必要途径，也是系统论方法的重要组成部分，离开了模型化原则，系统论方法也就失去了存在的意义。

（三）系统论方法的作用

系统论方法为现代科学技术的发展提供了崭新的思想和方法，是在科学技术方法论上的创新。

(1)系统论方法实现了人类思维方式的一次大突破，为现代科学研究提供了新思路。

传统的思维方式在认识事物的整体性时，采取先分析它的各个部分，然后再综合为整体的方法。认为部分是整体的原因，整体是部分的结果。按照这种思维方式，必然得出部分功能好则整体功能一定好，部分功能不好则整体功能也不可能好的逻辑结论，这与事物的本来面貌不符。系统论方法在思维方式上如实地把研究对象看成整体，看作运动的相互联系的复杂系统。它把综合作为出发点和归宿，这是系统论方法在思维方式上的重大突破，为研究现代科学技术中规模巨大、结构复杂、因素众多的各种大系统问题，提供了前所未有的理论和方法。如循环经济中人们对环境污染问题的认识和解决，可以生动地说明这一点。

(2)系统论方法是具有普遍适用范围的科学技术方法，是研究复杂大系统的有效工具。

系统论方法首先被运用于科学技术、生产和经营管理等领域。但由于“系统”的普遍性和系统论方法本身所具有的一般方法论的特点，使它的适用范围迅速扩展到社会科学领域，广泛地用于研究政治、军事、法律，乃至整个社会问题，成为几乎适用于一切领域的科学方法。系统论方法的普适性，突破了自然科学和社会科学方法上的传统界限，在科学方法发展史上，像系统论方法那样发展的迅速性和普适性则是不多见的。在传统方法中，只有逻辑方法的适用范围可以同系统论方法相提并论，但系统论方法有别于逻辑方法。逻辑方法只是思维方法，而系统方法则不仅渗透着归纳和演绎等逻辑方法，而且把逻辑与现代科学理论与计算机技术融为一体，形成一种独特的现代科学技术方法。

链接材料

阿波罗登月计划

阿波罗登月计划要求在1969年把人送上月球，为此组织了2万多家公司、120所大学，动用42万人，共有700多万个零件，耗资了300多亿美元。对于这样一个内容庞杂、规模巨大、成本昂贵的科研生产项目，如何合理设计、组织、管理安排人力、物力、财力、设备、资金，以期最经济、最有效地达到预定目标，是以往任何一种传统方法所不能胜任的。运用系统论方法来解决这一复杂系统问题，就使得整个工程协调一致地工作，历时11年，如期地完成任务，使嫦娥奔月的神话变成了现实。

(3)系统论方法是研究复杂庞大系统的有效工具。

当代科学技术研究的对象规模之大、数量之多、结构之复杂是前所未有的。随着科学技术不断向纵深发展，科学研究的对象，已从一门科学所研究的某种物质运动形态，扩展到多学科共同研究的、具有多层次的、结构复杂的系统。目前，科学所要解决的复杂系统问题，已超出了某一传统学科所能胜任的范围而具有跨学科的性质。对此类问题的研究和解决，涉及自然科学、社会科学和工程技术各个领域的学科，因而传统的科学研究方法已远远不能适应和满足科学发展的要求。而系统论方法却为满足这种要求提供了有效手段，系统越复杂，其效果越明显。例如，应用系统论方法去规划管理某项科研项目，先根据国家需要，用系统论方法初步探索研制的目标，提出若干粗略的研制方案，再分别作出一般技术说明，估算出大致的研制费用及日程，做好数学模型，利用电子计算机模拟计算，然后对这些不同方案进行评价对比，选出最佳方案。这方面成功的例子就是美国的阿波罗登月计划的实施。

(4)系统论方法是科学决策的重要武器。

任何决策都是为了达到某一既定目标，在给定条件下，挑选出为达到最佳目标的方案，然后付诸实施。可见，决策就是在一定条件下，对若干准备行动的方案进行选择，以期达到最佳目标。用系统论方法分析决策是一个动态过程，把决策过程的每一步骤看作是一个要素，都是一个有机联系的整体，因此，我们可以把决策过程构成一个决策系统。过去，决策是建立在人们经验知识的基础上，称经验决策。随着现代科学技术的迅猛发展，社会化大生产使社会活动出现了一系统新变化，社会活动也日益复杂化，影响也越来越大。一种决策正确与否关系重大，不仅影响一时，而且影响一代人以至几代人，真可谓"牵一发而动全身"，"失之毫厘，差之千里"。因此，现代决策必须建立在科学基础上，称为"科学决策"。这就要求决策者提高自己的科学文化水平，掌握现代科学方法，把经验决策提高到科学决策的阶段。要做到这一点，学习掌握现代科学方法是十分重要的，尤其要学习系统论方法，因为系统论方法已成为科学决策的重要武器。

二、信息论方法

信息论方法，即运用信息论的基本原理并且把事物的运动始终看作信息运动过程的一种方法。

(一)信息和信息论方法

什么是信息？从日常生活的概念来讲，信息是指能给我们带来新内容、新知识的消息。信息的概念非常广泛和多样化，至今并未形成一种统一的信息定义。但我们一般认为，信息是客观世界中物质系统的一种普遍属性，是一切有组织的物质系统相互联系、相互作用的特定形式。

1948年，美国的数学家申农发表了题为《通讯中的数学方法》一文，从而创立了信息论这门新兴学科。信息论有狭义和广义之分。

狭义的信息论主要是指应用数理统计方法来研究通信过程中信息的处理和传递的理论。申农就是在此基础上确立了信息论，他抛开语言、文字等各种消息载体的具体形式，发现各种消息的本质在于减少或消除一种"不确定性"，即某种随机性，以获得一种确定的东西，于是他抽象出了信息这一概念。这种狭义的信息论，可以直接为工程技术领域中应用非常广泛的信号处理方法提供理论依据。因为该种方法就是应用数学方法和计算机来解决工程技术中常见的典型信号的调制、分析、变换和传输等问题的。

广义的信息论则突破了通信领域的范围，包括了几乎所有与信息有关的领域。它是在20世纪五六十年代随着狭义信息论的观念和方法渗透进物理学、电子学、生理学、心理学、语言学和哲学等众多领域后而逐渐发展起来的。70年代以来，由于电子计算机的迅速发展，以及有效处理大量信息的迫切需要，广义信息论也得到迅速的发展，成为一种普遍的综合性的方法学科，有力地冲击着人们的传统思维方式和促进着各种科学研究和工程技术活动的发展。

所谓信息论方法，就是运用信息和信息论的观点，把系统运动过程抽象为信息的传递和转换过程，通过对信息流程的分析和处理，以达到对某个复杂系统运动过程的规律性的认识。它不同于传统经验方法，是一种直接从整体出发，用联系的、转化的观点综合系统过程的研究方法。

信息论方法的特点是：以信息概念作为分析和处理问题的基础，它完全撇开对象的具体运动形式，把系统的有目的运动抽象为一个信息变换过程，形成信息流(见图4-1)。

由于信息流的正常流动，特别是反馈信息的存在，才能使系统按预定目标实现控制。例如，埋藏在地下的各种不同矿藏，其辐射的能量和波长各不相同，这些不同的信号把各种不同矿藏的信息传输出来。不同矿藏与它们各自发出的信息之间，有着某种确定的对应

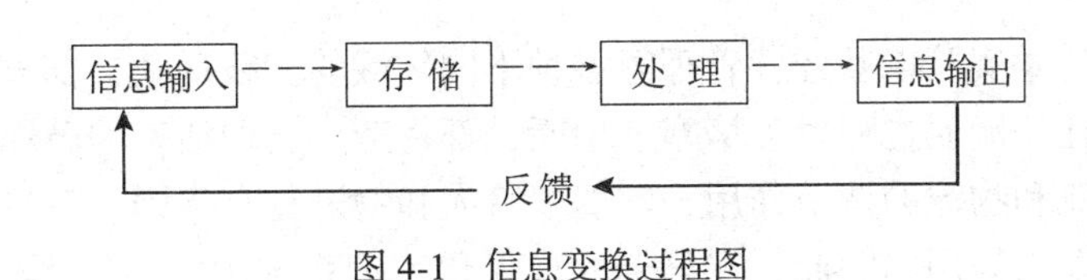

图 4-1　信息变换过程图

关系。根据这种对应关系的认识，就可把普查矿藏的问题抽象为有关的信息问题来研究，这样就可以摆脱研究对象的物质和能量的具体形态，通过现代遥感技术，揭示其信息特性来把握其本质和规律。

(二)信息论方法在科学认识中的作用

随着高新技术的出现，人类社会已进入了高度发展的信息时代。现在，人们不仅可以用信息论方法解决某一学科的问题，而且可以把一切有组织的系统和过程抽象为信息交换过程，广泛地应用到研究控制、系统、热熵、能量、预测、测量识别、人工智能等方面，因此，信息论方法在科学认识中起着越来越重要的作用。

(1)信息论方法揭示了不同物质运动形态之间的共同属性。

现实存在的各种复杂系统，都可以把它们当做通信和控制系统对待，从而可以用信息论方法加以分析研究。如技术系统中的通信、火箭、导弹制导、电子计算机等；人或生物系统中的生命遗传现象；社会系统中的生产过程、经济管理、交通管理以及人类对客观事物的认识活动等。看起来，它们之间的物质构成和运动形态都极不相同，用传统方法很难发现它们之间的内在联系。如果用信息论方法加以分析，则可以把它们都当做一个控制系统。在它们之间都存在着信息的接收、存储、加工处理和输出的信息传递和交换过程，它们存在着共同的信息联系。正是由于这一信息流动过程，才使系统能维持正常的有目的性的运动，从而揭示出各种不同物质运动形态之间的共同属性。例如，我们可以把人脑和电脑都看作是信息变换的系统，用信息方法揭示它们之间具有的共同属性。这样一种认识问题和研究问题的方法，使得现代科学研究方法产生了质的飞跃，同时也为智能模拟提供了科学依据。

(2)信息论方法是实现控制的有效方法。

对系统实行控制就是通过信息处理和信息反馈，对系统进行调节，以实现一个预定的目标。信息方法已经成为人们对各种类型的系统实施控制的一种普遍有效的方法。只要是控制系统，我们都可以用信息的传递、加工、转换、存储、反馈的概念来分析其运动过程，揭示其运动规律和实现对系统的控制。在工程技术、科学研究、经济管理等人类社会实践的一切领域，都存在着信息的变换和流通过程，都需要用信息反馈的方法来实现控制，即通过信息的传递和反馈来调节和消除运动中的误差，使系统运转保持稳定状态。所以在一切工作中，我们都应当自觉地应用信息论方法和反馈控制原理来分析和处理问题，以便最有效地达到规定的预期目标；否则，系统的运转就可能偏离轨道，工作就可能发生偏差，造成失误。如果反馈系统失灵，就会使系统运转失去平衡造成“失控”，给工作带来严重后果。

(3)信息论方法为实现科学技术、生产、经营管理、社会管理的现代化提供了有效的手段。

从事生产、科学实验以及经营管理等各种不同领域的实践活动，都离不开人流、物流和信息流。其中任一流通过程发生堵塞、中断，都将造成实践活动的破坏和停顿，而其中信息流起着对人流和物流的调节作用，它驾驭着人和物进行有规则、有目的的活动。所以信息流起着很重要的作用。因此，在复杂的现代化管理系统中，不能不借助于信息方法。例如铁路运输的管理，就需要根据线路、货栈、机动车辆、装卸能力、运行时间和旅客流向等情况，把各种信息加以综合处理，以获得最合理、最经济的调度方案和实现安全运行。如果没有信息的流动，现代化的一切活动就无法有效地进行。进入信息社会的今天，信息对于科学技术和工农业生产的发展乃至企业的生存，都愈来愈显示其重要作用。一切科学工作者和管理人员，都必须学会用信息论方法分析工作中的问题，重视信息的收集、处理和加工。

(4)运用信息论方法可揭示复杂事物的规律性。

信息论方法的产生和应用，为探讨一些科学之谜提供了新的思维方法，对过去难以理解的自然现象可以作出科学的解释。例如，过去人们对兔的受精卵为什么一定发育成兔，也就是亲代如何把遗传信息传递给子代的问题，这一科学之谜，曾有"先成论"和"后成论"学派之争。

链接材料

"先成论"和"后成论"之争

"先成论"者认为：在兔的卵子和精子里已有一个具体而微小的兔，它具有发育成熟的个体的各种性状，后来长成大兔，而大兔只不过是原来的"微兔"形体的增长和机械地扩大而已。"后成论"者认为：兔的这些性状是后来通过细胞分裂分化而逐步形成的，个体发育是一个过程。从进化论来看，"后成论"是正确的，但它未回答"先成论"提出的科学问题。

现代生命科学运用信息概念和信息方法，科学地揭示出这一复杂的自然奥秘。根据遗传信息理论，在兔的卵子和精子中具有兔的遗传信息，它随着受精卵的生长发育而复制转录、转译，不断地由反馈信息来控制，最后形成了兔，而不是别的动物，从而科学地揭示出兔的受精卵发育成兔的根本原因。

(5)信息论方法是科学预测和科学决策的重要手段。

多谋善断的预测者和决策者，都懂得信息在科学预测和科学决策中的重要性。"运筹帷幄之中"的智囊者，他们之所以能"决胜千里之外"，就是因为事先掌握了丰富的、可靠的信息。这方面的成功经验颇多，不必赘述。而在这方面的教训也不少，很值得总结。因此，建立完善的、灵通的信息网络系统，充分发挥信息论方法的作用，准确而又及时地掌握国内外科技情报信息，才能准确地找到前人或他人研究的终点，从而找到我们进行研究工作的起点，才能作出科学预测和正确的决策。

三、控制论方法

控制论方法，即运用自动控制等基本理论对系统施加影响，并达到某种调整目的的一种方法。这首先涉及控制与反馈等概念。

（一）控制和控制论方法

“控制”一词对于我们并不陌生，在生物系统、思维系统、社会系统、工程技术系统以及军事系统中，都有控制的过程。

控制就是一种联系或调节的过程。为了使系统稳定地保持或达到所需要的状态，必须对系统施加一定的作用，克服系统的某些不确定因素。这种作用叫控制作用。控制作用与系统不确定因素的矛盾，是一切控制过程的基本矛盾。如何解决这一基本矛盾，克服系统的不确定因素，实现控制作用呢？维纳指出，要实现控制，系统必须具有取得、使用、保持和传递信息的方法。“反馈”就是一种实施控制的重要方法。

反馈，是指系统的输出通过一定的通道返送到输入端，从而对系统的输入和再输出施加影响的过程。通过反馈对系统实施控制，就是反馈控制方法。反馈分为正、负反馈两种类型。如果反馈是倾向于加剧系统正在进行的偏离目标的运动，使系统趋于不稳定，以致破坏原有的稳定状态，使系统趋于稳定状态，则是负反馈。工程技术中一般采用负反馈控制。图 4-2 是实施反馈控制的系统结构图。

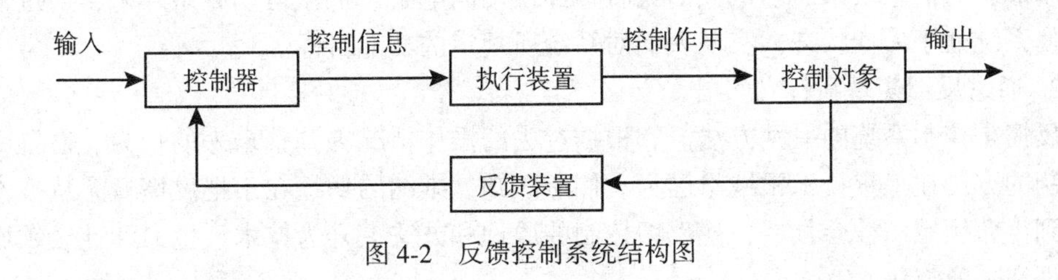

图 4-2　反馈控制系统结构图

实施反馈控制的系统，主要由控制器、执行装置、控制对象和反馈装置等部分组成。这种结构和原理是一般控制系统通常采用的。

控制论方法，就是对一个有组织的系统，通过信息处理的能动过程和反馈信息，不断对系统进行调整，以克服系统的不确定性，使系统稳定地保持某种特定的状态，借以实现人们对系统所规定的功能目标。

控制论方法是自动控制、电子技术、神经生理学、数理逻辑、无线电通信、电工学等多种科学和技术相互渗透产生的一门综合性方法学科。它是关于复杂的自组织系统的理论和方法，其任务是要用比较和类比的方法来寻找各种不同系统的通信和控制的共有的特征和规律，并据此建立自己的一般性方法原理，使人们能根据这些原理对实际的系统实现有效的控制。控制论方法研究的系统是一类特殊的具有目的性行为或自组织功能的控制系统，它着重以信息的角度来考察系统的控制与通信过程。因此，维纳把他创立的控制论定义为“关于在动物和机器中控制和通信的科学”。由此可见，控制论方法和信息论方法以及系统论方法都是相互联系和相互渗透的。一般说来，系统论方法侧重于从系统的结构上考察系统；信息论方法是研究系统运动过程中信息的发生、传输、变换、储存和接收；而控制论方法则是着眼于一种专门的系统——控制系统中信息的处理、控制和利用。它们的许多基本概念也都是一致的，这正好说明了为什么这几种方法的基本理论几乎都是在同一时期形成，又是在相互促进下不断发展的。

1948 年美国数学家维纳的《控制论》一书出版，标志着控制论的正式诞生。维纳给控制论下了这样的定义：控制论是关于动物和机器中控制和通信的科学。它突破了动物和机器的界限，又突破了控制工程与通信工程的学科界限。维纳把动物的目的性赋予机器，将动物和机器某些机制加以类比，从中抓住一切通信和控制系统共有的特征——信息变换和反馈调节，以高度概括的理论加以综合，形成具有普遍意义的新理论。控制论就是研究各种动态系统信息的利用和控制的共同规律的科学，是关于控制的理论。它是一门横跨多学科的综合性的方法性的科学技术，体现了现代科学技术整体化和综合化的发展趋势。正因为维纳等人把生命机体和机器进行类比，找出了它们都具有控制和通信过程这一共同性，所以使控制论这门学科具有普遍的方法论意义。

（二）控制论方法的基本特点

控制论方法的特点主要体现在以下 4 个方面：

1. 把人的行为的目的性赋予机器

控制论方法突破了有机界与无机界的界域，揭示了生物有机体、机器和社会等不同物质运动形态的信息联系。它把人的大脑神经活动同电子、机械运动联系起来，通过信息处理，使系统处于最佳状态，实现人们对系统所规定的功能目标。

2. 通过反馈实现目标

反馈是控制系统的一种方法。它根据过去的操作情况去调整未来的行为。通过反馈实现控制的方法在工程技术领域早已为人们所熟知，维纳的功绩在于把反馈概念从技术领域推广到生命领域和社会领域，使反馈控制的原理和方法上升为技术、生命和社会领域的普遍原理和一般方法。

3. 运用黑箱理论

黑箱是指其内部结构尚不能或不便于直接观察到的、只能从外部去认识的现实系统。维纳指出，所有的科学问题都是作为闭盒开始的，闭盒就是没有打开的黑箱。控制论所研究的是一个系统的功能，不论这个系统是机器还是动物。它不深究“这是什么”，只研究“它做什么”“怎样动作”，这样就可以把一个系统的内部状态看成是不变的或尚不清楚的黑箱，从而可以采用从输入看输出的办法进行研究，以达到功能模拟的目的。

4. 追求功能模拟

“功能模拟”是控制论的出发点，它体现了控制论方法的主要特征。维纳等人创立控制论的目的，是要解决机器怎样才能模仿生物体运动的功能。这种大胆的设想，早在 18 世纪法国唯物主义哲学家拉美特利（1709—1751）在《人是机器》的著作中，将人和机器类比，试图在二者之间找出同一性。但他忽视了人和机器之间质的差别，把人的行为动作归结为复杂的“齿轮和发条”的作用，认为只要把这些齿轮和发条一个个地制造出来，就可以组装出一个人来，结果没有成功。

维纳却不同，他立足于现代科学的基础之上，综合运用多门学科的知识，既看到人与机器系统的同一性，又看到二者之间的差别，采用了与拉美特利完全不同的方法，即功能模拟法。这种方法不考虑机器、动物或人等系统的内部物质、能量、元件、结构和效率的对应关系，只考虑整个系统在功能行为上的等效性。这种方法开拓了科学技术领域中的“处女地”。机器人和电脑的诞生就是运用控制论方法所取得的成果。

(三)控制论方法在科学认识中的作用

首先，控制论方法在整体上从不同角度揭示了自然界的普遍联系。

世界的统一性在于它的物质性，不同的物质运动形式都有着共同的运动规律，这是控制论方法建立的哲学基础。世界作为一个运动、发展、变化的整体，各种物质之间都存在着一定形式的联系。辩证法就是研究这种联系的科学。控制论方法正是从“功能”的角度找到了这种联系，并通过信息变换和反馈作用把这种联系变成了现实。它打破了动物和机器的界限，也打破了通信和控制系统的界限，把不同学科领域中各种截然不同的系统沟通了起来，形成有机联系的整体，进行有效控制，从而取得重大突破。

其次，控制论方法为现代科学技术的研究提供了一套崭新的科学方法。

控制论的创始人维纳认为，控制论是“关于动物和机器中控制和通信的科学”。这门新学科完全敞开了对象的物质和能量的具体形态，着眼于从信息方面来研究整个系统的控制与通信功能。这就打通了各门学科之间，甚至自然科学、技术科学、数学和社会科学之间相互联系的途径。它既突破了动物和机器的界限，又突破了控制工程和通信工程的学科界限。控制论的基本思想就是把动物的目的性行为赋予机器，站在一个更概括的理论高度加以综合，形成一门具有更普遍意义的方法论学科。

因此，我们可以概括地说，控制论方法就是研究动物(包括人类)和机器内部的控制和通信的一般规律的方法。动物与机器两者的控制与通信机制的共同特点，都是信息的变换过程。任何有生命的或是机械的运行系统，正是由于信息流的正常流动，特别是反馈信息的存在，才能使系统按预定目标实现控制，实现系统的、有目的的运动。控制论的出现和发展，正改变着科技工作者的思维方法，这在许多方面冲破了传统的思维方式和研究方法的束缚，为现代科学技术的研究提供了一套崭新的科学方法。

控制论的诞生，对当代科学技术的发展产生了极为深远的影响。近几十年来，控制论获得了迅速的发展和广泛的应用。

首先，它推动了生产过程的自动化和20世纪发生的各项技术革命，并且由机器代替了人脑的部分功能。控制论也对各门学科的发展带来了深刻的影响，它渗入到技术科学、生命科学、社会科学等各个领域，由此相继出现了工程控制论、生物控制论、医学控制论、经济控制论、社会控制论等新兴学科。目前，控制论已应用到人口学、社会学、语言学、教育学、生物学、心理学及医学等许多领域。据专家估计，就对各门学科的影响而言，控制论的作用大大超过了相对论和量子论。

再次，控制论方法把传统的结构模拟方法发展到功能模拟的新阶段。

控制过程本质上是信息处理和变换的能动过程。所以，控制技术水平的高低，在很大程度上取决于担负信息处理的变换的中枢控制装置的功能。电子计算机具有极大的对信息进行处理和变换的能力，并能代替人脑所无法担负的一部分信息处理工作，此外，还在越来越大的程度上模仿人脑的部分思维。因此，电子计算机已经成为现代控制的主要工具。

借助电子计算机这一有力工具，控制论把传统的结构模拟方法发展到功能模拟的新阶段。结构模拟是从物理结构上进行模拟，以实现该结构具有的功能。由于人的大脑结构非常复杂，到目前为止，对大脑智能生理机制还缺乏深刻的认识，所以要对大脑思维过程进行结构模拟，存在许多困难。而控制论的基本思想就是把动物的目的性行为赋予机器，不相同的生命系统、社会系统与技术系统的行为和功能上具有相似性。根据这一原理，就为利用技术装置模拟人脑思维功能提供了理论依据和开辟了一条新的途径。这种以功能和行为的相似为基础，用模型模仿原形的功能和行为的方法，称为功能模拟方法。

功能模拟方法是模拟实验方法的高级发展形式，它是控制论方法的主要方法。模拟实验以过程性质或数学方程相似为基础；功能模拟则抛开过程的性质，只模拟其控制和通信的功能，并不追求模型与原型在外形和结构上的相似。两种模拟的目的也不同，模拟实验的目的在于发展和改进原型，功能模拟的目的则在于研究和发展模型本身。例如，模拟苍蝇嗅觉器官的特殊功能，人们研制出了十分灵敏的气体分析仪，用来测定潜艇、矿井里的有毒气体等。这种仪器已经得到了广泛的应用。所有这些，都是应用功能模拟方法的开创性成果。功能模拟方法涉及生物学、生理学、神经生理学、神经化学、电子学、控制论、数学、通信和电子计算机技术等广泛的学科领域，需要各方面的专家、工程师共同协作研制。

最后，控制论方法提供了研究复杂系统和不能打开或不便打开的黑系统的研究方法。

对复杂系统进行功能模拟的这一研究方法，在科学方法上叫做“黑箱”方法。所谓“黑箱”，是指那些既不能打开，又不能从外部直接观察其内部结构和状态的系统。对于有生命活动的系统，诸如人类的脑组织和神经系统等，要想弄清楚这些系统的具体构造，传统的解剖方法是无能为力的。因为在解剖刀下，这些系统的功能也就消失了。所以，对于一个复杂系统，在其内部结构不便于分析和不好弄清楚的情况下，就采用不打开“黑箱”的研究方法，不去研究它的内部结构，而只着眼于“箱子”的功能。研究“黑箱”，就是通过研究它的输入和输出了解它的整体功能，以达到研究它本身的目的。

阅读书目

1. 栾玉广：《自然科学研究方法》，中国科学技术大学出版社 1986 年版。

2. 侯吉侠：《科学技术方法论基础》，兵器工业出版社 1989 年版。

3. 李淮春、陈志良：《现时代与现代思维方式》，河北人民出版社 1987 年版。

4. 张密生：《科学技术史》，武汉大学出版社 2009 年版。

5. 张巨青：《科学研究艺术——科学方法导论》，湖北人民出版社 1988 年版。

6. 魏宝森：《系统科学方法论导论》，人民出版社 1983 年版。

7. 国家教委社会科学研究与艺术教育司：《自然辩证法概论》，高等教育出版社 1991 年版。

8. 刘永振：《自然辩证法概论》，大连理工大学出版社 2006 年版。

9. 全国工程硕士政治理论课教材编写组：《自然辩证法——在工程中的理论与应用》，清华大学出版社 2008 年版。

分析与思考

材料：就与环境的关系而言，人类社会在经济发展过程中经历了三种模式，代表了三个不同的层次。第一种是传统经济模式。它对人类与环境关系的处理模式是，人类从自然中获取资源，不加任何处理地向环境排放废弃物，是一种“资源—产品—污染排放”的单向线性开发式经济过程。第二种是“生产过程末端治理”模式。它开始注意环境问题，但其具体做法是“先污染，后治理”，强调在生产过程的末端采取措施治理污染。第三种是循环经济模式。它要求遵循生态学规律，合理利用自然资源和环境容量，在物质不断循环利用的基础上发展经济，使经济系统和谐地纳入到自然生态系统的物质循环过程中，实现经济活动的生态化。其本质是一种生态经济，倡导的是一种与环境和谐的经济发展模式，遵循“减量化、再利用、资源化”的原则，采用全过程处理模式，以达到减少进入生产流程的物质量，以不同方式多次反复使用某种物品和废弃物的资源化的目的，是一个“资源—产品—再生资源”的闭环反馈式循环过程，实现从“排弃废物”到“净化废物”到“利用废物”的过程，达到“最佳生产，最适消费，最少废弃”。①

请根据上述材料和本章内容回答下列问题：

1. 简述系统论方法的特点、基本原则和在科学研究中的作用。
2. 简述控制论方法的特点和在科学研究中的作用。
3. 简述信息论方法的特点和在科学研究中的作用。

思考题

1. 为什么说科学问题是科学研究的逻辑起点？
2. 试说明科学问题的主要来源。
3. 试举例说明归纳方法和演绎方法在科学认识中作用。
4. 试举例说明类比方法在科学认识中的作用。
5. 试举例说明形象思维方法在科学认识中的作用。
6. 试举例说明直觉思维和灵感思维方法在科学认识中的作用。

---

① 冯之浚：《循环经济导论》，人民出版社2004年版，第5~6页。

第五章

马克思主义技术观

要论提示

- 马克思主义经典作家技术思想既包括马克思、恩格斯的技术思想，又包括列宁、斯大林的技术思想。
- 马克思、恩格斯技术思想的主要内容包括技术的本质问题、技术与科学的相互作用、技术革命以及技术与社会的关系问题四个方面；列宁和斯大林主要着眼于技术与社会的关系问题形成各自的技术思想。
- 技术的本质首先反映了人对自然的能动性，属于生产力的范畴；其次，从目的来看，技术解决的是在实践活动中“做什么”“怎么做”的问题，涉及劳动实践的方法、程序、工具等要素；再次，从过程来看，技术是一个发明与创新的过程；最后，从结果来看，技术成果是可预期和评价的。技术的基本特征表现在自然性和社会性、物质性和精神性、主体性和客体性、价值性和中立性等方面。
- 技术构成要素包括经验形态、实体形态和知识形态三个方面，与构成要素一致，基于不同标准，可以把技术分成不同类型。三种技术要素和不同类型技术在一定程度上反映了技术的发展。技术体系和现代技术群的形成反映了技术与社会的紧密联系。技术发展模式一般包括累积式和跃迁式，其动力有科学推动和需求牵引。

马克思主义技术观包括两个方面的主要内容，一是马克思主义经典作家的技术思想；二是基于这一思想，以辩证唯物主义和历史唯物主义的视角，对技术的本质、结构、发展规律等一系列内容进行思考和总结的观点总和。

第一节　马克思主义经典作家技术思想

马克思主义经典作家技术思想的产生有其必然的历史条件，既包括当时社会现状和发展趋势，又包括辩证唯物主义和历史唯物主义理论视角的形成与推动，同时也离不开19世纪“技术时代”的形成与发展，以及技术哲学早期形式的理论影响。必须从历史背景中的各种具体因素出发，才能深刻理解马克思主义经典作家技术思想产生的历史必然性和这一思想的主要内容。

一、马克思恩格斯技术思想的主要内容

(一) 技术的本质问题

马克思恩格斯关于技术本质的问题主要体现在四个方面：一是技术与自然之间的关系上。一方面，机器作用于自然界，是自然生产力转变成社会生产力的动力。对此，马克思指出：“应用机器，不仅仅是使与单独个人的劳动不同的社会劳动的生产力发挥作用，而且把单纯的自然力——如水、风、蒸汽、电等——变成社会劳动的力量。”①另一方面，机器具有自身的自然属性，本身不产生价值，只是发生价值的转移，并在价值增殖过程中发

① 《马克思恩格斯文集》第8卷，人民出版社2009年版，第279~280页。

挥作用。马克思指出："机器具有价值；它作为商品（直接作为机器，或间接作为必须消费掉以便使动力具有所需要的形式的商品）进入生产领域，在那里，它作为机器，作为不变资本的一部分而起作用。"①二是技术与生产力的关系上。技术是人对自然的能动作用、改造作用，直接体现在技术对生产力的功能上。马克思指出："机器与工场手工业中的简单协作和分工不同，它是制造出来的生产力。"②这种生产力是不费资本家一分一厘而能够产生巨大生产力的动力因素，因此，他进一步指出："劳动的社会力的日益改进，引起这种改进的是：大规模的生产，资本的积聚，劳动的结合，分工，机器，改良的方法，化学力和其他自然力的应用，利用交通和运输工具而达到时间和空间的缩短，以及其他各种发明，科学就是靠这些发明来驱使自然力为劳动服务，劳动的社会性质或协作性质也由于这些发明而得以发展。"③三是技术与生产关系的关系上。一方面，对技术的占有是对生产资料占用的直接体现，对此，恩格斯指出："他们在所有文明国家里现在已经几乎独占了一切生活资料和生产这些生活资料所必需的原料和工具（机器、工厂）。这就是资产者阶级或资产阶级。"④另一方面，机器技术的使用对社会分工也有重要作用，对此，马克思指出："机器对分工起着极大的影响，只要任何物品的生产中有可能用机械制造它的某一部分，这种物品的生产就立即分成两个彼此独立的部门。"⑤甚至，以机器技术为基础的生产劳动是促使生产关系变革的力量，关于这一点，恩格斯指出："由于在世界各国机器劳动不断降低工业品的价格，旧的工场手工业制度或以手工劳动为基础的工业制度完全被摧毁。"⑥四是技术的异化现象。对于这个问题，马克思、恩格斯有丰富而深刻的分析，比如，马克思指出："应用和发明机器是为了同活劳动的要求直接相对抗，机器成了压制和破坏活劳动的要求的工具。"⑦并明确指出机器技术异化的根本原因在于资本主义生产方式的运用，"机器的资本主义应用，一方面创造了无限度地延长工作日的新的强大动机，并且使劳动方式本身和社会劳动体的性质发生这样的变革，以致打破对这种趋势的抵抗，另一方面，部分地由于使资本过去无法染指的那些工人阶层受资本的支配，部分地由于使那些被机器排挤的工人游离出来，制造了过剩的劳动人口，这些人不得不听命于资本强加给他们的规律。由此产生了现代工业史上一种值得注意的现象，即机器消灭了工作日的一切道德界限和自然界限"⑧。

（二）技术与科学的相互作用

一方面是科学对技术发展的作用，马克思认为科学、技术与生产从一开始就结合在一起，科学发现和技术发明在生产中得到应用，在这一过程中，科学理论的重大发现极大地推动了技术进步与发展。他指出："自然因素的应用——在一定程度上自然因素并入资

---

① 《马克思恩格斯文集》第8卷，人民出版社2009年版，第280页。
② 《马克思恩格斯文集》第8卷，人民出版社2009年版，第280页。
③ 《马克思恩格斯文集》第3卷，人民出版社2009年版，第50~51页。
④ 《马克思恩格斯文集》第1卷，人民出版社2009年版，第677页。
⑤ 《马克思恩格斯文集》第1卷，人民出版社2009年版，第627页。
⑥ 《马克思恩格斯文集》第1卷，人民出版社2009年版，第680页。
⑦ 《马克思恩格斯文集》第8卷，人民出版社2009年版，第353页。
⑧ 《马克思恩格斯文集》第5卷，人民出版社2009年版，第469页。

本——是同科学作为生产过程的独立因素的发展相一致的。生产过程成了科学的应用，而科学反过来成了生产过程的因素即所谓职能。每一项发现都成了新的发明或生产方法的新的改进的基础。"①

另一方面，技术对于科学发展的重要作用，马克思指出："火药、指南针、印刷术——这是预告资产阶级社会到来的三大发明。火药把骑士阶层炸得粉碎，指南针打开了世界市场并建立了殖民地，而印刷术变成新教的工具，总的来说变成科学复兴的手段，变成精神发展创造必要前提的最强大的杠杆。"②正是因为这些技术的发展，科学的复兴和发展才有了可能。他在分析了"磨"这种技术之后，指出："磨可以被看做是最先应用机器原理的劳动工具。""随着水磨的建造，力学原理——应用机械动力并利用机械装置来传递这一动力——才真正在很大程度上得到应用。"他进一步指出："因此，就这方面来说，从磨的历史可以研究力学的全部历史。"③

(三)关于技术革命

一方面，技术革命反映在以机器为代表的技术形成与发展上。马克思在分析机器的发展时，通过举例的方式讨论了水力的不足："阿克莱的翼锭纺纱机最初是用水推动的。但使用水力作为主要动力有种种困难。它不能随意增大，在缺乏时不能补充，有时完全枯竭，而主要的是，它完全受地方的限制。"他进一步指出，只有蒸汽机才能避免上述不足，而成为一种真正具有革命性的新技术，"直到瓦特发明第二种蒸汽机，即所谓双向蒸汽机后，才找到了一种原动机"④。技术革命还导致了技术活动组织形式的变革。对此，马克思指出："随着发明的增多和对新发明的机器的需求的增加，一方面机器制造业日益分为多种多样的独立部门，另一方面制造机器的工场手工业内的分工也日益发展。"⑤

另一方面，技术革命反映在机器技术在生产领域中的应用，并导致工业革命。对此，马克思明确指出："工场手工业生产了机器，而大工业借助于机器，在它首先占领的那些生产领域排除了手工业生产和工场手工业生产。""机器生产发展到一定程度，就必定推翻这个最初是现成地遇到的、后来又在其旧形式中进一步发展了的基础本身，建立起与它自身的生产方式相适应的新基础。"⑥而在恩格斯看来，事实上以机器为代表的新技术也的确导致了工业革命，"工业革命是由蒸汽机、各种纺纱机、机械织布机和一系列其他机械装备的发明而引起的"⑦。

(四)技术与社会的关系问题

技术对社会的作用首先是在生产领域，因为在马克思、恩格斯看来，技术本质力量的最直接体现就是生产劳动，并且与改造自然的目的完全一致，因此这部分内容在前面已经作了讲述。除此之外，技术还对其他社会因素具有重要的作用，比如恩格斯分析技术与军事之间

---

① 《马克思恩格斯文集》第8卷，人民出版社2009年版，第356页。
② 《马克思恩格斯文集》第8卷，人民出版社2009年版，第338页。
③ 《马克思恩格斯文集》第8卷，人民出版社2009年版，第333页。
④ 《马克思恩格斯文集》第5卷，人民出版社2009年版，第433~434页。
⑤ 《马克思恩格斯文集》第5卷，人民出版社2009年版，第439页。
⑥ 《马克思恩格斯文集》第5卷，人民出版社2009年版，第439页。
⑦ 《马克思恩格斯文集》第1卷，人民出版社2009年版，第676页。

的关系时指出："一旦技术上的进步可以用于军事目的并且已经用于军事目的，它们便立刻几乎强制地，而且往往是违反指挥官的意志而引起作战方式上的改变甚至变革。"①

反过来看，技术进步也会受到社会因素的制约。人类通过技术改造自然界，不仅要正确看待技术与自然之间的关系，更重要的是还要正确看待和处理技术和社会的关系，必须树立辩证唯物主义的自然观，并自觉引导人类在以技术为基础的改造自然的实践活动。对此，恩格斯指出："但是我们不要过分陶醉于我们人类对自然界的胜利。对于每一次这样的胜利，自然界都对我们进行了报复。每一次胜利，起初确实取得了我们预期的结果，但是往后和再往后却发生完全不同的、出乎预料的影响，常常把最初的结果又消除了。"②一个没有正确自然观文化传统的国家和地区，将会导致自然界对技术进步的阻碍，其实质是人的观念和文化因素对技术发展的制约。今天看来，树立生态理念、弘扬生态文明，不仅能促进人类改造自然界实践活动的健康持续发展，而且将会推动技术的科学合理发展。

二、列宁、斯大林技术思想的主要内容

受到历史时代的影响，列宁和斯大林关于技术的思想大多集中体现在对技术与社会的关系之中。

比如在思考技术与经济之间的关系时，列宁指出："必须使每一个工厂、每一座电站都变成教育的据点，如果俄国布满了由电站和强大的技术设备组成的密网，那么，我们的共产主义经济建设就会成为未来的社会主义的欧洲和亚洲的榜样。"③他后来更加明确强调："建立社会主义社会的真正的和唯一的基础只有一个，这就是大工业。如果没有资本主义的大工厂，没有高度发达的大工厂，那就根本谈不上社会主义，而对于一个农民国家来说就更是如此。"④在 1923 年的《宁肯少些，但要好些》一文中，列宁把落后的俄国建设成工业化的强国，比喻为从农民的、庄稼汉的、穷苦的马上，跨到大机器工业、电气化的马上。并且说："我们的希望就在这里，而且仅仅在这里。"⑤

在思考技术与生活方式之间关系时，列宁指出："俄国工厂工人的资料完全证实了《资本论》的理论：正是大机器工业对工业人口的生活条件进行了完全的和彻底的变革，使他们同农业以及与之相联系的几百年宗法式生活传统彻底分离。"⑥

列宁还非常关注技术变革的历史意义。他指出："马克思的理论，只是把工业中资本主义的一定阶段即最高阶段叫做大机器工业（工厂工业）。这个阶段主要的和最重要的标志，就是在生产中使用机器体系。从手工工场向工厂过渡，标志着技术的根本变革，这一变革推翻了几百年积累起来的工匠手艺，随着这个技术变革而来的必然是：社会生产关系的最剧烈的破坏。"⑦

---

① 《马克思恩格斯文集》第 9 卷，人民出版社 2009 年版，第 179 页。
② 《马克思恩格斯文集》第 9 卷，人民出版社 2009 年版，第 559~560 页。
③ 《列宁专题文集》（论社会主义），人民出版社 2009 年版，第 184 页。
④ 《列宁全集》第 41 卷，人民出版社 1986 年版，第 301~302 页。
⑤ 《列宁选集》第 4 卷，人民出版社 1995 年版，第 797 页。
⑥ 《列宁专题文集》（论资本主义），人民出版社 2009 年版，第 285 页。
⑦ 《列宁专题文集》（论资本主义），人民出版社 2009 年版，第 285 页。

只有加速实现国家工业化，才能为社会主义奠定坚实的物质基础，在这个问题上，斯大林的认识和列宁的思路是一致的。斯大林非常重视技术对于国家经济的作用，他在《论经济工作人员的任务》中指出："必须使自己成为专家，成为内行，必须面向技术知识，——这就是实际生活要我们走的道路。"①明确提出了优先发展重工业。他指出："没有重工业就无法保卫国家，所以必须赶快着手发展重工业，如果这件事做迟了，那就要失败。"②正因为这样的思考和具体行动，使得苏联在机械技术、航天技术以及军事领域中的很多技术方面发展迅速。

时过境迁，马克思主义经典作家的技术思想仍然是我们今天进一步解读技术的理论支撑点和出发点，正如舒尔曼所说的那样："如果不从马克思主义哲学的观点出发来考察技术的发展，那么，任何对技术和未来的研究都将是不完备的。"③

第二节　技术的本质和结构

如果说科学的目的是认识自然，那么技术的目的则是改造自然。显然，不同于科学，技术有自身的特征。随着技术活动的发展，其内涵也日益丰富，因此，对于"技术是什么"的问题，在不同时期有不同的回答。但是，只要我们基于马克思主义的理论视野，就可以对技术内涵和本质有更加科学准确的把握和理解。

一、技术的本质

（一）技术的内涵及其本质

"技术"一词源自希腊文"techney"（工艺、技能）与"logos"（词、讲话）的组合，意思是对造型艺术和应用技术进行论述。"技术"首先出现在17世纪的英国，当时仅指各种应用技艺。1760年以蒸汽机为标志的产业革命爆发后，技术涉及工具、机器及其使用方法和过程，其含义远比古希腊时要深刻得多。18世纪的思想家狄德罗第一次对技术下了一个理性的定义：技术是为了完成某种特定目标而协调动作的方法、手段和规则的完整体系。后来，在技术哲学界，许多学者从不同角度定义技术，包括狭义的定义，比如技术哲学家C. 米切姆强调从功能的角度理解技术，并由此提出了技术的四种方式：作为对象的技术（装置、工具、机器）；作为知识的技术（技能、规划、理论）；作为过程的技术（发明、设计、制造和使用）；作为意志的技术（意愿、动机、需要、设想）。M. 邦格在论文《技术的哲学输入和哲学输出》中把技术划分为四个方面：物质性技术、社会性技术、概念性技术（计算机科学）、普遍性技术（自动化理论、信息论、系统论、控制论、最优化理论等），由此，他把技术定义为：按照某种有价值的实践目的来控制、改造自然和社会的事物及过程并受到科学方法制约的知识总和。也包括从广义方面来理解技术的，比如法兰克福学派

---

① 《斯大林选集》下卷，人民出版社1979年版，第272页。

② 《斯大林选集》下卷，人民出版社1979年版，第496页。

③ ［荷］E. 舒尔曼：《科技文明与人类未来——在哲学深层的挑战》，李小兵等译，东方出版社1995年版，第246页。

的哲学家H. 马尔库塞认为文化、政治和经济以技术为中介融为一个无所不在的总体，它吞没和拒斥一切别的东西。法国技术哲学家雅克·埃吕尔认为技术是在一切人类活动领域中通过理性得到的、具有绝对有效性的各种方法的整体。一般来讲，狭义定义大多从技术自身属性出发理解技术，而广义定义则从技术与社会的关系层面来理解技术。

从技术的发展历史来看，从最初的劳动技巧、技能和操作方法，到科学兴起和广泛应用之后，在机器工业时代，技术是技术理论、物质手段和工艺方法的总和；到现代，技术走在了科学的前面，并且与生产的关系越来越紧密，一方面，人类的生存与生活日益依靠技术，另一方面，人的主观能动性在技术活动中体现得更加充分。纵观技术史，它既是一部工具史，更是一部人类改造自然的历史。从这个意义讲，可以认为技术是指人类为了满足社会需要，利用自然规律，在改造自然的实践过程中所积累或提升的劳动手段、经验、方法和知识的总和。

结合技术的内涵，技术的本质首先反映了人对自然的能动性，属于生产力的范畴。如果科学技术是第一生产力，那么科学是生产力中的渗透性要素，是间接的生产力，而技术直接体现了人对自然的实践能力和水平，是一种直接的生产力。其次，从目的来看，技术解决的是在实践活动中“做什么”“怎么做”的问题，直接涉及劳动实践的方法、程序、工具等要素。再次，从过程来看，技术是一个发明与创新的过程。技术不是对自然规律或累积的知识体系本身，而是创造性地利用自然规律，通过发明和创新，改造自然以获得现实性效益的过程。最后，从结果来看，技术成果是可预期和评价的。技术的目的性决定了技术成果是可以被预期的，这种预期一方面以现实的社会需求为前提，另一方面建立在系统的程序、方法、工艺、经验与技术知识基础之上。而对于技术的评价，同样是从现实性出发，一般以成本、工艺、安全性、提高生产效率等诸多指标为标准来进行的。

（二）技术的基本特征

从技术与人类社会和自然之间的关系来考察，具有以下基本特征：

1. 自然性和社会性

技术是有目的改造自然的活动，从对象来看，自然界是技术的对象性存在；从手段来看，技术活动得以展开的工具无疑包含自然物要素；从方法来看，技术知识从来就不是无中生有，一定是改造自然界实践活动的结果，深深打下了自然界的烙印；从技术活动主体来看，技术是属于人的，为人服务的，而人是自然界的一部分；从结果来看，任何技术产品一定包含自在自然要素，就像马克思所指出的那样：“如果把上衣、麻布等包含的各种不同的有用劳动的总和除外，总还剩有一种不借人力而天然存在的物质基质。”①商品如此，技术产品也是如此。可以说，任何技术都首先具有自然性这一基本特征。同时，技术作为一种直接的生产力，是满足社会需求和推动社会进步的力量，因此，它必然要受到各种社会因素的影响，正是从这个意义上讲，我们才说技术具有社会性。一般来看，技术不仅可以促进经济增长，反过来，一定社会经济发展的状况也在很大程度上影响技术的发展。与此同时，政治、军事、文化，乃至风俗习惯、伦理道德、宗教等，都可以影响到技术。

---

① 《马克思恩格斯文集》第5卷，人民出版社2009年版，第56页。

链接材料

技术本质的社会形成

技术成为手段之后，使得人的任何任务都可以或多或少地用技术方法来考虑。人为什么要用人工的手段来帮助自己达到物质的目标，是求效的技术理性内在地规定的。因此，技术的本质还可以从人的技术理性中得到说明。追求和诉诸技术的力量与强大，是人的技术理性；技术理性推崇技术的威力，将科技知识视为人类改造自然的强有力的手段和工具，其中贯穿着以追求功利和效益、增加活动效率为最高目标，这样的技术理性显然是技术的一种本质规定性，甚至形成了对技术本质的支配。技术的形态和功用无非是技术理性的化身，或者说技术也是作为技术理性而存在的。“人是技术化的存在”与“人是具有技术理性的活动主体”是同义语，表达的是人有一种使役外物，将其工具化，有效地认识与改造自然，从而体现提高做事效率、获得更大效益的特点，因而是一种以支配自然为前提的集中于工具选择领域的一种理性。即通过对技术的运用来达到以最少的耗费取得的最大的效益，或罗蒂所说的“生存技巧”，这也正是人区别于动物的地方，某种意义上说，这也是不满足于现状的“贪婪性”，是人之为人的一种社会属性。因此，追溯到这个层次，支配技术产生的技术理性无疑是社会地形成的，即从其理性来源上说，技术无疑也是社会地形成的。

所以，技术存在与人的存在、技术本质与人的本质在这里是相互整合的，人创造技术、人的目的规定技术的本质、人的社会实践作为技术生产的内在根据、人的技术理性追求威力强大的技术，所有这些都是技术本质的社会形成的侧面，是对技术植根于社会和依赖社会的深层解释。这样，技术在它的起点之处，在其获得本质性的一般规定环节上，就已经是被社会所铸造的东西。技术之所以是技术而不是别的东西，其内在的规定性是从社会中获得的。①

2. 物质性和精神性

技术是人类社会改造自然的一种活动方式，这反映了人类劳动具有一定的技术基础，是以一定的技术活动方式体现和展开的。正确理解劳动的物质性，是理解技术物质性的基础。无论是劳动者，还是劳动资料和劳动对象，都具有鲜明的物质性，所以，劳动一定是物质的实践活动。在此意义上讲，作为劳动基础的技术，也一定包含物质因素，具有物质性特征。同时，技术还有精神性特征。首先，通过技术性劳动改造自然，才有了人与动物的区分，从这个意义上讲，技术展现了独有意识活动的人的本性，是一种精神性的实践活动。正因为如此，马克思指出，“通过实践创造对象世界，改造无机界，人证明自己是有意识的类存在物”②，并且“通过这种生产，自然界才表现为他的作品和他的现实。因此，

① 摘自肖峰：《哲学视域中的技术》（“技术本质的社会形成”部分内容），人民出版社2007年版，第173~174页。

② 《马克思恩格斯文集》第1卷，人民出版社2009年版，第162页。

劳动的对象是人的类生活的对象化：人不仅像在意识中那样在精神上使自己二重化，而且能动地、现实地使自己二重化，从而在他所创造的世界中直观自身”①。因此，技术的精神性直接体现了人的意识，或者说人的本性在很大程度上是通过技术体现的。其次，作为知识的技术本身就是一种人特有的精神性存在，是精神层面的技术体系。再次，从最初被作为人的器官延伸的技术，到今天很多实际功能被抽象化，而成为某种象征性的技术，越来越表现出技术精神性特征。最后，随着智能技术的发展，这种技术本身已经能够部分完成人类的精神活动，因此也体现出技术精神性特征。

3. 主体性和客体性

技术的承担者和使用者都是人，人的经验、知识和想象共同构成技术的主体要素，这些情形统称为技术的主体性。从一开始，技术就是属人的，对此，卢梭讲过：“技术随着发明者的死亡而消灭。”②因此，反过来说，没有发明者，就没有技术。技术也是为人服务的，技术就是为了满足人类社会的现实需求而兴起和发展的。技术也只有通过人这一主体力量才有可能进步，人们通过经验的积累和自主创新，不断将技术推向前进，今天的高新技术就是人类能动性充分发挥的结果。同时，技术内容还包括主体性之外的构成要素，如方法、程序、规则等软件系统，以及物质对象和手段等硬件系统，从而表现出技术的客体性特征。需要注意的是，主体性和客体性统一于技术之中，不可分割。

4. 价值性和中立性

技术是否有价值负荷一直存在争议，由此有两种观点，技术价值论和技术中立论。技术价值论认为技术本身蕴含一定的善恶、对错和好坏的价值取向。技术中立论则认为技术仅仅是方法和手段，不涉及政治、文化或伦理上的价值取向。事实上，技术是价值性和中立性的统一。前面已经讲过的技术自然性，是技术内在价值的首要体现。另外，人类劳动以技术为基础，或者说通过技术性劳动，使得人与动物相区分，这是技术本来就有的一种内在禀赋，也是技术内在价值的一种体现。无论技术的哪一种内在价值，其实都包含着客观性，是不以人的意志为转移的，正是在这种意义上，技术的内在价值体现的是技术中立性特征。而技术从来就是社会的，具有社会性，必然要和经济、政治、文化，乃至伦理和宗教等诸多因素发生关系，结果导致对技术的评价和认识就存在多种维度。基于不同维度对技术的评价自然就涉及价值问题，这是技术的一种外在价值体现。技术的内在价值和外在价值是统一的，也就意味着技术的价值性和中立性是统一的。

尽管技术的基本特征是多样的，但不能割裂开来进行理解。技术是作为人类重要的实践活动之一，我们应该用系统的、辩证的眼光来分析看待它。

二、技术的结构和体系

（一）技术的基本构成和分类

1. 技术的构成要素及其关系

技术是一个系统的结构，由不同的要素的组成其主要内容，这些要素在一个技术体系

---

① 《马克思恩格斯文集》第1卷，人民出版社2009年版，第163页。

② ［法］卢梭：《论人类不平等的起源和基础》，李常山译，商务印书馆1962年版，第106页。

中具有不同的地位和作用，彼此之间的关联性基本可以反映不同时期技术发展的面貌。这些要素既包括硬件方面，如材料、工具等劳动对象和手段；又包括软件方面，如经验、方法、程序等。全部要素概括为三种：经验形态的技术要素、实体形态的技术要素和知识形态的技术要素。

经验形态的技术要素一般指技巧、技能等主观性的要素。人类社会早期的技术构成主要表现为经验形态的要素，这和生产力水平和技术本身的发展状况有关。但这并不是说，现代技术就没有了经验成分。既然技术是人的创造性活动，集中体现了人的主观能动性，那么技术就一定包含有人的因素，这其中就有经验要素。只是随着技术的发展，从“技”到“术”的变化越来越明显，现代技术中经验成分的比例可能在某些技术体系中会有所下降。即便在今天，经验形态的技术要素对于技术进步仍然具有重要的现实意义。一方面，经验是技术方法总结和技术理论形成的基础和前提，没有实践方面的经验积累，就不可能有“术”的升华；另一方面，经验在技术活动的方案制定和技术后果的评价上会起到重要作用，比如经验可以降低成本，还可以提高技术预期的效率等。尤其在今天提倡的自主知识产权的核心技术，在技术方法、程序可能相同的情况下，不同的工艺往往就集中体现了独特的经验要素。

实体形态的技术要素主要指以生产工具为标志的技术要素，具有更加明显的物质性特征。“按被操作和不被操作分为‘活技术’和‘死技术’。”①所谓“活技术”，指存在于劳动过程中的技术；反之，不在劳动过程中，没有被人掌握和使用的技术就是“死技术”。显然，技术作为直接生产力，只有进入劳动过程才能体现其存在的价值和意义，那种包含目的的技术成果，或者是因为不符合现时需要，或者因为过度生产而成为所谓的技术“垃圾”，而没有在生产领域当中被使用，就会成为一种“死技术”。所以，“活”与“死”是相对的，但都是技术本身，之间的区别只有在运动中才能体现出来。对此，马克思指出：“一个使用价值究竟表现为原料、劳动资料还是产品，完全取决于它在劳动过程中所起的特定的作用，取决于它在劳动过程中所处的地位，随着地位的改变，它的规定也就改变。”②作为商品自然属性的使用价值尚且如此，实体形态的技术也如此。马克思进一步明确指出：“机器不在劳动过程中服务就没有用。”因此，“活劳动必须抓住这些东西，使它们由死复生，使他们从仅仅是可能的使用价值转化为现实的和起作用的使用价值”③。另外，实体性技术在性能、效率等多种指标上是随着技术的发展而相应发生变化的，这种变化表现为从低级到高级、从简单到复杂、从机械到自动。由此，一般可以把实体性技术分为手工技术、机械性技术、自动化或智能技术等。

知识形态的技术要素主要指系统化、理论化的原理、方法和程序等要素。从某种意义上讲，经验也是一种知识形态，但是从技术发展的客观历史来看，既然有上面所讲的经验形态技术，那么在这里就有必要进行区分，知识形态的技术一般是比经验形态的技术更加

---

① 教育部社会科学研究与思想政治工作司组：《自然辩证法概论》，高等教育出版社 2004 年版，第 189 页。

② 《马克思恩格斯文集》第 5 卷，人民出版社 2009 年版，第 213 页。

③ 《马克思恩格斯文集》第 5 卷，人民出版社 2009 年版，第 214 页。

系统化、理论化的技术。也就是说，这里所谓的知识形态的技术，并不包含经验要素。随着技术的发展，技术越来越科学化，越来越集中体现为知识含量集中的技术形态。对于技术中人的因素来讲，尤其在技术高速发展的今天，无论是技术主体还是消费技术的普通公众，要是没有一定的知识背景和知识积累，都难以对技术对象有一个正确的认识与把握，也难以合理进行技术成果的推广和使用。对于技术中物的因素来讲，技术产品在很大程度上就是某种技术知识(包括原理、方法或程序)的“物化”或具体化。

技术构成的三种要素并不是孤立存在的，彼此之间按一定的比例或特定关系构成一个相对完整的技术系统。一般来讲，在较低级的技术里，如手工技术，经验的成分相对要多一些；而另一些技术如信息技术，则对技术原理和方法的要求要更高些。但无论是经验形态的技术，还是知识形态的技术，从自然性和物质性特征来讲，又一般是以实体性技术形态展现的。只是实体性技术的发展变化，大体也能反映技术系统中经验和知识要素的比例关系。

2. 技术的分类

作为人类劳动实践基础之一的技术，因实践活动的具体过程、要素、程序的不同，而可以分成若干种类。这些分类与基于构成要素区分的技术形态并不冲突。

(1)根据人类实践客体的不同进行划分。可分为自然技术、社会技术、精神技术。自然技术是人与自然界包括人的机体，相互作用所形成的技术总称，比如农业技术、工业技术、医疗技术等。社会技术主要涉及社会客体，比如社会管理技术、社会保障技术、交通管理技术等。精神技术涉及人的心理、思维等精神层面，比如心理干预和治疗技术、思维技巧。一般以心理学、逻辑学、脑科学、思维科学等理论为基础。

(2)根据物质运动形式的不同进行划分。自然界的基本运动形式有机械运动、物理运动、化学运动、生命运动等，可以把技术分为机械技术、物理技术、化学技术、生物技术等。机械技术指运用机械运动规律，通过改变自然界机械运动状态而创造出的人工机械运动过程、方法、程序等，如采掘技术、机械加工技术等。物理技术指运用自然界物理运动规律，建立人工物理过程，以改变自然物的物理性质的技术，如电力技术、电磁技术、激光技术等。化学技术指运用自然界化学规律，建立人工化学过程，以改变自然物的化学性质的技术，如化工技术、合成材料技术等。生物技术是运用自然界生命运动规律，改变生命形态与活动过程的技术，如细胞工程技术、基因技术、酶工程技术等。

(3)根据生产对象、要素、过程的不同进行划分。技术与生产具有直接的相关性，因此，在生产领域对技术进行相应分类有重要的现实意义。根据生产对象的不同，可以把技术分为物质材料技术、动力能源技术和信息通信技术。根据生产要素的不同，把技术分为劳动密集型技术、资本密集型技术和知识密集型技术。这种区分鲜明地反映了技术发展水平的变化。根据生产过程的不同，把技术分为农业生产技术、工业生产技术和信息产业技术。

根据不同标准对技术进行分类，一方面是把技术作为对象进行研究的理论需要，另一方面是根据生活和生产实际的需要。尽管有所谓不同种类，但是这些不同类的技术实际上有这样和那样的交叉，和前面讲述的经验形态、实体形态和知识形态三种技术构成要素内在一致。

（二）技术体系的形成与发展

所谓技术体系，是指由自然规律、技术规范、社会因素等各种要素相互作用而形成的，具有特定的结构和功能的社会系统。从技术与社会的关系来看，在生产力发展不同水平的时期，技术往往是以一种特定的体系结构展现出来的。对此，日本著名学者星野芳郎指出："无论在同一级技术的相互关系中，或者在低级技术和高级技术的相互关系中，各种技术都是相互联系的。作为一个整体，则形成了一个把所有技术部门从低级到高级联系到一起的、复杂的、立体网络结构的技术体系。"①不同结构的技术体系反映了不同时期人类改造自然的能力和水平，是特定历史时期社会生产力集中的体现。"随着新生产力的获得，人们改变自己的生产方式，随着生产方式即谋生的方式的改变，人们也就会改变自己的一切社会关系。手推磨产生的是封建主的社会，蒸汽磨产生的是工业资本家的社会"②。恩格斯的判断生动地说明了上述问题。其实对于技术体系的认识，马克思早就有过论述，他在分析分工与机器的关系时指出："简单的工具，工具的积累，合成的工具；仅仅由人作为动力，即由人推动合成的工具，由自然力推动这些工具；机器；有一个发动机的机器体系；有自动发动机的机器体系——这就是机器发展的进程。"③随着机器体系的形成与发展，它对社会的作用越来越明显，也越来越大，就像他进一步指出的那样，"机器发明之后分工才有了巨大进步"④。当然，技术体系的形成并不是技术自身独自运动的结果，它一定是与所处时期，和社会各种因素尤其是社会基本矛盾的方方面面相互作用，而构成的一个复杂的大系统。

技术体系与社会生产力发展水平基本一致。比如人类文明经历的不同技术革命时期，从蒸汽机到内燃机，再到电动机，直至今天的信息技术时代，体现了一个以不同代表性技术为基础的技术体系的发展历程。在每一次的技术革命时期，都存在着技术与技术之间、技术部门之间、技术与社会因素之间的紧张关系，一旦进入常态时期，这些关系就会以体系的形式存在，一方面继续推动技术的发展，另一方面则充分发挥技术体系的社会功能。

（三）现代技术群

作为技术发展的基础，科学已经从"小科学"发展到"大科学"时代，相应地，技术也从单一技术发展到今天的技术群。所谓技术群，是指基于某一核心技术组成的技术系统。技术群体现了技术与技术之间的相互作用，其发展状况能充分反映一个国家或地区社会生产力发展水平。现代技术群是当前技术体系的重要内容，当然也是技术体系发展到今天的必然产物。第二次世界大战以来，以核技术、航空航天技术、信息技术为代表的技术群发展非常迅速，对社会的作用也越来越大。比如核电技术群无论是在维护军事安全，还是在维护经济安全方面，都起到了非常重要的作用。

---

① ［日］星野芳郎：《技术发展的模式》，载《科学与哲学研究资料》1980年第5期，第152页。
② 《马克思恩格斯文集》第1卷，人民出版社2009年版，第602页。
③ 《马克思恩格斯文集》第1卷，人民出版社2009年版，第626页。
④ 《马克思恩格斯文集》第1卷，人民出版社2009年版，第627页。

链接材料

现代技术群——中国高铁技术

高铁标准的实现体现在路基建设、高速动车、通信调度等方面，涉及建筑技术、动车技术、网络通信技术等诸多方面，共同构成一个高铁技术群。其中牵引电传动系统是“高铁之心”，宛若人的心脏，是列车的动力之源，决定高铁列车能否高性能高舒适地运行；网络控制系统则是“高铁之脑”，决定和指挥着列车的一举一动。因此，牵引电传动系统和网络控制系统是高铁列车最核心的部分，能否实现这两大核心技术的自主研发是衡量高铁列车制造企业是否具备核心创造能力的根本性指标。

2014年4月3日，完全自主化的中国北车CRH5型动车组牵引电传动系统(“高铁之心”)通过了中国铁路总公司组织的行业专家评审；2014年10月22日，完全自主化的中国北车CRH5型动车组列车网络控制系统(“高铁之脑”)通过中国铁路总公司组织的技术评审，获准批量装车，成为国内首个获准批量装车运行的动车组列车网络控制系统。随后，装载中国北车自主化牵引系统的CRH5A型动车组在哈尔滨铁路局开展正线试验。

实现高速动车组核心部件的自主创新是中国高铁产业的战略选择，正在进行的中国标准化动车组研发就要求实现核心部件的完全自主化。

事实上，对于技术群的最初认识在马克思那里就已经有了。除了前面的讨论，马克思还指出过：“通过传动机由一个中央自动机推动的工作机的有组织的体系，是机器生产的最发达的形态。”①自动机是机器体系的“硬核”，由此形成一个发达的机器体系，这个体系已经具有了现代技术群的特征，是当时技术体系的“硬核”，并对资本主义大工业生产产生了极其重大的影响和作用。

现代技术群不仅具有19世纪机器体系的特征，如先进性和系统性，更具有一些新的特征。首先是创新性。现代技术群一定包含一个核心技术的“硬核”，核心技术往往是技术创新的基本内容，不仅体现了技术群的技术含量，而且还蕴藏了丰富的市场预期和巨大的生产效能。同时，现代技术群要发挥社会功能，需要与经济、政治、文化、“产学研”的体制机制等诸多要素整合起来，这本身就体现了创新性。其次是社会性。现代技术群除了一般意义上的技术的社会性之外，更加突出地体现在，只有通过各种社会因素与技术共同体充分地相互作用，才有可能创造出庞大的高新技术系统。最后是风险性。尽管现代技术群的现实意义是明显而巨大的，但越是先进，蕴藏的社会功能越大，风险就越高。比如转基因技术、核技术、航空航天技术等，都具有目前不可预期的潜在的风险，这种风险可以是经济、政治方面的，也可能是涉及伦理道德方面的。但是随着现代技术群的继续发展，人们有能力对其可能带来的风险进行有效控制。

---

① 《马克思恩格斯文集》第5卷，人民出版社2009年版，第438页。

随着我国实施创新驱动发展，具有中国特色的现代技术群不仅对我国的建设发展起到了极大推动作用，而且越来越被包括许多西方发达国家在内的国家和地区认可与接受。比如我国自主研发的高速铁路技术群、“华龙一号”核电机组技术群，开始走出国门，创造了巨大的经济和社会效益。

第三节　技术发展模式

在社会生产力发展的不同阶段，技术发展具有不同的模式，既有累积式，又有跃迁式；既有引进型，又有自主创新型。不同发展模式并不是严格区分，累积中有跃迁，跃迁中有累积；引进技术的同时有自主创新，自主创新的过程中也有技术引进。不同技术发展模式都是由同样的动力推动的，这些动力系统主要包括科学推动和需求牵引。

一、技术发展动力系统

(一)科学推动

关于科学对技术的推动作用，马克思主义经典作家在19世纪就有了深刻的认识，对此，前面已经有过讲述。这里主要讲的是，随着科学、技术与生产的一体化发展，以及技术日益科学化，科学对技术产生推动作用的情形发生了怎样的变化，以及科学是如何推动现代技术发展的。

人类社会一次又一次的工业革命，其实质就是技术革命，是技术发展推动社会生产力发展的历史。没有科学理论的发现和发展，就不可能有技术的进步。但是当人类文明自20世纪50年代之后，不同国家和地区越来越重视技术进步对于经济和社会的意义。关于这一点，比如可以通过诺贝尔奖的细微变化可见一斑，以往很长一段历史，诺贝尔奖一般会授予在基础科学理论方面有重大发现或突破的成就，而今天则更加重视那些在实际领域有重大突破和应用的成果，这些成果在很大程度上其实就是科学化的技术或技术化的科学。“技术立国”和“技术创新”驱动发展越来越成为许多国家和地区的发展理念，与此同时，科学并不是被边缘化了，而是与技术的关系日益紧密，形成了“科学—技术—生产”三位一体的结构模式。在生产领域直接表现为“产学研”体系，也就是说，学院派的科学研究越来越靠近生产，科学与技术零距离接触，反倒是技术走在了科学的前面，在没有根本改变科学理论对于技术发展的推动作用以外，科学对于现代技术的作用更多地表现为导向和启示，或者运用科学方法对技术进行理论提炼和总结，从而形成科学化的技术理论。

链接材料

重视“产学研”体系构建　实施创新驱动发展战略

加快实施创新驱动发展战略，就是要使市场在资源配置中起决定性作用和更好发挥政府作用，破除一切制约创新的思想障碍和制度藩篱，激发全社会创新活力和创造潜能，提升劳动、信息、知识、技术、管理、资本的效率和效益，强化科技同经济对接、创新成果同产业对接、创新项目同现实生产力对接、研发人员创新劳动同其利益收入对接，增强科技进步对经济发展的贡献度，营造大众创业、万众创新的政策环境和制度环境。

(1)坚持需求导向。紧扣经济社会发展重大需求，着力打通科技成果向现实生产力转化的通道，着力破除科学家、科技人员、企业家、创业者创新的障碍，着力解决要素驱动、投资驱动向创新驱动转变的制约，让创新真正落实到创造新的增长点上，把创新成果变成实实在在的产业活动。

(2)坚持人才为先。要把人才作为创新的第一资源，更加注重培养、用好、吸引各类人才，促进人才合理流动、优化配置，创新人才培养模式；更加注重强化激励机制，给予科技人员更多的利益回报和精神鼓励；更加注重发挥企业家和技术技能人才队伍创新作用，充分激发全社会的创新活力。

(3)坚持遵循规律。根据科学技术活动特点，把握好科学研究的探索发现规律，为科学家潜心研究、发明创造、技术突破创造良好条件和宽松环境；把握好技术创新的市场规律，让市场成为优化配置创新资源的主要手段，让企业成为技术创新的主体力量，让知识产权制度成为激励创新的基本保障；大力营造勇于探索、鼓励创新、宽容失败的文化和社会氛围。

(4)坚持全面创新。把科技创新摆在国家发展全局的核心位置，统筹推进科技体制改革和经济社会领域改革，统筹推进科技、管理、品牌、组织、商业模式创新，统筹推进军民融合创新，统筹推进引进来与走出去合作创新，实现科技创新、制度创新、开放创新的有机统一和协同发展。

到2020年，基本形成适应创新驱动发展要求的制度环境和政策法律体系，为进入创新型国家行列提供有力保障。人才、资本、技术、知识自由流动，企业、科研院所、高等学校协同创新，创新活力竞相迸发，创新成果得到充分保护，创新价值得到更大体现，创新资源配置效率大幅提高，创新人才合理分享创新收益，使创新驱动发展战略真正落地，进而打造促进经济增长和就业创业的新引擎，构筑参与国际竞争合作的新优势，推动形成可持续发展的新格局，促进经济发展方式的转变。①

科学对于技术推动作用情形的变化，在现实生活中有充分表现。比如美国硅谷和我国北京中关村科技园，就是建立在高等院校聚集的周边地区，借助智力支持，极大地推动了新兴技术的发展。另外，一些企业设立自己的科学研究院和科学实验室，充分利用科学理论的研究与发现，推动技术创新。这一做法在美国已经有较长的历史，这些企业科学共同体是美国技术进步的直接推手。我国也开始重视科研院所的科学成就与技术创新的对接，并建立了相关机制，比如在企业设立博士后流动站，就是一个很好的做法，能够及时把最新科学理论的重大发现和突破运用到企业生产技术方面。科学对技术推动作用的现代机

① 摘自《中共中央国务院关于深化体制机制改革加快实施创新驱动发展战略的若干意见》。

制，最终将会推动整个社会技术体系的进步。

（二）需求牵引

技术内在地要求满足社会的现实需求，没有需求，就没有技术的进步与发展。在人类社会早期，最初的技术被认为是身体器官的延伸，就是为了满足提高人的实践能力这一目的。技术满足劳动实践水平的提高，是把技术不断推向前进的牵引力。对此，恩格斯指出："几乎一切机械发明，尤其是哈格里沃斯、克朗普顿和阿克莱的棉纺机，都是由于缺乏劳动力而引起的。对劳动的渴求导致发明的出现，发明大大地增加了劳动力，因而降低了对人的劳动的需求。"①从早期劳动力需求，到以后劳动效率的需求，这一变化和发展从根本上反映了需求对技术进步的牵引作用。直至现代，新技术层出不穷、日新月异，最终原因也是来自生产领域的需求牵引导致的。

除了劳动实践作为技术发展最根本的需求牵引动力之外，还有社会需求的其他方面牵引。人类社会的需求是多种多样的，既有物质层面的，又有精神层面的；既有经济领域的，又有政治、军事、文化等领域的。比如，各种实体性劳动工具需求牵引实体性技术的兴起和发展，心理慰藉或治疗的需求牵引是精神性技术兴起的主要原因之一；随着世界人口的增加和工业的发展，粮食、能源需求导致了转基因技术和新能源技术的发展，等等。另外，需求还有地域性差异，不同地域因为文化、风俗、宗教等因素的影响，会导致技术呈现多元性，因此，人类社会发展至今，技术的种类丰富多彩，一种充分的解释是地域性差异需求的多样性所导致的结果。

社会需求要对技术进步产生现实有效的牵引作用，需要具备一定的社会条件，包括经济、政治、文化等方面的因素。比如只有在与社会经济发展水平相一致的条件下，才有可能因为满足这一时期劳动实践需求而产生相应水平的技术。对此，马克思在分析了18世纪的欧洲国家状况后，指出："18世纪，数学、力学、化学领域的进步和发现，无论在英国、法国、瑞典、德国，几乎都达到了相同的程度。发明也是如此，例如在法国就是这样。然而，在当时它们的资本主义应用却只发生在英国，因为只有在那里，经济关系才发展到使资本有可能利用科学进步的程度。"②社会需求最直接的因素即经济发展，在需要利用技术的诉求中，才有可能产生与其发展水平一致的技术，并由此拉动技术的进一步发展。

二、技术发展模式

（一）累积式发展

技术的形成与发展是一个不断积累的过程，需要经验的积累、技术理论的总结和提升、技术知识的传承、社会经济条件的准备等过程发生与延续，这就是所谓累积式技术发展。人类社会对自然的改造是一步一步进行的，不断地激发和丰富着各种社会需求，由此构成技术累积发展的实践动力。从以下两个方面理解技术的累积式发展，构成我们理解整部技术史的基本内容：

---

① 《马克思恩格斯文集》第1卷，人民出版社2009年版，第85页。
② 《马克思恩格斯文集》第8卷，人民出版社2009年版，第367页。

一方面，技术史既是一部不断从经验上升到理论的累积过程，又是一部同时包括经验和知识的累积史。对此，恩格斯指出：“必须研究自然科学各个部门的循序发展。首先是天文学——游牧民族和农业民族为了定季节，就已经绝对需要它。天文学只有借助于数学才能发展。因此数学也开始发展。——后来，在农业的某一阶段上和在某些地区(埃及的提水灌溉)，特别是随着城市和大型建筑物的出现以及手工业的发展，有了力学。不久，力学又成为航海和战争的需要。——力学也需要数学的帮助，因而它又推动了数学的发展。可见，科学的产生和发展一开始就是由生产决定的。”①作为技术形成与发展的基础，科学的产生和发展由生产决定，而技术又是生产实践活动得以展开和发展的基础，从这个意义上讲，科学的循序发展实际上也体现了技术的累计式发展。恩格斯提到的“定季节”技术、建筑技术、手工技术，再到更加复杂的航海技术、军事技术等，分别作为现实需求相应地推动着天文学、数学、力学等科学的发展。因此，技术的累积式发展不仅反映了科学的累计发展，而且也反映了生产力水平的累计式提高。同时，技术的累积还表现在实体性技术的可替代性上。先进技术取代落后技术的过程是一个扬弃的过程，所谓先进和落后都是相对而言的，没有以往技术在理论上和成功或失败的实践经验上的铺垫，就不会有新技术的产生。对此，马克思指出：“简单的工具，工具的积累，合成的工具；仅仅由人作为动力，即由人推动合成的工具，由自然力推动这些工具；机器；有一个发动机的机器体系；有自动发动机的机器体系——这就是机器发展的进程。”②

另一方面，在技术发展过程中总会有技术革命的发生，但是技术革命并不是技术累积式发展的断裂，而是前一阶段技术积累的结果，也是技术继续积累发展的一个暂时性开端。比如相对于手工工具，机器技术无疑是一种技术革命，但是机器一定继承了手工工具中的某些构成要素。对此，马克思早就指出：“如果我们研究一下取代了以前的工具的那些机器，无论取代的是手工业生产的工具，还是工场手工业的工具，那么，我们就会看到，机器中改变材料形状的那个特殊部分，在很多情况下都是由以前的工具构成。”③日本学者星野芳郎对近代的技术更迭进行了一个区分：18世纪末到19世纪末的蒸汽机技术，作为主导技术开创了人类的蒸汽技术时代；19世纪下半叶到20世纪上半叶的电力和内燃机技术，人类进入了一个新能源技术时期；20世纪40年代之后相继出现的火箭技术、雷达技术、核技术和电子计算机技术等，20世纪六七十年代又出现了生物技术、激光技术、材料技术等高新技术。这种区分虽然基于技术革命，但是无论是从技术理论上讲，还是从每一个特定时期的主导技术相互之间的关系上讲，没有蒸汽机技术，就不会有后来的电力和内燃机技术，而没有新能源的产生，也不会有后来的一系列高新技术。技术的发展有自身的内在逻辑，同时经过某种特定的社会遗传机制，导致技术不断地累积式发展。

(二)跃迁式发展

技术的发展除了常态性的累积发展模式之外，还有跃迁式的发展模式。所谓跃迁式发

---

① 《马克思恩格斯文集》第9卷，人民出版社2009年版，第427页。
② 《马克思恩格斯文集》第1卷，人民出版社2009年版，第626页。
③ 《马克思恩格斯文集》第8卷，人民出版社2009年版，第331页。

展，是指以某种主导技术为基础的新技术体系取代旧技术体系的过程。技术的跃迁式发展体现了人类社会对于发展生产力的强烈欲望，和人类改造自然界的能力水平的空前提高，就好像技术在经历了一段时期积累的量变之后的质变。

技术跃迁式发展早在19世纪就已经开始了，其具体表现就是出现了机器生产机器。对此，马克思指出："在使用机器生产商品达到一定的规模以后，利用机器生产机器本身的需要才变得明显起来，这是很自然的。"①而一旦开始了机器生产机器，技术也就出现了一种跃迁式发展的趋势。而且在19世纪中叶之后，如马克思所言："发明成了一种特殊的职业。"②也就是说，因为机器生产机器的需要，技术发明日益频繁，出现了职业的技术发明家，而他们是技术跃迁式发展的主体条件。当然，归根到底，技术跃迁式发展仍然受制于生产力发展水平。

技术跃迁式发展有两种具体形式，一种是新的技术系统代替旧的技术系统，直接表现为某一技术体系的主导技术取代另一技术体系的主导技术。这种情形实际上从19世纪就已经开始了，上面讲述的技术更迭现象就说明了这个问题。另一种是同一技术系统内的跃迁，即在保持主导技术体系不变的前提下，技术系统的结构或功能发生革命性的变化。这种情形尤其发生在当今高新技术领域内，比如产生于20世纪40年代末的电子计算机技术，经历了从电子管到晶体管，再到集成电路的技术跃迁，一次又一次带来了计算机技术变革，并开创了信息技术时代。

链接材料

现代技术跃迁式发展的关节点：新技术革命

从20世纪40年代末起，开始了以电子计算机、原子能、航天空间技术为标志的第三次科学技术革命。这场新科技革命发源于美国，尔后迅速扩展到西欧、日本、大洋洲和世界其他地区，涉及科学技术各个重要领域和国民经济的一切重要部门。

从20世纪70年代初开始，又出现了以微电子技术、生物工程技术、新型材料技术为标志的新技术革命。

目前，国际上公认的并列入21世纪重点研究开发的高新技术领域，包括信息技术、生物技术、新材料技术、新能源技术、空间技术和海洋技术等。

(1)信息技术主要指信息的获取、传递、处理等技术，包括微电子技术、计算机技术、通信技术和网络技术等。在新技术革命中，信息技术处于核心和先导地位。

(2)生物技术是应用现代生物科学及某些工程原理，将生物本身的某些功能应用于其他技术领域，生产供人类利用的产品的技术体系。现代生物技术主要包括基因工程、细胞工程、酶工程、发酵工程和蛋白质工程。生物技术被认为是有可能改

---

① 《马克思恩格斯文集》第8卷，人民出版社2009年版，第328页。

② 《马克思恩格斯文集》第8卷，人民出版社2009年版，第359页。

变人类未来的最重大的高新技术之一。

(3)新材料技术主要研究新型材料的合成。新材料技术在高新技术中处于关键地位，高新技术的发展紧密地依赖于新材料的发展。

(4)新能源技术主要进行新能源的研究和开发，从多方面探寻发展新能源的途径。目前正在研究开发的新能源主要有核能(原子能)、太阳能、地热能、风能、海洋能、生物能、氢能等。

(5)空间技术又称航天技术，通常指人类研究进入外层空间、开发和利用空间资源的一项综合性工程技术，主要包括人造卫星、宇宙飞船、空间站、航天飞机、载人航天等内容。空间技术，是现代科学技术和基础工业的高度集成，体现了一个国家的综合实力。

(6)海洋技术包括进行海洋调查和科学研究、海洋资源开发和海洋空间利用，涉及许多学科和技术领域，主要包括：海底石油和天然气开发技术、海洋生物资源的开发和利用、海水淡化技术、海洋能发电技术等方面。

阅读书目

1.《马克思恩格斯文集》第1、3、5、8、9卷，人民出版社2009年版。

2. [美]卡尔·米切姆:《技术哲学概论》，天津科学技术出版社1999年版。

3. 陈昌曙:《技术哲学引论》，科学出版社2012年版。

4. 乔瑞金:《马克思技术哲学纲要》，人民出版社2002年版。

5. 王伯鲁:《马克思技术思想纲要》，科学出版社2009年版。

分析与思考

一、

材料1①:“总之，手枪战胜利剑，这样，即使最幼稚的公理论者也可以理解，暴力不是单纯的意志行为，它要求具备各种实现暴力的非常现实的前提，特别是工具，其中，较完善的战胜较不完善的；其次，这些工具必然是生产出来的，同时也可以说，较完善的暴力工具即一般所说的武器的生产者，战胜较不完善的暴力工具的生产者；一句话，暴力的胜利是以武器的生产为基础的，而武器的生产又是以整个生产为基础，因而是以‘经济力量’，以‘经济状况’，以可供暴力支配的物质手段为基础的。……没有什么东西比陆军和海军更依赖于经济前提。装备、编程、编制、战术和战略，首先依赖于当时的生产水平和交通状况。这里起变革作用的，不

① 摘自《马克思恩格斯文集》第9卷，人民出版社2009年版，第173~181页。

是天才统帅的‘知性的自由创造’，而是更好的武器的发明和士兵成分的改变；天才统帅的影响最多只限于使战斗的方式适合于新的武器和新的战士。”

“军队的全部组织和作战方式以及与之有关的胜负，取决于物质的即经济的条件：取决于人和武器这两种材料，也就是取决于居民的质和量以及技术。”

“一旦技术上的进步可以用于军事目的并且已经用于军事目的，它们便立刻几乎强制地，而且往往是违反指挥官的意志而引起作战方式上的改变甚至变革。”

“以现代军舰为基础的海上政治暴力，表明它自己完全不是‘直接的’，而正是借助于经济力量，即冶金术的高度发展、对熟练技术人员和丰富的煤矿的支配。”

材料2①：“武器装备是军队现代化的重要标志，是军事斗争准备的重要基础，是国家安全和民族复兴的重要支撑，是国际战略博弈的重要砝码。……在战争制胜问题上，人是决定因素。无论时代条件如何发展，战争形态如何演变，这一条永远不会变。同时，我们也要看到，随着军事技术不断发展，武器因素的重要性在上升，如果武器装备上存在代差，仗就很难打了。恩格斯说：‘暴力的胜利是以武器的生产为基础的。’列宁讲：‘用人群抵挡大炮，用左轮手枪防守街垒，是愚蠢的。’”

“我们必须把武器装备建设放在国际战略格局和国家安全形势深刻变化的大背景下来认识和筹划，放在实现‘两个一百年’奋斗目标、实现中华民族伟大复兴中国梦的历史进程中来认识和筹划，放在国防和军队现代化建设优先发展的战略位置来抓。……我国武器装备水平同维护国家安全和发展利益要求相比，同打赢信息化战争要求相比，同世界军事强国相比，在很多方面差距还是比较明显的。……面对新形势新任务，武器装备建设战略指导必须应时而变、顺势而为。总的要求是：贯彻总体国家安全观，牢牢把握党在新形势下的强军目标，深入贯彻新形势下军事战略方针，以军事斗争准备为龙头，坚持信息主导、体系建设，坚持自主创新、持续发展，坚持统筹兼顾、突出重点，加快构建适应信息化战争和履行使命要求的武器装备体系，为实现中国梦强军梦提供强大的物质技术支撑。”

“武器装备发展需要作战需求牵引，也需要技术推动，两者要有机结合。……信息技术、生物技术、新能源技术、新材料技术发展日新月异，有些技术一旦取得突破，影响将是颠覆性的，甚至可能从根本上改变战争形态和作战方式。”

请根据以上材料和本章内容思考下列问题：

1. 试分析技术与经济的相互作用关系。
2. 试分析技术与军事安全之间的关系。
3. 怎样正确理解技术的物质性这一基本特征？

① 摘自习近平同志在全军装备工作会议上的讲话。

二、

材料：

国内市场需求对技术创新的影响①

技术创新与市场需求有着复杂的关系。许多学者对此进行了探讨，其中，具有代表性的有熊彼特(Schumpeter)的创新诱导需求理论、施穆克勒(Schmookler)的需求引致创新理论、莫威里和罗森堡(Movery, D. and Rosenberg)的技术创新与需求互动的理论，等等。熊彼特的创新诱导需求理论认为通过市场需求带动创新几乎是不可能的。在创新与需求的关系中，创新是主导的，是创新企业的市场努力使消费者改变需求偏好。施穆克勒的需求引致创新理论认为专利活动或者说发明活动，与其他经济活动一样，基本上是追求利润的经济活动，是受市场需求引导和制约的。因此，是市场需求牵动了技术创新行为。沃尔什(Walsh)、汤森(Tomnsen)和弗里曼(Freeman)等人认为，科学、技术和市场的关联是复杂的、互动的、多方向的。莫威里和罗森堡更进一步强调创新和市场需求以一种互动的方式在技术发展中起着重要的作用。

可见，理论界对技术创新与需求的关系没有一致的看法。其实，二者的关系本来就是一个二律背反：科技创新往往受到市场需求的刺激，而市场需求本身在很多时候又是科学和技术创新的产物，因为人们必须在已有科技知识的基础上提出需求。因此，来自市场需求的拉力和来自科技的推力都是引起技术创新的主要因素。

本文不卷入市场需求与技术创新之间关系的争论。但需要特别指出的是，很多学者在讨论市场需求如何影响技术创新时，并没有区分国内需求和国外需求对技术创新的不同影响，把国内需求和国外需求对技术创新的影响等同，这显然是不符合现实的。有鉴于此，我们尝试从经济学的角度讨论国内需求对技术创新的影响，并就如何利用国内市场需求提高我国技术创新能力提出一些建议。

1. 国内市场需求降低技术创新的成本

首先，国内市场需求能够降低技术创新的成本。这里的创新成本既包括技术创新过程中的成本，也包括市场创新过程中的成本。因为，通常由于产品的复杂性，市场的开拓过程需要对潜在消费者不断地进行刺激和教育，使他们不断地增加对推向市场的新产品的认知和心理认同。产品的复杂性往往会使得这一成本相当高昂，但是，如果存在着先发性需求的话，则可以解除消费者对新产品的戒备心理和加强消费者对新产品的认同心理。这些因素显然会减少这一过程所需要的费用，降低了市场开拓成本。

国内市场需求除了降低市场开拓成本之外还直接降低生产的成本风险。如果技术创新产品的开发直接面对国际市场，由于国际市场需求在数量和品种上存在着非常大的不确定性，因此将面临较大的风险。为降低风险，就必须有较大的国内市场

① 摘自周怀峰：《国内市场需求对技术创新的影响》，载《自然辩证法研究》2008 年第 8 期，第 42~45 页。

需求作为基础。因为一般新产品研究开发投入高，而这种高成本又主要是高初始成本。如果该产品存在规模经济特性，那么，随着生产规模的扩大，其单位产品所对应的成本迅速下降。如果国内有稳定而巨大的需求，保证了企业源源不断的利润流，使企业有更多的资金投入研究与开发，同时也使研究与开发风险减小。如果国内市场需求大，一项新技术开发应用后的扩散效应也大，使得企业有更为丰厚的回报，从而使企业的研究与开发走上了良性循环的道路。政府也因为有大量稳定、可靠的税收从而提高了对经济的调控能力，可以有更多的资金投入研究与开发。

其次，对于一个大国而言，国内市场需求也以市场规模支持技术的创新。因为技术创新面临一个成本和收益问题，而作为人口和经济的大国，其广大的国内市场所造就的规模经济就使得一些在小国无法获利的技术创新在大国能够获得相当高的收益。而国家规模越大，由技术创新所带来的技术外溢也越大，对经济的促进作用也就越大，从而创新的速度也就越快。可能正是因为有巨大的国内市场需求做支撑，中国家电产品的创新才得以持续，产品差异化优势逐渐显现，并且带来显著的成本降低，从而为提升产业国际竞争力奠定了基础。

因此，如果存在着一个规模较大的国内市场需求，这不仅能够降低技术创新过程中的不确定性风险，而且其所预期的产品的单位研发成本、市场成本和风险就会低于市场规模较小的国家，所以说国内需求，特别是大规模的国内需求能够降低技术创新的成本。

2. 国内市场需求牵引技术创新

许多技术创新的案例表明，相当多的技术创新主要是由国内市场需求牵引的，一个主要的原因在于基于国内市场需求的技术创新能够降低技术创新的风险，并提供稳定的市场基础。

首先，国内先发性需求降低了技术创新过程中的不确定性风险。先发性需求是一个国家对某种产品的需求在国内领先于他国出现。由于国内市场需求总会以一定的形式给予外界某些信号或者信息，当消费者产生某种消费需求时，其心理反应总是具有一定的指向性。也就是说，消费者的消费需求总是指向某种具体事物，是对一定对象的需求，而信息的价值就在于形成关于未来的知识，并最终在一定程度上实现对未来的控制。对于产业的技术创新来说，由于技术创新过程中所具有的不确定性的特点使得产业的创新过程成为一个充满试错的过程。因此，已经存在但尚未被满足的某一产业领域内的市场需求肯定会对技术创新产生拉动和导向作用，并且会减少技术创新过程中的不确定性。可见，先发性市场需求因为率先向创新企业发出信号而进一步减少创新过程中的不确定性风险。

其次，国内先发性市场需求是技术创新的市场基础。早在 1961 年，波斯纳(Posner)提出的技术差距贸易理论就在一定程度上强调了国内需求在技术创新中的作用。该理论认为：新产品的问世，一般是在国内销售之后才进入国际市场，创新国初期比较利益的获得受国内市场制约。创新国与模仿国之间的差距由反应滞后和掌握滞后构成($t_0t_3=t_0t_2+t_2t_3$)，其中的反应滞后首先是需求滞后(t_0t_1)，并且各种滞后有先后顺序，这种顺序体现了各种滞后效应的影响大小。尽管创新主要是由于国与国之间的技术差距引起，但也要看到需求滞后这个原因，即国内市场先发性需求影响创新活动，如果没有创新国国内先于他国对该产品的需求，就不会有创新，技术差距就难以形成真正的产品生产，更不可能有 t_1t_2 期间的出口。

20 世纪 60 年代供应瑞士和德国的印刷、报纸厂家的瑞士纸制品制造供应商是节省劳力的新闻出版制造机器的早期开发者，这种早期的技术创新就源于国内的先发性需求。由于瑞士与德国相对高的工资、劳力短缺、没有来自工会的对提高劳动生产率的反对，因而对这类机械的国内需求相对较大。这种情况与英、美以及其他国家刚好相反，这些国家的印刷行业的工会力量很强并对印刷机械的技术创新是敌视的，认为印刷机械的技术创新会导致工人失业，因而这些国家对新的印刷机械没有新的需求。值得注意的是，在其他国家的印刷工业有着放松规章管理和减少工会影响的趋势时，瑞士和德国的国内需求形式开始国际化，在先发性需求的作用下，德国和瑞士的印刷机械工业已经在世界上取得领先地位。此外，波特(M. Porter)分析了日本产业的发展后认为，形成日本的国家竞争优势最关键要素也是需求条件。带动绝大多数日本产业技术创新的，是国内市场而非国外市场。日本产业在出口和国际市场上的竞争优势，通常是产业在依靠国内市场取得技术创新之后而取得的。这些事例在一定程度上表明，国内先于他国的对某产品的需求是创新的市场基础。

3. 持续性的国内需求是技术持续创新的市场条件

国内持续的需求还为持续的技术创新提供了市场条件。因为技术难题的攻克和不断尝试纠错尝试过程就是持续的技术创新，在这个过程中，各个创新阶段的不同技术水平和功能的产品需要有国内市场的支持，如果没有国内需求的支持，各个创新阶段的产品就很难销售出去，技术创新也就很难不断地尝试—纠错—尝试的循环，也就难以促进持续的技术创新。

起始时，市场上对新产品或新功能有潜在需求，刺激了企业进行创新，但由于技术基础知识的不成熟，产品功能水平达不到消费者的潜在需求。当技术创新产品功能突破阈值后，技术创新带来的产品功能水平快速提高，受创新企业的市场诱导和消费先驱者的示范效应的影响，消费者对新功能或改进功能产品的支付意愿也相应地快速增长。这个时期是创新与需求相互刺激和诱导的关键时期，即：创新带来的新功能不断刺激和引导需求的结构和方向变化，而持续的需求也诱导企业不断进行创新以改进功能。但由于技术创新边际收益递减和消费者边际效用递减规律的影响，最终，技术创新的速度减慢下来，而消费者对新产品不断增长的需求也逐步稳定下来，产品功能与消费者支付意愿先后进入成熟期。这就有如下两种情况：

第一种情况表示技术创新由于本身的自然限制，使功能水平比消费者支付意愿先到达成熟期。这时，尽管需求还是随着技术功能的改进而不断增加，但由于创新的预期收益递减，企业进行创新的动力已下降，持续旺盛的需求则为企业在现在的功能水平上进行大规模生产创造了条件。此时，有三个基本特征：(1)技术模仿带来的生产流程和产品系统的同化作用使企业间的差异逐渐减少，竞争激烈；(2)大规模、标准化生产的产品也逐渐演进为必需品，产品的价格弹性下降；(3)一些消费先驱者又对一些具有更新功能的产品产生了潜在需求，由此，刺激了一些生产新的替代产品的企业进行技术创新，使在位企业技术很可能被新技术所代替。这些新技术的出现，意味新一轮技术创新与需求互动的循环。

第二种情况表示消费者支付意愿成熟期早于产品功能水平的成熟期。本来企业完全可沿着技术轨道不断开发新产品，增加产品功能，但是，限制技术发展的阻碍来自于需求成熟期的开始，这时，消费者对各种产品的认识不断同化，较大的功能创新不能刺激消费者的支出意愿，在功能和价格间，消费者的选择焦点放在了价格上，这使企业的创新更多地集中于如何通过工艺创新，降低成本，通过低廉的价格吸引消费者。这时，只有全新技术带来的全新产品才能对需求进行强有力的刺激，这就促使在位企业或一些创新企业根据消费先驱者的偏好，进行新产品的创新，由此又引发技术创新与需求互动的循环。如果技术创新的产品一开始就面向国际市场，由于国际市场需求往往倾向于技术和功能比较成熟的产品，由国际市场需求的特点决定了不同技术创新阶段产品，特别是处于尝试—纠错—尝试阶段的技术创新产品，由于其技术和功能的相对不成熟，这些产品很难在国际市场上销售，企业难以收回成本和实现利润，在没有外部补贴的情况下，创新企业往往无法完成尝试—纠错—尝试的技术创新过程。可见，从动态的角度看，如果没有国内对创新产品的持续需求，持续的创新则很难发生。因此产品的持续渐次创新的前提是要有足够大的市场需求为基础。以中国家电产品为例，由于受生产技术水平低等因素的限制，产业形成之初根本无法与国外同类产品竞争，国内生产主要满足国内市场需求。因而可以认为，中国主要家电产品在形成国际竞争力之前，产品的创新主要依赖国内市场需求为其提供支撑。从20世纪80年代开始，随着居民收入水平上升，市场对家电等耐用消费品需求急剧增加，整个市场处于卖方市场阶段，各种技术创新水平的产品相对于居民的收入水平而言，供给缺口较大，国内对不同技术创新阶段的各种功能不同的渐次创新的产品有很大的市场需求，每一轮渐次创新的产品基本上都能够很快收回成本并赚取较高的利润，这为企业的创新提供了激励和动力，也为下一轮的创新奠定了物质基础。

4. 挑剔性的国内需求激发技术创新

波特认为，当国内消费者对产品或服务十分挑剔并比其他国家的消费者要求更高时，会连带地激发该国企业技术创新，最终促进整个产业的国际竞争力提高。因为本国企业在国内消费者苛刻挑剔的压力下，会形成追求技术的先进性和产品、服务的高质量的动力，会被刺激不断地进行创新和改进产品或服务的质量，这种挑剔效应在市场竞争比较激烈时尤为明显。

就特定产业而言，国内消费者的十分挑剔将基于如下几个原因促进一个国家技术创新，从而促进产业国际竞争力提高：第一，如果一个消费者对产业领域的产品或服务的要求高于其他国家，则该产业的生产厂商就会明显受到更多的改进和创新产品或服务的压力，从而促使它们更快地进行产品创新和产品的更新换代，获得速度方面的国际竞争优势。第二，为能满足挑剔消费者的要求，企业必须生产出技术水平高、性能好的产品，这方面的高标准则有利于提升该国在技术领先方面的国际竞争力。第三，由于挑剔的消费者向厂商所陈述的要求，都是他们需要得到满足的效用，一些挑剔的要求若无法即时满足，则往往可以衍生出潜在的市场需求，也就是说，可以引致预示性需求，或者说他们是一些领先消费者。结果，这些挑剔的要求会拉动厂商按一个明确的方向进行创新。第四，由于挑剔的需求在该国先于别的国家出现，因此通常该国的企业也会率先做出反应，从而获得创新的先发优势。

在我们的一些调查中发现，产品或服务的消费者对其所使用的产品或服务的挑剔确实会刺激技术创新能力的提高。一个明显的例子是现在国内的电信计费系统。我国电信计费系统的消费者主要就是国有电信部门。比较而言，发达国家的电信消费者讲究信誉，法律对人的行为的规范作用也比较强，所以欠费和逃费现象比较少。而在我国，由于法律尚不健全，市场经济还处于初期阶段，加上一些人不健康的信誉观念和道德观念，出现不少电信消费者欠费和逃费的现象。这些现象的存在使得电信服务营运者对软件开发商提出很挑剔的要求。另一方面，目前我国的电信营运主要是由国有电信部门控制的垄断经营，营运者在选用计费软件时具有很强的谈判能力。正是这些苛刻的要求，使得生产厂商加快技术创新，生产出符合消费者要求的产品。国内电信资费系统具有很强的国际竞争力的一个原因可能就是因为国内挑剔性的需求而引致的技术创新的贡献。

另一个例子就是日本。日本在许多中小电器以及工业制品上都具有很强的技术创新优势，这可能与日本国内市场对这些产品的挑剔性需求有很大关系。例如，需要结构紧凑产品的日本市场迫使许多企业创新并生产轻、薄、短、小的产品，这些产品要求已被国际市场认可和接受，成为日本产品竞争力的重要来源。因为老练、苛刻的购买者打开了满足高级顾客需求的一扇窗户，他们迫使企业达到更高的标准，刺激企业不断改进、创新和提升竞争力，苛刻需求环境通过迫使企业不断迎接挑战而进行技术创新。

请根据以上材料和本章内容思考下列问题：

1. 试分析技术与社会需求之间的关系。

2. 谈谈我国在创新驱动发展战略实施过程中，如何更好地发挥市场需求对于技术创新发展的现实作用。

第六章

技术创新方法论

要论提示

- 技术活动具有客观性、现实性、实践性、可行性和实用性等特征，这些特征贯通技术活动过程的每一阶段，只是在不同阶段更加突出地表现出某一特征。技术活动是技术特征的具体展现，包括技术选择阶段的技术预测和技术选题，研究阶段的技术构思、技术发明与技术试验，以及技术开发阶段的技术创新和技术评估。
- 技术预测方法一般包括类比性预测、归纳性预测和演绎性预测；技术选题重在“选”，从确定选题的依据，到如何选择，再到检验选题的合理性，构成技术选题的基本过程。
- 技术构思与技术发明具有内在的紧密联系，技术构思是技术发明的核心内容；技术发明基本方法包括原理推演、试验提升、自然模拟和头脑风暴等类型；技术试验不同于科学实验，一般方法包括溯因法、对比法和模拟法。
- 技术创新具有创造性、效益性和系统性等特点，基本方法有技术推动法、市场牵引法和系统联动法等；技术评估具有观念上的批判性和客观性、方法上的系统性和多学科性等特点，基本方法有系统法、效果分析法和再次评估法等。

技术活动不同于科学活动，更加强调实践性、可行性和实用性，因而具有鲜明的特征和独特的过程。技术活动的过程一般包括选择阶段、研究阶段和开发阶段，不同阶段又是由不同具体过程构成的，这些具体过程有不尽相同的基本方法。正是在这些基本方法的指导下，技术活动才得以顺利展开，才有可能从一个技术预测开始，直至技术成果的推广使用。

第一节 技术活动的特征与过程

技术活动既具有客观性和现实性，又具有实践性、可行性和实用性等特征，这些特征贯通技术活动过程的每一阶段，只是在不同阶段更加突出地表现出某一特征。技术活动是技术特征的具体展现，包括技术选择阶段的技术预测和技术选题，研究阶段的技术构思、技术发明与技术试验，以及技术开发阶段的技术创新和技术评估。

一、技术活动的特征

在科学、技术与生产“三位一体”的今天，技术活动最直接反映了这种情形，因而它同时具有科学研究活动和生产实践的特征，主要表现为客观性、现实性、实践性、可行性和实用性等。

（一）技术活动的客观性

技术活动的客观性，指技术活动诸要素和技术活动规律的不以人意志为转移的内容。就要素来讲，技术活动包括技术活动主体、技术活动客体与技术活动的工具、手段、程序、方法等内容。

技术活动具有鲜明的“人为性”，是人们运用科学理论，人为干预或改造自然对象的活动，因此，它的全部活动主体只有“人”这一要素。当然，这里的“人”既包括个人，也包括群体。在技术活动不太发达的时期，个人的技术活动表现得更加明显一些，到了工业革命以来，技术走在科学前面，技术活动也日益频繁与复杂，个人的技术活动局限在传统手工业和以娱乐为目的的制作活动之中，倒是群体性的技术活动日益丰富起来，因为技术群和高技术的出现，需要打破地区限制，深度融合不同技术风土，迎合技术活动全球化，技术活动主体呈现出新的特点，即跨区域的合作群体。无论是个人还是群体，技术活动的主体都是一定时空条件下的人，这一点是毋庸置疑的。即便是虚构的技术活动，那也是人类基于技术活动自身规律所进行的合理想象而已，主体仍然是“人”，而不是天外来客。

进入到技术活动的全部对象都是技术活动客体，都是实实在在的客观事物。技术活动的对象既包括自在自然，又包括人工自然。自在自然又称天然自然，是人类开始分化，并赖以生存和发展的物质源头，是人类一切实践活动最直接和最重要的物质基础。比如工业能源所需的原油、发电所需的水资源等，这些都是客观存在的，是先于人而不依赖人存在的物质世界。人类一旦从自然界开始分化出来，自在自然就演变成人工自然。所谓人工自然，是指人类按照自己的尺度，把意识观念强加给自然界进行改造并满足一定目的的客观世界，正如恩格斯所讲：“动物仅仅利用外部自然界，简单地通过自身的存在在自然界中引起变化；而人则通过他所作出的改变来使自然界为自己的目的服务，来支配自然界。”①人工自然直接体现了人类技术活动的客观性特征，因为人类之所以区别于动物，自始至终都是通过包括技术活动在内的全部实践活动作用于客观世界，并使其为自己的目的服务。从另一方面讲，技术活动对象既包括物质流到能量流，也包括信息技术时代的信息流。物质流的客观性无须赘言，能量守恒和转化定律已经告诉我们，能量流的实质仍然是物质，具有客观性，至于信息流，不仅产生它的物质基础是客观的，而且其本质也具有客观实在性，是客观世界本身或对客观世界的反映。

联系技术活动主体和客体的工具、手段、程序、方法等既有器物层面的，又有知识层面的。作为器物层面的工具和手段，既是技术活动产物，在技术活动过程中，又是推进技术活动顺利实施的中介桥梁。比如技术试验中用到的各种仪器设备、技术生产中用到的各类机器装备，它们充分保障技术活动主体的观念能够顺利渗透到技术活动客体之中去。作为知识层面的程序和方法，在技术活动语境中，它们是人类技术活动经验的积累和总结，是进一步开拓技术活动范围和深度的理论思考，是对客观经验的理论化和系统化，因而具有鲜明的客观性。总之，技术活动的中介系统和主、客体一样，归根到底是物质的，是客观实在的。

（二）技术活动的现实性

现实性是相对可能性而言的，所谓现实性，是符合必然性的一切实际存在着的事物的一种特性。就当下来讲，现实性体现了相互联系着的事物的总和，就趋势来讲，则体现了事物发展的过程和状态。技术活动的现实性一方面是指某一具体技术活动中各种要素相互联系成为一个系统的特征和内在要求，也就是说，任何技术活动都是着眼于现实的具体条件，并充分考虑各种要素之间、条件之间以及要素与条件之间构成的关联系统，这才是技术活动历史的具体展开，只有这样的技术活动才是有现实意义的。相互联系的内容既包括技术活动主体、客体和中介系统，必须同时存在于一个统一体中，又包括技术活动得以顺

① 《马克思恩格斯文集》第9卷，人民出版社2009年版，第559页。

利进行的各种社会条件，比如政治、经济和文化等。技术活动自身内在的要素之中，缺一不可，仅仅有技术主体或者技术客体，没有中介系统，难免“巧妇难为无米之炊”，反之亦然；同时，社会条件不具备，哪怕技术活动的客观性要素都具备了，技术活动都难以进行。因此，技术活动自身要素构成的统一体和相应的社会条件必须同时具备，才能是现实的技术活动。比如我国各类的航空航天试验，如果没有今天的航空航天新材料，太空漫步只能空有满腔热情，同样，没有今天国力增长，没有强大的政府领导和经济实力支撑，登月计划也只能停留在“嫦娥奔月”的空想之中。

另一方面，技术活动的现实性是指在符合技术活动规律性的前提下，着眼技术发展历史，充分整合和利用实际存在的各类要素和条件，面向未来，为了实现人类的新的目的而不断开拓进取的必然趋势。比如转基因技术在农业领域中的应用，尽管转基因技术的应用，尤其商业化的推广，争议较多，但这并不妨碍作为技术本身的研究活动的深入与拓展。技术在微观层面的发展规律和人类生存对粮食的持续需求，这些因素是转基因技术活动不断进行下去的现实理由。

（三）技术活动的实践性

所谓技术活动的实践性，是指技术活动的全过程都必须坚持实践原则，或者说，技术活动本身就是人类实践的重要组成部分，实践也是检验技术活动的唯一标准。实践是马克思主义哲学首要的和基本的观点，马克思主义经典作家指出：“全部社会生活在本质上是实践的。”①因此，实践不仅是人类所特有的，是人的存在方式，而且是人在改造自然过程中，把自在自然转化为人化自然的基础。技术活动在人类社会生存与发展中具有重要的作用，尤其是工业革命以来，技术活动这一实践形式日益把自然界人工化，彰显了人类改造自然界的力量。对此，马克思指出：“每当有了一项新的发明，每当工业前进一步，就有一块新的地盘从这个领域划出去。”②“这个领域”指的就是自在自然，也就是说，以“新发明”和“工业进步”为主要内容的技术活动的自身发展，不断推动着自然界的发展。

在人类社会技术化的今天，人类实践水平的提高，尤其表现为技术活动广度和深度的发展。在广度上，技术活动几乎渗透到人类实践活动的每一种形式之中，比如在生产实践中，无论是劳动者的素养，还是劳动资料的构成，在很大程度上都表现为技术活动中手段和方法层面的经验、知识，以及器物层面的工具等。可以说，生产力越发达、技术活动的水平越高，活动的范围也越广泛。在深度上，从人类制造并使用工具开始，技术活动就已经成为人类改造自然的手段和方法了，只是最初的技术活动一般都是简单的，甚至是粗糙的；但是随着人类实践能力的提高，技术活动的对象越来越复杂，技术活动本身也越来越复杂和深入。比如从石器时代到今天的信息技术时代，参与技术活动的要素日益增加，技术活动的方法日益科学化，技术活动的程序日益系统化。

合理性的判断与检验贯穿在技术活动的每一个过程。只有通过实践检验，才能准确判断技术活动的出发点是否科学，是否与最终的目的一致；只有通过实践检验，才能正确判断技术活动的程序和方法是否合理，是否合乎技术自身发展规律；只有通过实践检验，才

① 《马克思恩格斯文集》第1卷，人民出版社2009年版，第501页。
② 《马克思恩格斯文集》第1卷，人民出版社2009年版，第549页。

能正确判断技术活动的效果是否合理，是否能更好满足社会需要。

总之，如果说实践是人类的存在方式，那么作为人类全部实践重要组成部分的技术活动，则是推动人类存在和发展的重要动力。这既是技术活动实践性的体现，又是技术活动自身发展和检验而获得的正确认识。

(四)技术活动的可行性

所谓技术活动的可行性，是指技术活动要以技术发展规律和社会条件为前提，确保技术活动顺利正常进行，最终有效实现技术活动目的的一种特征。任何技术活动都具有明确的目的，那就是满足社会的某一现实具体要求，但是社会现实要求并不意味着技术活动的可行性一定就是前面所讲的现实性，或者说，技术活动的现实性是可行性的前提，在这一前提下，可行性更加强调技术活动向社会需求目的的趋近，以及充分发挥技术主体的作用，确保技术活动朝着目标迈进。

评价技术活动可行性的指标有很多，比如安全、舒适、环保、健康等，具体的评价指标要根据具体的目的而定。比如在城市周边的核能研发与应用，首先应该考虑的是对城市生活安全的保证，或者说，不应该牺牲安全而盲目地进行核能技术活动。再比如，现在有些地方为了发展经济，不顾产能过剩，重复引进高耗能、高污染的技术，忽视公众对健康美好生活的向往，这显然是不符合技术活动可行性特征的一种表现。因此，技术活动可行性的评价指标实质上是技术活动可行性的具体内容，是为实现技术活动某一目的的现实维度。当然，在趋近社会需求目的的进程中，可行性也包含很多可能性的要素，可行性并不排斥可能性，可能性不能成为技术活动犹豫不决甚至停滞不前的托词，尤其在今天，人类的生存与发展离不开技术，因此，在全面权衡技术活动可行性的各种评价指标的同时，既要大胆创新技术，推动技术发展，又要谨慎行事，确保技术活动切实满足社会需求。

(五)技术活动的实用性

所谓技术活动的实用性，是指在一定社会条件下，技术活动在降低劳动强度、提高劳动效率、提高技术使用舒适度等诸多方面的有效性。技术活动从一开始就是为了减轻人类的劳动强度，或提高人类的劳动能力，但是怎样才能有效地做到这一点，这就需要技术活动一定要实用。人类最初实用的技术活动是对人体结构的一种模仿，对此，德国技术哲学家恩斯特·卡普(Ernst Kapp，1808—1896)在他的著作《技术哲学纲要》中这样描述过："弯曲的手指变成了一只钩子，手的凹陷成为一只碗；人们从刀、矛、桨、铲、耙、犁和锹中看到了臂、手和手指的各种各样的姿势，很显然，他们适合于打猎，捕鱼，从事园艺，以及耕作。"①显然，技术活动的实用性，首先表现在劳动强度和劳动效率上。即便在今天，技术活动日趋复杂和高新，也应该坚持实用性这一特征。

事实上，随着技术的发展，技术越来越符号化，越来越成为身份和地位的象征，结果必然导致很多不切实际的技术活动的开展，产生技术垃圾，即没有实际应用价值的技术产品，最终造成资源浪费。这尤其值得当下人们的重视，在充分利用自然资源和人类智慧的基础上，要让技术活动回归实用性，以满足人类对技术活动最基本的需求。

---

① 转引自[美]卡尔·米切姆：《技术哲学概论》，殷登祥、曹南燕等译，天津科技出版社1999年版，第6页。

二、技术活动的过程

社会需求的多样性决定了技术活动的过程多种多样，但这并不妨碍我们从普遍性上理解技术活动的一般过程。一般来讲，技术活动的过程包括选择阶段、研究阶段和开发阶段。

这个过程首先开始于技术选择阶段。世界上没有最好的技术，即便是所谓“最好”的技术，也一定是最适合所处社会条件，最能满足当时人类需要，最符合当时技术发展规律的技术，因此，好的技术应该是人类选择的结果，技术选择是技术活动的开始。技术选择要顺利开展，一定先要进行技术预测，对技术发展趋势和社会条件要充分地考量和评价，因为技术的发展有多种可能性，存在多种实现的路径。要在可能性中寻找到最合适的技术活动路径，最根本的问题就是一定要以人类的现实需要为出发点和归宿点。技术预测既基于现实，又充满想象，是一个关于技术发展的宏观图景，但是技术活动终归要成为现实，因此接下来的就是技术选题。在朝向技术预测的方向，总是存在着多种多样具体技术活动路径的竞争，或者说是同一种社会需求一般有可替代性技术的出现，这就给技术活动的组织者和参与者提供了不同的技术方案，究竟哪一种是最合适的，这就是技术共同体面对的技术选题。一旦一个技术方案确定下来后，接下来就进入技术研究阶段。

技术活动是人类的一项创造性活动，是人类知识、智慧和想象力共同参与的活动，不可能一开始就有成型的、可靠的技术成果供社会公众使用，必须经过严谨的研究过程。技术研究是整个技术活动的开端，包括技术发明和技术试验等阶段。技术发明一般包括一个原理建立和具体研发的阶段，其核心是技术构思。技术构思首先应该以满足一定的社会需求为前提，结合已有技术成果，依据技术自身发展规律，参考技术活动的各种社会条件，合理地进行规划和设计，提出一个符合技术活动特征的研究方案或课题。一个符合技术基本原理，能满足社会需求的技术构思一旦提出来之后，紧接着进入更加具体的技术活动过程，即技术发明过程。技术发明具有很大的偶然性，但是任何事物的偶然性都一定是必然性的体现，偶然性只是不断为必然性开辟道路，因此，表面上看似偶然的技术发明，其必然性建立在合理的技术构思基础之上。技术发明不是一个技术产品或成果的呈现，而是更多地处于研究状态之中，也就是说，技术发明的核心还是一个概念性的方案或理念，要使一个技术发明成为真正的技术产品，能够真正被使用，还需要进入下一个研究阶段，即技术试验阶段。技术试验不是实验，更不是科学实验中的试错，而是技术发明从概念走向产品的研究过程。在这个过程中，技术构思是基础，因此不需要在这个阶段进行技术原理上的试错。它是一个仅仅针对技术本身的具体的评估过程，是技术产品是否成型的可能性的检验。如果说技术构思是“内核”的话，那么技术试验的所谓失败一般不会触及“内核”，从这种意义上讲，技术试验允许失败，失败并不是为了颠覆，而是为了更好地评估技术发明走向实际应用的可能性有多大。从技术构思到技术试验，整个过程之所以统称为研究阶段，主要是因为技术产品的形成是一个复杂的过程，尤其在真正被使用之前，必须经过缜密严格的思考、探究与总结。

技术研究阶段之后进入到技术开发过程。技术活动的成果一般以工艺或器物形式进入到使用阶段，而技术使用最直接的体现就是技术与市场的结合。技术的特征决定了它不是束之高阁的某个概念，而是实实在在服务于社会大众，既能给技术开发者带来经济和社会效益，又能为公众带来便利的某种产品。一个好的技术产品只有能充分占有市场，不断开拓市场，才有可能是真正的技术创新。技术创新是技术开发的重要组成部分，也是技术活动充满生命力的动力所在。技术与市场的结合，是技术使用效果最好的评价指标，具体来说，只有在技术进入市场后，经济效益、社会效益和生态效益才能体现出来，反过来，不同效益又是检验和评估技术最直接的指标。因此，技术创新之后，并不是一劳永逸地坐享其成，必须要进入技术评估阶段，通过技术评估，对技术使用进行及时反馈，修正和维护技术活动应有的特征，使技术活动健康持续地发展。

第二节　技术选择的基本方法

马克思指出："动物只是按照它所属的那个种的尺度和需要来构造，而人却懂得按照任何一个种的尺度来进行生产，并且懂得处处都把固有的尺度运用于对象。"①在一定社会条件下，人的目的、意志和需要总是变化的、多种多样的，更何况社会条件也是不断变迁的，因此，人必须根据自己的尺度，表现为目的、意志和需要，进行自觉自由的活动。技术活动亦如此，而技术选择是技术活动"自觉"与"自由"最集中最直接的体现。技术选择除了尊重内在尺度之外，当然还有更加具体的基本方法。

一、技术预测方法

(一)技术预测的含义

所谓预测，是以唯物主义的观念为前提，根据事物发展的规律，同时考虑事物所处的外在条件和因素，在历史与现实相结合的基础上推测其未来发展趋势和状态的一种认识方法。随着工业社会的充分发展，人类对技术的依赖越来越突出，相应地，技术活动的多样性日益明显，针对同一种社会需求的技术，有很多的相似性和可替代性，更重要的是，尤其在今天，技术的风险性问题也越来越受到普遍关注，这些情形必然要求我们对技术的未来发展做出合理的推测。因此，预测作为一种认识方法，在技术领域开始发挥其应有的作用，这种具体方法称为技术预测，即根据技术发展的历史与现状，遵循技术自身发展规律，结合技术所处各种社会条件，对技术在将来一段时间内发展状况所做出的某种推测和判断。

链接材料

互联网诞生25周年　专家预测网络技术未来②

在互联网诞生25周年之际，一组专家试图想象科技如何影响我们今后十年的生活。由皮尤研究中心(the Pew Research Center)和伊隆大学(Elon University)互联

---

①《马克思恩格斯文集》第1卷，人民出版社2009年版，第163页。

② 华军网，http：//www. huajun. com/urticle/9737. html，有改动。

网创想中心(Imagining the Internet Center)共同完成的这项报告汇集了大约1500名专家的“想象”。报告的主要执笔人、伊隆大学教授乔安娜·安德森说:“令人印象深刻的是,专家们在互联网今后有哪些变化问题上的观点竟然如此一致。而当他们被问到这些变化对用户有什么好的和坏的影响时,他们的答案又是如此多样,这同样令人印象深刻。”专家们反复提到的一个主题是,互联网在日常生活中可能变得既不那么显眼,又缺其不可,就和电一样。报告认为,这可能会极大地增强人类与机器的连接,由此将改变一切,包括人与人之间的互动和世界各国政府的决策。许多的预测反映了积极的展望,不过专家们认为,当然也存在某些担心。2004年以来,皮尤研究中心和伊隆大学一直在做类似的问卷调查。安德森说,有趣的是,人们看到,随着时间的推移,科技带来的兴奋感有所降温。她说,在2004年,多数专家谈论的是技术进步将会如何的了不起。“现在我们还能听到这种激情,”安德森说,“但负面观点之多,超过了以往。人们开始意识到,信息交流可以被任何人利用,包括好人,也包括坏人”。从积极面看,报告认为,从长远看,互联网涉及范围的日益扩大将加强全球的联系,这种趋势可能促进“社群之间更加积极的关系”。报告还说,所谓的“物联网”(Internet of Things)将把咖啡机和牙刷之类的物件都连到网上,“物联网”、大数据和人工智能“会让人们更加了解他们的世界和他们自身的行为”。麻省理工学院(MIT)计算机和人工智能实验室资深研究员戴维·克拉克说:“这些物件越来越具备它们自己的通信形式,它们自己的‘社交网络’,通过这个系统分享和聚合信息,可以自动控制和激活。”他说,人类世界将越来越多地通过一组协同运转的装置来做决策,互联网以及其他由计算机调节的通信系统将会无处不在,同时也变得越来越润物细无声,不再那么显眼,进入幕后操作人们所做的一切事情。专家们还认为,随着“增强现实”(Augmented Reality)技术以及可以穿戴在身的日常生活监测装置越来越广泛的应用,用户可以获得信息反馈,从而改善生活,包括个人健康。皮尤中心和伊隆大学不久将发布另外一份有关可穿戴式装置的报告。在负面影响方面,专家们提醒说,有的人拥有技术,有的人则没有,贫富差距的扩大,可能会导致暴力。专家们说,十年后,网络将继续受到涉及色情、犯罪和欺负人等“滥用和滥用者”的困扰,而这些滥用者将“逐渐发展壮大”,通过“新的能力让别人的生活变得更加糟糕”。报告还警告说,网络自由面临来自政府和企业的威胁,他们以安全和文化规范为借口控制网络。电子隐私信息中心(Electronic Privacy Information Center)总裁马克·罗滕伯格说:“我希望网络更加开放,有更多的民主参与,更少的中央控制和更大的自由。但是,谁也不能预设究竟会有什么样的结果。美国的各种经济和政治力量正在做着彼此相反的运动。因此,我们面临的重要挑战是,2025年的互联网究竟将是自由和充满机会的,还是成为控制社会的基础手段?”报告最后说,个人隐私将继续受到侵蚀,并且只有高端人群才能享有。安德森说:“过去十年,能够保护自己隐私的人是那些有权和有控制手段的人。富人将有能力保住他们个人数据的隐秘性。”当然,预言未来是件危险的事。不过,安德森研究了20世纪90年代的数千项预测,她说,很多预测有“令人难以置信的先见之明”,并且“准确到位”。

技术预测作为技术选择的内容之一，表现在三个过程：第一，技术预测前期。对技术进行预测之前，就已经有针对性地选择那些关乎国家利益的重大技术群，从历史和现状进行分析，从而进入预测的视野，构成技术预测的前提内容。第二，技术预测中期。根据需要进行预测的技术活动状况，在预测方法上进行选择，一旦方法确定下来，接着会在需要进行咨询的技术专家、样本数量等方面进行选择。这期间选择的依据是技术自身特征、发展状况，以及技术与其他社会因素之间的关系。第三，技术预测后期。预测后直接进入技术发展趋势最大可能性的确定、技术研究具体课题的选择、技术专家队伍的选择等过程，这些过程都需要充分发挥人的主观能动性，从而体现出明显的选择性。

(二)技术预测方法的类型

作为一种技术活动的基本方法，技术预测首先产生于20世纪50年代的美国。这种方法在技术活动中的应用，主要是因为：第一，20世纪50年代以来，技术活动越来越复杂，由以往经验型的技术转变到以知识型技术为主，单一性技术转变为以技术群为主；相应地，技术活动的成本日益提高，为了进一步提高技术活动的投入产出比，需要对技术进行有效的预测。第二，技术与社会之间的关系越来越紧密，技术对社会的作用比以往任何时候都要明显，比如核能技术的开发与利用从那个时候起已经不是单纯的技术活动了，一定要充分考虑各种社会因素和社会公众对该技术的期待。正是因为技术与社会的互动关系，决定了技术预测方法在技术活动中的广泛应用。第三，以20世纪40年代的曼哈顿计划和20世纪60年代的阿波罗登月计划为代表的庞大技术活动，是高投入、高风险技术活动的典范，要同时获得高收益，尤其需要科学的预测，美国在这方面走到了世界前列。时至今日，技术预测已经在技术活动中发挥了重要作用，并形成了多种具体的方法。

按照不同的标准，技术预测方法可以分为不同类型。技术预测追求的是科学性、合理性和可靠性，是主观逻辑上的推演趋近并符合客观逻辑的过程，因此，一般从逻辑上分类，技术预测包括类比性预测、归纳性预测和演绎性预测。

1. 类比性预测方法

类比性预测方法或称类推法。技术的可替代性可以表现为两种或多种技术活动之间的相似性，因此，如果知道其中一种技术活动的现状或发展趋势，就可以根据类比方法，推测出另一种技术活动的发展趋势，这就是所谓类别性预测方法。和需要预测的技术相对应的技术叫先导技术，一般来讲，先导技术与需要预测的技术之间的相似性是两者类比的基础，只是在时间序列上，先导技术往往比需要预测的技术发展得更早或更成熟，需要预测的技术将来怎样发展，类比预测是一个较好的方法。比如军事领域中的很多技术无论是形成还是使用，在时间上都早于民用，通过类比预测，大体可以知道某些技术在包括民用在内的更大范围的应用前景和发展趋势。

链接材料

20世纪50年代，第一次太空发射以来，人造卫星在军事领域的重要功能之一是侦察。侦察卫星使用专门设计的照相机，以便拍摄清晰度高得令人难以置信的地貌照片。照相机不仅使用光学成像技术，还使用远红外成像技术和其他先进的成像技术。这些技术的应用，使现代地图制作师具备了制作高清地图的能力。对现代导航技术来说，卫星已然成为至关重要的因素。全球定位系统(Global Positioning System，GPS)是美国国防部于20世纪60年代和70年代为世界各地的军用飞机和军用舰艇开发的导航辅助系统。20世纪80年代末期，发达国家的大多数人已经熟悉了全球定位系统。如今，它在民用领域已经有了更为广泛的用途，从汽车导航到空中管制和船只导航，无所不包。①

或者在空间上，先导技术在某一个地域形成并发展了，在另一个地域发展趋势如何，也可以进行类比预测。比如相对于发展滞后的区域，先发展地区在很多技术活动方面处于领先地位，这样就可以根据技术自身发展规律和区域所处社会因素，预测出某些技术活动在后发展地区的情形和趋势。只要存在着发展的差别，这类预测一般来说能有效地对某一地区针对某一技术活动趋势做出比较有效的判断，对于规划技术活动发展具有现实的指导意义。

2. 归纳性预测方法

这种方法是基于个别的具体的预测，总结概括出一般性的带有普遍趋势的判断，并在此判断基础上预测事物的未来发展态势。个性与共性的辩证关系是归纳性预测的哲学依据，同类事物的共性是通过个别事物的个性体现出来的。对于技术发展而言，个别技术不足以反映出某类技术在将来的发展状态，但是如果对类似个别技术的发展现状进行综合分析，就有可能判断某类技术发展的整体趋势，这样也就有可能为我们选择或重点发展某类技术打下一个预见性的理论基础。之所以说是“可能”，是因为归纳总是不完全的，或者说不存在完全归纳，个别技术或某类技术某一方面的发展具有不可穷尽性和不确定性，直接导致不可能获得一个全然确定的技术预测，这自然加大了归纳性预测的难度。在现实的技术预测中，往往会通过归纳尽可能多的样本获得更加可靠的预测结果。

3. 演绎性预测方法

这种方法也就是从同类技术整体发展态势出发，判断个别技术在将来的发展状态。往往采取的具体方法就是根据预测对象的历史和现状，选取一个数学模型，运用数学方法求解所选预测模型的待定系数，从而得到一条表示预测对象发展趋势的曲线，最后依据该曲线进行外推，就可以得到预测对象未来发展的技术特性。② 对当前技术整体发展态势的深入理解是演绎性预测方法的前提，只有基于技术发展的历史，尤其是当下的技术发展，才有可能对某种技术在将来的发展作出科学合理的预测。

由于技术自身的不断发展变化，简单技术和个别技术逐渐演变成某个技术群，更重要的是，技术的发明和扩散日益表现为一个社会过程，也就是说，技术与社会的互动使得对某种技术在将来的发展做出确定的预测已经越来越困难。因此，在预测方法上，难以单独用一种来对技术进行预测，一般综合使用上述方法，以达到一个更加精准的判断。

(三)技术预测哲学分析

预测是通过已有的确定性推断出另一种发生概率较大趋势的活动，因此，技术预测在

① [美]迈克尔·怀特:《战争的果实：军事冲突如何加速科技创新》，卢欣渝译，生活·读书·新知三联书店2009年版，第227~228页。略有删减。

② 国家教委社科司组:《自然辩证法概论》(修订版)，高等教育出版社1991年版，第204页。

哲学上跟偶然性、必然性、规律性、复杂性、可检验性等概念有很大关系。

首先是偶然性和必然性。技术预测的内在依据是技术自身的发展规律，是技术与社会因素之间的紧密联系，这些构成了技术预测必然性的基本内容，也就是说，技术预测不单单是某一个时代的产物，而是技术发展规律决定的，是受到社会需求影响的一项重要活动。但与此同时，技术预测的必然性是通过偶然性表现出来的，这是因为预测总是具有或然性和随机性，比如预测过程中受到决策者和参与者的主观影响，或预测结果因社会因素变化所产生的影响，最后都会导致技术预测以偶然性状态体现出来。没有哪一种技术预测是终极的，是完全确定无疑的，技术活动不是完全按照预测的状态和趋势进行和发展的。

其次是规律性。技术预测从来就不是盲目的，其最根本的依据就是事物发展的规律性，技术活动也不例外。一方面，技术活动具有规律性，这是技术活动的本质决定的。技术活动从根本上讲，是人类认识活动的重要组成部分，是人类探究和改造自然界的重要活动，必须遵循自然规律，这也决定了技术活动本身是有规律的。另一方面，技术预测也具有规律性。技术预测活动的开展无论是形成与发展，还是操作方法上，都有严格科学的规范，走遵循严密的逻辑推理，是一项完全符合规律的活动。

再次是复杂性。技术活动不是单纯的活动，技术与技术之间、技术与社会之间有着非常紧密的联系，这决定了技术预测的复杂性。复杂性表现在技术预测的每一个方面，如在预测前对技术发展历史的分析，尽管技术发展有自身的规律，但不同时期的技术总有不同的特点，尤其是技术革命之前的技术发展历史，不一定是分析之后技术发展趋势的好的材料样本。在预测过程中，还要考虑到技术之间，尤其是技术与社会之间的复杂关系，才有可能做出较为科学合理的推断。社会因素总是变化的，因此，技术预测之后的状态或趋势并不一定就必然发生，这也是复杂性的重要表现。

最后是可检验性。技术预测是下一步开展技术活动，推动技术进一步发展的一个理论性前提。尤其在今天，随着技术活动的日益复杂，技术预测成为我们预见将来技术发展状况、规划技术发展战略的一项重要活动，就需要对预测进行可靠性检验。可检验性强调了技术预测不是盲目的，而是尊重历史的、符合规律的科学判断，更重要的是，技术预测的结果应该在将来一段时间被技术实践活动所证实。当然，预测结果也有可能并不符合后来技术发展的实际，但这并不是说这种预测不具有可检验性。

技术预测的上述特性并不是孤立无关的。必然性和规律性是两种内在一致的特性，都是技术预测的基础，是预测结果可检验性的前提；而技术预测直接表现出来的则是偶然性和复杂性，也正是偶然性和复杂性，需要检验预测结果是否合理。

二、技术选题方法

（一）技术选题及其依据

所谓技术选题，是指在技术预测的基础上，选择与经济社会发展相关的问题作为研究课题的技术活动过程。与经济社会的直接相关性决定了技术选题的前提是技术预测，也就是说，关于技术研究和发展的问题一定是面向未来、面向经济发展和社会进步。技术选题的范围本来就包括技术的历史，只是技术预测已经把关于技术历史的相关问题进行了总结和反思，因此，技术选题的内容被确定在预测之后技术发展可能性的范围之内。重要的是，技术选题作为下一步技术研究的前奏，其内容不应该是不确定的，相反的是，应该是现实明确的，尤其是与经济社会发展过程中的种种矛盾直接相关的技术问题。

技术选题的进行应该遵循一定的依据。总体来讲，满足社会需求是技术选题的基本依据。技术总是和生产领域直接相关，表现为技术提高劳动者素质、促进生产工具的发展、提高劳动效率、改善经济结构，等等。在今天，技术也不断地改变着人们的生活方式，比如休闲娱乐越来越依靠技术来实施和完成。不管是生产领域还是生活领域，技术的发展都是为了满足社会的需求，是推动社会发展的重要力量。

链接材料

863 计划：以满足社会需求进行技术选题①

十几年来，863 计划始终面向民生和社会发展的重大需求进行部署，先后育成超级优质杂交水稻品种数百个，国产转基因抗虫棉的市场占有率提高到 95%，为保障我国粮食安全、促进农业发展和农民增收发挥了巨大作用。海水养殖动物育种育苗技术跻身国际先进行列，幽门螺杆菌疫苗、戊型肝炎疫苗、西达本胺等一大批创新疫苗和药物进入临床或被批准上市，为战胜 SARS、禽流感疫情，缓解艾滋病、肝炎等重大传染病的威胁作出了重要贡献，有力促进了我国生物医药产业发展。

比如杂交育种。为了保障国家粮食安全，提升种业科技国际竞争力，863 计划在“七五”期间，提出“到 2000 年创造出比当时杂交稻单产提高 20% 以上、双季平均亩产吨粮的亚种间杂交稻新组合”的目标，1997 年又启动了“超级杂交稻研究计划”。在 863 计划的长期支持下，我国相继推出三系法杂交水稻、两系法杂交水稻和超级杂交稻，杂交稻育种理论、技术与应用始终保持国际领先。2000 年和 2004 年实现超级杂交稻研究计划第一期 10.5 吨/公顷和第二期 12.0 吨/公顷的产量指标，目前正在进行的第三期，2011 年百亩试验亩产已达 926.6 公斤；2003—2010 年累计推广超级稻面积超过 4000 万公顷，为保障粮食安全、促进农民增收作出了重大贡献。

在创新药物方面。为了提升我国医疗水平，保障人民群众身体健康，863 计划从“七五”开始安排创新药物研究，开发了一批具有自主知识产权的创新药物，引领了国内新药的发展。基因工程药物和疫苗从无到有，基因治疗药物研发进入了世界先进行列；在全球范围内率先研制成功甲型 H1N1 流感疫苗，为我国乃至全球抗击甲流提供了及时有效的手段，流感药物应急生产和储备体系得到了全面完善；攻克了人源化抗体制备技术、哺乳动物细胞大规模培养等一系列技术瓶颈，缩短了研发周期、提高了研制成功率；重组幽门螺旋杆菌疫苗的研制成功，对于根除胃溃疡、降低胃癌发病率具有重要意义。

① “863 计划”：wapbaike. baidu. com。

具体来讲，技术选题的依据主要有经济、政治、文化等要素的特色和发展状况。首先，经济作为技术选题的依据，主要表现为需要解决的技术问题和经济的特点直接相关。农业经济为主的社会，需要解决的农业生产技术问题成为技术选题的主要内容，与农业经济相适应，技术选题的内容一般都是为了提高农业生产效率、技术含量较低的问题。工业经济时代，技术发展迅猛，生产效率不断提高，对技术的要求也越来越高，生产资料中的技术含量也日益提高，需要解决的技术问题复杂性已经远远不同于农业经济时代。技术选题的依据不仅仅是进一步促进工业经济的发展，而且也涉及激烈竞争中如何保持自身的技术优势。其次，政治作为技术选题的依据，主要表现在技术理性与政治合法性之间价值的统一，以及技术与军事之间的关系。当今社会，基于国家安全和政治合法性的考虑，技术的重要性日益突出，技术竞争已经不再是经济领域中的事情，在政治领域同样激烈。正如有学者指出："当代社会政治对科技的依赖性也是空前之大，甚至到了决定国家和地方政治权力和政治命运的程度。"①尤其在信息技术时代，如何处理新媒体技术与传播、技术与民主之间关系的问题已经成为技术选题的重要内容。另外，军事作为政治活动的延伸，其与技术尤其是高技术之间的关系不同往昔，一个国家的军事安全在很大程度上依赖技术的发展。因此，技术如何能够更好地保障军事安全已经成为技术选题的一个重要选项和依据。最后，文化作为技术选题的依据，主要表现在技术推动文化繁荣发展，以及文化多元性和技术之间的关系上。从技术作为文化发展的载体，到今天技术作为文化发展的平台，乃至技术本身的文化特征表现日益明显，都说明了技术与文化之间的关系日益紧密。比如今天的网络技术，已经很难说它是单一的技术，如何处理网络与文化发展之间的关系，已经成为技术选题的重要内容。文化的多元性表现有地域性文化和差异性的风俗习惯等，因为地域的不同，文化也呈现多样性，这在很大程度上影响了技术的不同状态和发展，也就是所谓技术风土的不同导致技术本身的不同，因此，进行技术选题是，一定要以技术所在地域的文化特征作为依据之一。风俗习惯的不同也会影响到技术选题，比如我国中部地区以水稻为主的饮食习惯，就影响了杂交水稻技术作为中部一些科研院所技术选题的重要内容。

(二)技术选题的基本过程

技术选题重在"选"，从确定选题的依据，到如何选择，再到检验选题的合理性，构成技术选题的基本过程。

首先是确立选题的依据。依据是技术选题的基本维度，选择依据是技术选题的开端，是技术选题的基本出发点，关键是怎样才能准确地确定选题依据。技术选题归根到底是以满足社会需要为主要目的，因此在确立选题的依据前，要在时空上对经济、政治、文化等要素进行细致深入的研究。技术选题不单是技术共同体成员的事情，至少在选择依据方面，还要广泛征询不同领域内专家的意见。比如在一个经济转轨和经济结构调整的阶段，向经济学专家咨询更能获得深入全面的关于经济发展与技术之间关系的分析与思考。同时兼顾政治领域对技术的关注和意见，比如政府发布的对技术发展的导向性意见，都应该成为技术选题的重要依据。文化领域也不例外，尤其在信息技术时代，网络对文化的冲击前

---

① 徐治立：《论科技与政治共同的价值取向》，载《自然辩证法研究》2005年第10期，第63页。

所未有，比如网络文学的兴起与发展已经引起文学界的广泛争议和讨论，新媒体技术对传统媒体的冲击甚至影响到人们的阅读习惯，等等。因此，文艺界对技术的发展一定有着他们自己独到的看法和意见。在确立技术选题的依据时，要全方位考虑不同领域专家的意见和建议。具体操作方法可以是面对面咨询、网上问卷或调查表。对于不同领域专家，可以采取面对面的咨询办法，对于更广泛的社会公众，也要看看他们的意见，就可以制定问卷进行网上采集，或选取一定样本，制定调查表进行统计分析。

以上主要是从宏观方面讲了技术选题的依据，另外，技术自身的发展逻辑和开展技术活动的具体条件，甚至共同体的能力要素，共同构成技术选题的微观依据，这是每一个技术共同体进行技术选题不约而同的内在依据，因此不需要展开讲述。

重要的是接下来如何在依据确立的前提下，怎样进行选择，或者说选择过程到底如何发生和进行？也就是要遵循什么样的方法和途径进行选择。首先，要坚持不懈地进行技术预测。技术预测是先于技术选题的活动，不是一次性，更不是一劳永逸的，而是因为技术活动的复杂性决定了技术预测应该顺应变化做出相应调整，技术选题也不是固定不变的，应该调整变化。没有最好的技术选题，只有更合适、更符合时势的选题。也就是说，技术选题的范围和内容随着技术预测的调整，应该相应变化。其次，通过命题式和问题式两种方式进行选题。所谓命题式，就是技术需求部门直接向技术共同体提供研究课题。这种方式尤其适用那些关乎国计民生的重大技术问题，对技术的整体推进有重要作用。所谓问题式，就是在技术活动过程中，针对具体的矛盾和问题，形成研究和需要突破的课题。这种方式尤其适用技术自身发展过程中所遇到的问题，如所谓的“技术瓶颈”。当然，这样的问题归根到底也是与社会联系在一起的，并不存在纯粹的与社会需求脱节的技术问题。

最后是技术选题的检验。从三个方面检验技术选题，一是技术专家对选题的评估筛选，这是一种专业上经验式的检验。技术专家往往有丰富的专业知识和经验，通过他们对选题评估，同提出技术选题的共同体一起构成一个暂时的团队，对选题有更加全面的评价，能有效保证选题在技术预测的范围内，并符合技术选题的相关依据。二是技术选题的主持和参与者与技术预测的成员一道检验选题与预测的相关度。技术有其自身的发展逻辑和特色，同时又与各种社会因素息息相关，这在很大程度上影响了技术选题既有学术性，或者说有形而上学的成分，又有现实性。因此，很难保证技术选题与技术预测完全一致，既然如此，两者之间就有一个相关度的问题，而相关度的大小一般有双方人员基于专业和经验通过讨论分析进行检验。如果说上面两种检验过程具有明显的主观色彩的话，那么最后的检验过程就是一个实实在在的实践过程。三是选题研究形成成果之后的检验。在以满足社会需求为出发点的条件下，这一检验的主体更多的是市场和消费者。当然，这一过程需要在技术研究和技术开发之后才能见分晓，这也充分说明技术选择和后面的技术活动过程是一体的。

第三节　技术研究的基本方法

技术研究是技术活动的重要组成部分，是在科学研究的基础上，运用合理方法，构思技术方案，进行技术发明，通过技术试验，最后进行推广之前的过程。一般来讲，技术研究包括基础研究和应用研究。技术发明是基础研究阶段，技术构思是技术发明的核心，技术试验则是应用研究阶段。技术研究是成果最终形成的必经过程，研究的效率直接关系到整个技术活动的效率。科学合理的方法能够有效地提高技术研究的效率。

一、技术发明方法

（一）技术发明与技术构思的关系

所谓技术发明，是指基于科学理论及其所揭示的自然规律，创造出一种新的技术原理或技术方案，或运用新的技术原理解决技术问题的措施和过程。技术发明是一个从无到有的过程，是一个产生全新解决技术问题的原理或方式，因此，它不是一个简单的模仿过程，而是一个创造性过程，需要创造性思维，甚至是灵感与直觉。在整个技术活动中，技术发明甚至可以说是关键的环节，没有技术发明，技术预测和技术选题都只会停留在假设和理论阶段，无法真正进入技术实践阶段。可以说，技术发明是沟通技术预测和技术推广使用的桥梁，是实现技术从一种战略推演到具体运用，真正满足社会需求的过渡阶段。纵观技术发展史，技术发明一直都是推动社会发展的直接动力，尤其在第一次工业革命之后，技术发明更加频繁，新的技术产品更加丰富。这跟当时科学发展状况和人们对技术产品的社会需求旺盛直接相关，没有科学理论的充分发展，没有生产领域对新工艺和新工具的迫切需求，就很难看到技术发明时代的到来。除了这些因素之外，技术发明的核心还是新技术原理的构思。

链接材料

纳米孔基因测序技术原理的构思①

第三代基因测序仪技术平台中，有很好预期前景的主要是纳米孔测序技术。其技术优势在于它不需要对DNA进行标记，也就省去了昂贵的荧光试剂和CCD照相机，因而有可能是今后最便宜的测序仪。在A、T、G、C四种不同的脱氧核苷酸通过纳米孔进入的时候，其所引起的电流变化也是不一样的，随即可通过电流来检测DNA序列。双链DNA直径为2nm，单链DNA直径为1nm，所以采用的纳米孔尺寸有着近乎苛刻的要求。最近，Oxford Nanopore Technologies的Hagan Bayley及他的研究小组正致力于改善纳米孔。根据他们之前的工作，他们以a-溶血素来设计纳米孔，并将环式糊精共价结合在孔的内侧。当核酸外切酶消化单链DNA后，单个碱基落入孔中，它们瞬间与环式糊精相互作用，并阻碍了穿过孔中的电流。每个碱基ATGC以及甲基胞嘧啶都有自己特有的电流振幅，因此很容易转化成DNA序列。每个碱基也有特有的平均停留时间，它的解离速率常数是电压依赖的，+180mV的电位能确保碱基从孔的另一侧离开。

---

① 《第三代基因测序仪技术比较与总结》，http：//m. instrument. com. cn/news/d-127543. html，有删节。

所谓技术原理构思，简称技术构思，是指技术专家运用合理方法，创造性地构建出新技术系统运行的工作原理。技术构思是创造性思维的范畴，是一个充分发挥人的主观能动性的过程，这一过程集中了技术问题的提出、分析和尝试性解决，是最终实现技术发明的思维“发酵”过程。从这个意义上讲，技术构思不可能有一个固定的模式，而是受当时科学发展的状况、技术自身发展的状况、技术发明家的知识储备、技术发明的物质条件，乃至技术发明家的主观努力等因素的影响。一般来讲，古代技术活动多表现为技巧或技能，与个人的实际经验有直接关系，但随着技术自身的发展，技术理论越来越系统化，为技术构思打下了坚实基础。所以说，技术活动中技术构思的常态化是与技术发明的充分发展保持一致的，这也说明了技术构思之所以是技术发明重要组成部分的原因。只有技术构思发展了，技术发明才有可能跨越式发展，而所有这些都需要一定的方法来支撑。

技术发明与技术构思具有内在的紧密联系，首先，技术构思是技术发明的理论核心。针对技术选题，技术发明的重点在于构建一套不同于以往的理论系统或操作体系，以解决技术问题，这个过程中，不论是新原理的产生，还是新操作体系的建立，都需要创造性的思维活动参与。没有技术构思，就不会有技术发明。其次，技术发明的创造性直接表现为技术构思的新颖性和与众不同。技术发明的基本要求就是要有不同于以往解决技术问题的方法、方式或途径，在新的技术成果还没有真正进入消费和使用阶段之前，只有其中的技术构思才能直接体现出这一基本要求，因为即便是新的技术构思，也是之前技术理论的发展，因此可以在技术理论范围内审视技术构思的“新”。再次，在方法论层面，技术构思方法和技术发明方法是一致的。正因为技术构思是技术发明的核心部分，创造性的思维方法如何获得新的技术构思，就意味着新技术发明产生的可能性。

(二)技术发明方法基本种类

技术发明本来就是一个极具创造性的技术活动，不可能有统一的模式和一成不变的方法，但是人类经历了漫长的技术发明史，摸索和总结了一些基本方法。只要遵循这些方法，就会提高技术发明的效率。具体介绍如下：

1. 原理推演法

这种方法主要指的是从自然科学的基本原理和规律推导出相应的技术原理，这种技术原理本身就是新的技术构思之一，是技术发明的组成部分，或基于该技术原理，产生新的工艺和工具，甚至新的技术产品。原理推演法是科学技术历史与现实发展的结果，从科学→技术→生产到从生产→技术→科学的演变，只是说明三者相互作用的次序在发生变化，但是三者彼此之间的依赖关系没有改变，尤其是科学作为技术的基础性作用一直都存在。因此，从科学原理推演出相应技术原理是技术发明的常用方法之一。

2. 试验提升法

科学实验是人类基本实践活动之一，是科学发现和技术发明过程中非常活跃的活动，可以说，科学技术的发展也是科学实验能力和水平的发展。很多科学实验中本身就包含了新的技术发明，最常见的就是新实验仪器的发明，比如在人类基因组计划的科学实验中，基因测序仪的发明，反过来又极大地推动了科学实验的发展。另外，科学实验通常也是新技术发明的生长点。比如，电磁感应实验产生了电机技术原理的构思；电磁波发送和接收的实验导致无线电通信技术的兴起与发展；光电效应的发现，产生了光电技术，以及该技术在自动控制和传真、电视等方面的实际应用。科学实验的直接目的是获得科学发现，其中新技术发明的可能性需要对实验现象进行挖掘和提炼，才有可能创造性地构思出新的技术原理，导致新的技术发明。这种方法也体现了科学与技术的互动作用，也是技术发明比较常见的方法。

3. 自然模拟法

如果说科学是为了发现自然规律，那么技术就是为了利用自然规律。自然界隐藏着太多的未知，这些未知很有可能就是新技术发明的基础或来源，比如大家熟知的飞机，从结构上模拟自然界中的鸟类；电脑则从功能上模拟了人类的大脑。正如亚里士多德所讲的那样："一般来说，技术有一部分是完成自然不能完成的东西，有一部分是模仿自然。"①亿万年的进化史，造就了精巧神奇和鬼斧神工般的自然界，所谓新颖的技术发明，其实最便捷最直接的来源就是身边的自然现象，关键是如何去模仿，从而产生出真正为人所用的新工艺、新工具。一般来讲，所谓模拟，是指从结构或功能上模仿他物以产生一种新事物的过程。自然模拟法就是在认识和理解自然规律的前提下，通过模仿某一特定自然物，产生结构或功能上与其相似的人工系统。自然模拟法的顺利实施和运用，要综合考虑已有的技术成果、模拟自然物所需要的物质条件、社会的实际需求等要素，才有可能形成新的技术构思，产生新的技术发明。比如在农业社会早期，人们总是渴望风调雨顺，但是在技术水平低下的时期，不可能有人工降雨技术的产生。只有技术发展到一定程度，人工降雨所需相关技术如飞机和火箭已经成熟，以及相关催化剂的产生等条件具备的情形下，人们才有可能模仿自然界下雨的过程产生人工降雨的新技术发明，以满足社会的实际需求。

链接材料

仿生技术：灵感源于自然的技术发明

仿生学是指模仿生物建造技术装置的科学，它是在20世纪中期才出现的一门新的边缘科学。仿生学研究生物体的结构、功能和工作原理，并将这些原理移植于工程技术之中，发明性能优越的仪器、装置和机器，创造新技术。从仿生学的诞生、发展，到现在短短几十年的时间内，它的研究成果已经非常可观。仿生学的问世开辟了独特的技术发展道路，也就是向生物界索取蓝图的道路，它大大开阔了人们的眼界，显示了极强的生命力。

比如荷叶型除污材料。众所周知，水滴落在荷叶上，会变成了一个个自由滚动的水珠，而且，水珠在滚动中能带走荷叶表面尘土。荷叶的基本化学成分是叶绿素、纤维素、淀粉等多糖类的碳水化合物，有丰富的羟基(-OH)、(-NH)等极性基团，在自然环境中很容易吸附水分或污渍。而荷叶叶面都具有极强的疏水性，洒

① 北京大学哲学系外国哲学史教研室：《西方哲学原著选读》(上)，商务印书馆1981年版，第147页。

在叶面上的水会自动聚集成水珠，水珠的滚动把落在叶面上的尘土污泥粘吸滚出叶面，使叶面始终保持干净，这就是著名的“荷叶自洁效应”。荷叶的这种能力在于它表面的小突起，这种小突起使得小水珠不具备任何堆积的空间。最近几年中，科学家已经将这种设计应用到自动清洗材料的研发上。比如服装面料、窗户以及用于高压输电线上的绝缘体。

另如白金龟外壳材料。英国埃克赛特大学的研究人员称，一种奇异的白色昆虫可能有助于开发出一种超薄白色材料。他们发现在东南亚的一种指尖大小的叫做白金龟(Cyphochilus)的甲虫的外壳的白色白过自然界大部分材料，它的外壳比牛奶和牙釉等自然界白色材料的色泽还鲜明；仔细观察显示甲虫表面的独特结构由比人的毛发还细10倍的细小鳞片组成，厚度仅为鲜艳的白色合成材料的几分之一。甲壳虫乐队《白色专辑》的封面可能是所有专辑中亮度最高的，但与白金龟鳞片相比，它的亮度只能是小巫见大巫了。研究人员说，这种昆虫的鲜亮白色十分独特，不同于类似蝴蝶身上那种零散的白色。埃克赛特大学研究人员使用了许多种显微镜技术、激光分析和光谱技术对昆虫进行了研究。研究人员在电子显微镜下观察到这种奇异昆虫的世界，甲虫外壳有超薄鳞片覆盖，每个鳞片只有5微米。鳞片独特的结构形成这种超白颜色。研究人员认为这种昆虫进化到如此的白色是因为白色提供了伪装，使昆虫能够在当地白色菌类中隐蔽。这篇发表在科学杂志的报告称，仿造这些鳞片可能制成一系列有工业用途的材料。通过模拟这种结构，研究人员希望能够找到一种制造出同样白色材料的办法，设计出从更亮的纸张到更白的牙齿等一系列新材料。①

4. 头脑风暴法

这是一种在很多领域广泛运用的方法，主要做法是召集不同学科背景、不同职业背景的人员，为了某一个相对具体的目的，举办一个开放式的“圆桌会议”，主张提出个人意见，进行充分辩论与交流，以此产生新的想法和建议。在技术发明过程中，由技术研究者或技术活动的组织者发起，组成一定数量的参会人员，针对某一实际的社会需求或技术活动过程的具体目标，进行集中讨论，提出具有创新性的技术方案，形成新的技术构思。在这一方法的运用和实施过程中，往往需要奇思妙想，但尤其需要相关知识和经验的积累。通常讲，机遇总是给予有准备的人，在不同技术构思的碰撞中，新的火花同样只属于那些在技术活动中浸淫已久的人。

除了上述在技术发明过程中常用的方法外，还有很多更加具体的方法，比如回采法，即以往被忽视或放弃的技术构思在新的条件下重新被启用；逆向发明法，即反向思维法；还有综合法、联想法、检验表法、选择法，等等。这些方法正在形成创造工程学的研究对象和内容，通过这一专门学科的形成与发展，将有力推动这些方法在技术发明过程中的系统应用。

---

① 《仿生学：灵感源于自然的创新发明》，www.hcxww.com，2014年3月20日。

二、技术试验方法

(一)技术试验的含义与特点

所谓技术试验，是技术活动过程中，基于提高技术发明的实际功用和技术经济水平的目的，运用科学仪器和设备把技术构思具体化，并人为控制相关条件和需要变革的技术对象，以实现从技术发明到技术开发应用的一个重要阶段和方法。技术试验对于技术发明和技术成果能否真正推广使用具有重要的检验功能，是技术研究过程中一个重要的实践阶段。

要了解技术试验的特点，有必要和科学实验进行对比分析。两者有很多相似之处，都是认识的实践环节，都需要依靠科学仪器和设备，分别是发现自然规律和改造自然的基本方法。但同时，两者有很多不同之处，具体表现在以下几个方面：第一，实践目的不同。科学实验的目的在于发现自然规律或检验某一科学理论，而技术试验的目的一方面在于检验一个技术构思是否能真正促成一个新的技术发明，另一方面在于检验技术发明能否真正进入生产领域，从而满足社会的现实需求。第二，方法的实施过程不同。科学实验方法的实施主要体现在从科学假说到科学理论形成的过程中，也包括证实或证伪某一科学理论的过程中；技术试验方法的实施主要体现在从技术发明到技术产品实现的过程中，也体现在技术发明过程中新工艺或新材料的检验与尝试。第三，方法实施的对象不同。科学实验的对象一般是自然界本身，技术试验的对象主要是人工自然，一般是经过了技术发明之后进入推广使用期间的对象内容，但也包含技术发明过程中的部分自在自然对象，比如某一技术构思中尝试性要用到的新材料。第四，两者相互关系中的地位不同。一般来讲，科学实验是技术试验的前提，因为无论技术有多发达，科学理论一定是技术发展的基础；而技术试验往往能够推动科学实验的发展，因为技术试验过程中，不仅有可能产生出新的科学仪器和设备，也有可能启发新的科学实验程序与过程。

另外，从技术试验本身来讲，它具有一些独特性，比如试验的重复性、尝试性、复杂性，尤其是今天的高新技术试验，更具有诸如高投入、高风险、高回报等特点。

(二)技术试验的基本方法

技术试验是充满创新的技术活动，墨守成规难以通过技术试验真正促成技术发明的开发应用，因此，并不存在一成不变的技术试验方法，下面只是介绍几种基本方法。

1. 溯因法

技术试验在很大程度上就是不断地试错，这在很多技术发明过程中反复试验的次数可见一斑，因此，在实施试验时，往往会根据一次失败的结果寻找原因，然后再次进行新的试验，直到试验成功。另外一种情形是，通过技术试验获得成功的结果，但还不清楚产生这一结果的真正原因，就由此结果分析出原因，并在为此技术试验进行辩护的基础上，为新的技术构思提供合理的解释。上述两种情况，都涉及从结果到原因的追溯过程，即在技术试验中广泛运用的溯因法。通过溯因法的运用，一方面可以提高技术试验的成功率，降低试验成本，节省从技术发明到技术开发应用的时间；另一方面为技术试验提供更加清晰的理论解释，为进一步完善新的技术构思打下良好的基础。

2. 对比法

针对某一技术问题，解决的渠道和途径往往不只一种，这就要根据解决方案的优劣进行选择，而何者优何者劣，则需要通过严格缜密地对比，以寻求最合适的技术方案，这就是对比法。技术试验中对比法的实施一般在以下三个方面进行：一是技术试验的对象，包括技术试验品的构成要素和制作工艺。同一种技术实验品的形成可以有多种构成要素可以使用，但是哪一种最合适，比如说最节省成本，或最节约能源，或最环保等，这就需要对这些要素进行对比分析，而这种分析难以在理论上进行，必须通过技术试验进行对比，才有可能有一个清晰的选择依据。在构成要素相同的情形下，技术试验品的制作工艺也不尽相同，也可以通过对比试验进行选择。二是技术试验品的功能对比。哪一种实验品更能符合之前的技术构思与设想，可以通过适当变革实验品的内部结构，使其产生不同的功能，然后通过对比，选择合适的试验产品。三是技术试验品“生存”条件的对比。所谓“生存”条件，是指影响技术试验品发挥功能的各种因素的总和。不同条件下技术实验品功能发挥会有不同的限度，通过条件的改变，并进行对比试验，以确定技术实验品正常发挥功能的范围或幅度或程度等。

3. 模拟法

这种方法指遵循相似性原则，建构一个在形式或结构或功能上与原型相似的模型，并通过对模型进行研究，以获得对原型规律性的认识途径。一般来讲，技术试验模拟法主要有物理模拟、数学模拟和功能模拟三种类型。首先，物理模拟是一种传统的技术试验法，主要是在相关物理量相似的基础上，构造一个与原型相似的模型，这个模型基本上是原型的缩微版，具有不同比例但相同要素的结构和不同效率但相同运行机制的功能。这种方法大多是在技术发明真正进入推广应用之前，在实验室或试验场地进行实施，目的主要是为了进一步完善技术构思，保证形成技术产品前的每一个细节都过关。其次是数学模拟法，即构建与原型在数学形式上相似的模型，通过模型研究以达到对原型的科学认识。技术原理通常可以用数学形式进行表达，而对于一个条件不成熟或暂时不需要成型的技术试验品，一般可以通过数学建模，以达到对原型在理论上的认识。当然这种数学模型加上信息技术，可以在很大程度上对技术原型进行结构或功能上的试验研究。再次是功能模拟法，即基于功能的相似性，模拟研究中技术系统的具体功能，如控制、传输、通信等，以创造出更好性能的技术系统。如果说物理模拟法和数学模拟法主要针对的是模型本身，那么功能模拟法直接针对的是新的技术产品，也就是说，通过对模型在功能上的研究，就是为了创造出不同于以往的技术产品，新技术产品不需要重新进行技术试验，因为这一过程已经在功能相似的模型上完成了。

随着技术的发展，技术试验的方法也在不断改进，尤其是高新技术的突飞猛进和社会需求的旺盛，不可能留给技术试验太多的时间成本。因此，上述基本方法在技术试验中往往会综合运用，甚至是同时运用，以适应技术发展的步伐。

第四节　技术开发的基本方法

要最终形成能满足社会需求的技术产品，还要经过技术开发这一过程。所谓技术开发，即在技术研究基础上，把新的技术发明通过生产领域与消费市场结合起来，形成新的技术产品满足社会需求的过程。在这一过程中，既要技术创新，使实验室或试验场上的技术发明真正成为市场所需，又要经过技术评估，对新技术产品与人和社会之间的关系进行考察，以促进技术健康合理发展。不同于技术活动中的技术选择和技术研究过程，无论是技术创新方法，还是技术评估方法的实施，都要把它们与社会因素结合起来进行分析。

一、技术创新方法

(一)技术创新的含义和特点

所谓创新，是指通过不同于常规的方法或思维，变革或创造新事物的实践活动。这个概念在很多领域都有应用，在技术活动领域，则称技术创新。一般来讲，技术与生产总是联系在一起的，对此，马克思主义经典作家那里早就有阐述，比如马克思在分析资本主义社会相对剩余价值的产生时，指出："它必须变革劳动过程的技术条件和社会条件，从而变革生产方式本身，以提高劳动生产力，通过提高劳动生产力来降低劳动力的价值，从而缩短再生产劳动力价值所必要的工作日部分。"①马克思深刻地认识到了技术变革对于生产力的现实意义，那就是技术变革不仅提高了劳动生产效率，而且最终降低商品价值，从而提高市场竞争力，占有更多的市场。这种把技术变革与市场结合起来的认识直接影响了后来的西方经济学家熊彼特，他在1912年明确提出创新这一概念，认为"经济上的最佳和技术上的完善二者不一定要背道而驰，然而却常常是背道而驰的，这不仅是由于愚昧和懒惰，而且是由于技术上低劣的方法可能仍然最适合于给定的经济条件"②，基于"经济的逻辑胜过了技术的逻辑"③这样的判断，他提出解决经济与技术背道而驰的方法就是创新，并认为所谓的发展，其实就是创新。在今天看来，创新驱动发展的根本就在于技术创新。党的十八大已经作出了实施创新驱动发展战略的重大部署，强调科技创新是提高社会生产力和综合国力的战略支撑，必须摆在国家发展全局的核心位置。

尽管后来创新概念在其他领域有不同应用，并相应提出所谓"社会创新""制度创新"等概念，但是从历史唯物主义的视角来看，社会发展的最终决定力量是生产力，技术创新是其他领域创新的基石，社会经济的发展最终只有依靠技术创新和其他领域创新的相互作用才有可能。

改革开放以来，我国一直非常重视科技进步对于社会经济发展的重要作用。从1985年成立第一个高科技园区"深圳科学工业园"，到1988年明确提出"科学技术是第一生产力"的重要判断，但是直到1995年，《中共中央、国务院关于加速科学技术进步的决定》明确指出："技术创新是企业科技进步的源泉，是现代产业发展的动力。"这才用"技术创新"取代"技术革新"这一概念。之后，我国越来越认识到技术创新的现实意义。1996年，国家科技部等单位实施了"技术创新示范工程"；1999年，全国技术创新大会通过《中共中央、国务院关于加强技术创新，发展高科技，实现产业化的决定》；直至新世纪的2006

① 《马克思恩格斯文集》第5卷，人民出版社2009年版，第366页。

② ［美］约瑟夫·熊彼特：《经济发展理论》，何畏等译校，伊犁人民出版社2004年版，第19~20页。

③ ［美］约瑟夫·熊彼特：《经济发展理论》，何畏等译校，伊犁人民出版社2004年版，第19页。

年，国务院实施《国家中长期科学和技术发展规划纲要(2006—2020年)》，进一步明确建设国家创新体系的内涵，指出技术创新对于社会经济发展的重要意义。

要进一步理解技术创新的内涵，有必要和技术发明进行比较。技术发明是技术研究的重要阶段，涉及技术原理、新工艺、新工具等诸多方面，但都是技术本身的新创造。而技术创新是技术开发应用阶段的重要过程，无论是狭义方面即从技术发明到市场开发，还是广义方面即从技术发明到市场实现，再到技术扩散的整个过程，都同时涉及技术与市场，或者说技术创新具有明显的经济性。当然，两者也有一致性，都是基于满足社会需要的目的出发所进行的技术活动。"科技成果只有同国家需要、人民要求、市场需求相结合，完成从科学研究、实验开发、推广应用的三级跳，才能真正实现创新价值、实现创新驱动发展。"①因此，无论是技术发明，还是技术创新，都说明一个道理：技术只有同生产、经济社会结合起来，才有更加重要的现实意义。只是，技术创新概念更加明确了技术与生产、经济相结合的丰富内涵。

技术创新具有鲜明的特点，主要表现在以下几个方面：第一，创造性。创造性首先表现为技术主体的主观能动性发挥，既在技术选题上有所体现，又在技术研究阶段充分体现，尤其是技术发明，更加体现了人的能动性创造。其次表现在技术与生产的结合机制上，技术如何渗透到生产领域，如何推动生产力水平提高，包括如何改善经济结构，需要技术主体和生产力其他要素的共同参与，才能共同发挥创造性而产生好的结果。再次表现在技术产品的扩散路径上，开创性开拓市场，使新技术产品真正满足社会公众的消费和使用需求，需要敏锐的市场嗅觉和锐意进取的精神。第二，效益性。经济效益、社会效益和生态效益是所有效益问题的核心与焦点，技术创新与这三者关系紧密。首先是与经济效益的关系，自亚当·斯密以来，经济效益几乎成为"经济人"的唯一目标，而"经济人"的理性尤其表现为技术理性，充分意识到技术创新对于经济效益的重要作用。其次，技术创新也产生社会效益。纯粹的经济效益显然不是技术创新的本意，技术创新应该促进人类生活的优雅和幸福，应该是人自身价值的充分实现，这才是其社会效益。再次，技术创新产生生态效益。生态效益是指在投入一定劳动的过程中，给生态系统的生物因素和非生物因素及至对整个生态系统的平衡造成某种影响，从而对人类社会生产和生活过程产生某种影响的效应。这恰恰是技术创新内在要求，否则就不是真正意义上的技术创新。总之，合理的技术创新一定是同时产生经济效益、社会效益和生态效益。第三，系统性。技术创新的系统性一方面体现在技术自身上，只要技术与生产结合起来，就不再是某种单一或单个的技术推动生产力的进步，要么是马克思所讲的"机器体系"，要么是今天所谓的技术群，因此，技术创新也不是单一或单个的技术活动，一定是某一技术系统的变革。另一方面体现在技术与社会的关系上，技术创新的内涵已经体现了技术与经济、社会，乃至文化环境之间的系统关系，正因为如此，才有顺应技术创新现实特点的国家创新体系建设。

① 习近平：《习近平谈治国理政》，外文出版社2014年版，第124页。

链接材料

熊彼特创新理论：技术创新与经济发展

人们对创新概念的理解最早主要是从技术与经济相结合的角度，探讨技术创新在经济发展过程中的作用，主要代表人物是现代创新理论的提出者约瑟夫·熊彼特。独具特色的创新理论奠定了熊彼特在经济思想发展史研究领域的独特地位，也成为他经济思想发展史研究的主要成就。熊彼特以“创新理论”解释资本主义的本质特征，解释资本主义发生、发展和趋于灭亡的结局，从而闻名于资产阶级经济学界，影响颇大。他在《经济发展理论》一书中提出“创新理论”以后，又相继在《经济周期》和《资本主义、社会主义和民主主义》两书中加以运用和发挥，形成了“创新理论”为基础的独特的理论体系。“创新理论”的最大特色，就是强调生产技术的革新和生产方法的变革在资本主义经济发展过程中的至高无上的作用。但在分析中，他抽掉了资本主义的生产关系，掩盖了资本家对工人的剥削实质。熊彼特认为，每个长周期包括六个中周期，每个中周期包括三个短周期。短周期约为40个月，中周期为9~10年，长周期为48~60年。他以重大的创新为标志划分。根据创新浪潮的起伏，熊彼特把资本主义经济的发展分为三个长波：(1)1787—1842年为产业革命发生和发展时期；(2)1842—1897年为蒸汽和钢铁时代；(3)1898年以后为电气、化学和汽车工业时代。第二次世界大战后，许多著名的经济学家也研究和发展了创新理论，20世纪70年代以来，门施、弗里曼、克拉克等用现代统计方法验证熊彼特的观点，并进一步发展创新理论，被称为“新熊彼特主义”和“泛熊彼特主义”。进入21世纪，信息技术推动下知识社会的形成及其对创新的影响进一步被认识，科学界进一步反思对技术创新的认识，创新被认为是各创新主体、创新要素交互复杂作用下的一种复杂涌现现象，是创新生态下技术进步与应用创新的创新双螺旋结构共同演进的产物，关注价值实现、关注用户参与的以人为本的创新2.0模式也成为新世纪对创新重新认识的探索和实践。

对于技术创新，熊彼特创新理论具有重要的启示意义。技术创新活动是一根完整的链条，这一“创新链”具体包括：孵化器、公共研发平台、风险投资、围绕创新形成的产业链、产权交易、市场中介、法律服务、物流平台等。完整的创新生态应该包括科技创新政策、创新链、创新人才、创新文化。根据国家创新体系理论中新熊彼特主义者——弗里曼提出的“政府的科学技术政策对技术创新起重要作用”，为此，政府的主要职责应该是通过科技创新政策来构建一个完整的创新生态，通过这个完整的创新生态，最大限度地集聚国内外优质研发资源，形成持续创新的能力和成果。针对当前我国创新动力、创新风险、创新能力、创新融资不足的问题，政府在政策架构上需要做的有：完善促进自主创新的财政、税收、科技开发及政府采购政策；完善风险分担机制，大力发展风险投资事业，加大对自主知识产权的保护与激励；健全创新合作机制，鼓励中小企业与大企业进行技术战略联盟，实施有效

> 的产学研合作，推进开放创新；重构为创新服务的金融体制，发展各类技术产权交易，构建支持自主创新的多层次资本市场。①

(二)技术创新的基本方法

既然是创新，就不可能有统一的模式和方法，因此，这里只介绍几种基本的方法，而且这些方法也只是一种宏观的描述，现实中的技术创新一定有更加灵活多变的具体程序和途径。

1. 技术推动法

所谓技术推动法，指的是通过一定规则和程序，促进或加速技术产品与市场的结合，以提高效益形成效率的一种实用方法。尽管技术创新的直接源头是技术发明，但并不是所有的技术发明都可以进入市场，也不是所有进入市场的技术产品就一定能产生可观的效益，因此怎样推动技术与市场更加有效地结合，就成了一个具有重要意义的现实问题。当然，结合的前提就是技术产品本身一定要有原创性，新颖、性能好，这些都是技术创新的内在要求和向市场推广的前提。技术推动的具体做法涉及很多方面，首先是技术知识产权保护。既然技术创新的特点之一是创造性，自然就需要对这种原创性进行保护，技术知识产权法的设立和健全是这种保护有效的方法。这种保护既是对主观能动性的尊重，又能激励技术共同体成员更加自觉地投身到技术发展的进程之中。其次是不同的推动主体，采取不同的具体方法。就技术推动的主体来讲，既包括国家与政府，也包括企业和科研院所。在不同国家和地区，技术推动的主体有所差异，比如在很多西方国家，企业是技术推动法实施的主要力量，在我国则主要是政府组织。当然，随着我国创新驱动发展的实施，企业越来越在技术推动中扮演更加积极的角色。不同主体采取的具体方法大同小异，如通过物质和荣誉方面的奖励措施，保护和激起技术创新的热情。再次，根据技术活动和社会实际需求的基本状况，采取具体的方式推动技术与市场的结合。比如技术产品推介会，在世界范围内具有广泛影响的世博会，就是一个对新技术产品进行推介的很好的平台，另外，世界上一些有影响的工业博览会也是一个把技术推向市场的很好的渠道。在我国，科研院所的很多技术发明因为体制机制的影响，很多成果留待闺中，不能发挥其市场效益。针对这种情况，政府和技术共同体历来主张产学研结合，并采取具体做法以实现技术产品与市场的结合，比如我国设立的国家大学科技园已经走过十多年的历程，就是很好的技术推动的孵化器，尤其在技术的自主创新方面作出了巨大贡献。

2. 市场牵引法

市场牵引法主要指弄清市场需求实际情况，以市场导向为牵引，研究开发切合社会实际需要的技术产品，并及时推向市场，实现技术推广使用的一种途径。技术发展到今天，已经由以往由需求牵引带动，转向由技术产品本身为主导向市场渗透，尤其是信息技术时代，恰恰是很多技术产品培养了社会公众的某种需求。但是即便是这样，市场的实际需求一直是技术产品在开发过程中的晴雨表，要不然，今天也不会有很多技术“垃圾”，即在社会短暂使用之后，随即被淘汰的技术产品。当然，技术产品的优胜劣汰和替代性不可避免，但过高过快的淘汰率显然不是技术创新的初衷。因此，无论技术创新到什么程度，都

---

① 词条：“熊彼特创新理论”，wapbaike. baidu. com。

要以市场为导向。一般来讲，技术创新的市场牵引法可以由以下程序进行实施：一是进行充分的市场调查。市场调查不单单是从经济效益的角度开展，还要考虑“技术风土”，即当地的技术文化，包括对不同技术产品的消费偏好和传统态度。同时也要考虑不同消费群体对同一种技术产品的使用意见。在综合考量这些维度的基础上，采用全样或抽样的传统调查法，比如制定调查表的形式进行调查；尤其应该充分利用新媒体进行更加广泛的调查，以便及时获得相关资料和信息，定位或调整技术创新的方向。二是可以向市场投放一定数量的技术产品，以观察市场反应，由此判断当地市场对技术产品的实际要求。这就类似于产品发布一样，只是将这种发布在一定范围内具体实施，之后将反馈的信息及时传输到技术创新团队，由他们对产品设计、技术与市场结合机制等诸多方面进行调整。

3. 系统联动法

所谓系统联动法，指的是上述两种方法的综合或同时运用，兼顾其他方面的影响因子，以获得最及时最合理效益的方法。技术创新的主要内容包含了从技术发明到技术扩散的整个过程，其高度的创造性和市场的变化多端决定了这个过程的复杂性。因此，在实际的技术创新过程中，如果单一地采取技术推动法或市场牵引法，很难实现真正的技术创新。这就需要我们综合或同时应用上述两种方法，才有可能实现技术发明的创造性和市场的变化之间的契合。当然，这种做法的灵活运用，本身就是技术创新的内容之一。在技术创新的主要内容之外，还包括诸如激励机制、产权保护、创新文化等方面的因素，对技术创新具有重要的影响，从某种意义上讲，这些因素也是技术创新需要及时并高度关注的内容。所以，系统联动法的基本运用，首先，技术研发和市场调查的交错或同时进行，推动技术有效扩散，实现三大效益的基本目标。其次，建立各种实际有效的激励机制，有力地推动技术创新进程；健全技术知识产权保护的相关法律法规，激发自主创新热情，真正拥有自主知识产权的技术产品；营造全社会创新氛围，弘扬创新精神，为技术创新健康持续发展提供良好的社会条件。技术创新的每一个环节都是一个系统工程，但都是一个开放的系统，每一个子系统联系在一起构成一个复杂体系，因此，需要利用系统论的观点和方法实现技术创新各要素的通融联动。

二、技术评估方法

新的技术产品一旦被使用和消费，就意味着技术与社会产生了紧密的联系，需要对其进行多维度的评估，一方面保证技术合理持续发展，另一方面真正发挥技术的各种效益，以推动人类文明的进程。

(一)技术评估的含义和特点

所谓技术评估，是指对技术与人类社会、技术与自然界之间相互作用的后果进行分析，为技术发展战略或政策提供理论依据的一种技术认识过程。技术评估始于20世纪60年代的美国，之后向其他国家传播，对于世界范围内技术的发展起到了重要的导向作用。西方学者认为技术评估的主要内容“由对某项技术采用或限制而引起广泛社会后果的考察和对适合于这些后果的政策的选择所组成”①。这一看法体现了几层认识，一是技术发展

① 国家教委社科司组：《自然辩证法概论》(修订版)，高等教育出版社1991年版，第209页。

已经不再是一国的事情，而是波及全世界的现象；二是技术对社会和自然界的影响日益明显和深远；三是国家和政府在技术发展政策制定上具有不可推卸的责任。因此，对技术进行正确评估具有强烈的现实意义。

技术评估具有以下特点：

1. 观念上的批判性和客观性

技术评估首先在观念上就应该是批判性的，或者说技术评估的本质是批判。批判的视角可以是经济的、政治的和社会的，也可以是文化和伦理的。尤其是第二次世界大战以来，随着人类社会的发展越来越依靠技术的发展，由此产生的消极后果引起了人们的高度关注，不仅人文学者对技术进行了积极的批判，而且工程技术研发者也开始对技术进行积极的反思。批判的态度应该是中立的，也就是应该秉持客观性的态度，对技术进行公正的评价。在批判技术的负面社会功能时，同时应该看到技术对人类社会和改造自然界中的积极作用，只有本着辩证唯物主义和历史唯物主义的精神，才能科学合理地认识技术本身以及技术与人、技术与自然之间的关系。批判的目的在于促进技术合理健康地发展，实现技术推广使用中产生的经济效益、社会效益和生态效益。

链接材料

我国转基因技术的安全性评估

问：我国转基因食用安全评价内容有哪些？

答：国际食品法典委员会制定的《重组DNA植物及其食品安全性评价指南》、我国颁布的《农业转基因生物安全管理条例》及配套的《农业转基因生物安全评价管理办法》规定，我国转基因生物研究与应用要经过规范严谨的评价程序。食用安全主要评价基因及表达产物在可能的毒性、过敏性、营养成分、抗营养成分等方面是否符合法律法规和标准的要求，是否会带来安全风险。我国按照国际通行做法，在安全评价中努力做到评价指标科学全面、评价程序规范严谨、评价结论真实可靠、决策过程慎之又慎。实践表明，通过强化研发人和研发单位的第一责任，严格安全评价，强化政府监管，充分发挥公众监督的作用，可以有效规避风险，保证转基因食品的安全，更好地为人类服务。

问：我国是怎样评价转基因食品的安全性的？

答：依据国际食品法典委员会的标准，我国制定了《转基因生物及其产品的食用安全性评价规范和技术指南》。评价内容主要包括四个部分：第一部分是基本情况，包括供体与受体生物的食用安全情况、基因操作、引入或修饰性状和特性的叙述、实际插入或删除序列的资料、目的基因与载体构建的图谱及其安全性、载体中插入区域各片段的资料、转基因方法、插入序列表达的资料等；第二部分是营养学评价，包括主要营养成分和抗营养因子的分析；第三部分是毒理学评价，包括急性毒性试验、亚慢性毒性试验等；第四部分是过敏性评价，主要依据联合国粮农组织与世界卫生组织提出的过敏原评价决策树依次评价，禁止转入已知过敏原。另外，对转基因生物及其产品在加工过程中的安全性、转基因植物及其产品中外来化合物蓄积情况、非预期作用等还要进行安全性评价。例如，2009年我国颁发的转基因水稻安全证书，经过了长达11年的严格科学评价。在营养学评价方面，主要做了营养成分、微量元素含量以及抗营养因子等方面的比较试验，结论是转基因大米与相应的非转基因大米营养成分相同，没有生物学意义上的差异。在毒性评价方面，主要做了大鼠90天喂养试验、短期喂养试验、遗传毒性试验、三代繁殖试验、慢性毒性试验以及Bt蛋白的急性毒性试验，结论是对试验动物没有不良影响。在致敏性评价方面，主要做了Bt蛋白与已知致敏原蛋白的氨基酸序列同源性比对，Bt蛋白与已知致敏原蛋白无序列相似性，结论是不会增加过敏风险。检测机构还做了外源蛋白体外模拟胃肠道消化试验，结论是转入基因的表达蛋白易于消化，在人体吸收代谢、有效成分利用等方面是安全的。根据国家农业转基因生物安全委员会对转基因抗虫水稻的安全性评价结果，以及中国疾病预防控制中心营养与食品安全所、中国农业大学食品学院及农业部农产品质量监督检验测试中心(北京)等单位的检测验证，转基因抗虫水稻“华恢1号”与非转基因对照水稻同样安全，消费者可放心食用。①

2. 方法上的系统性和多学科性

这主要指评估内容和要素的广泛性和整体性。不仅要评估技术自身内部诸要素之间的关系，而且更要评估技术与社会诸要素之间相互作用之后的影响和后果，如技术与经济、政治、社会、生态，技术与传统安全和非传统安全，技术与文化、伦理等之间的相互关系；不仅要评估技术发展带给社会和自然界的积极功能，而且要评估技术发展产生的负面影响；不仅要评估显现的技术后果，还要评估潜在的影响。因此，需要从一般系统论的视野出发，多维度综合评估，目的只有一个，就是实现技术效益的最大化和合理化。技术评估涉及多个学科，如经济学、政治学、生命科学、环境学、伦理学等，因此，在评估的具体实施中，不仅要有技术活动的组织者和技术共同体的参与，也要有上述不同学科领域中的专家学者的参与。只有多学科系统地进行评估，才能对技术与人类社会、技术与自然界之间的关系有一个更加客观的认识，也才能为制定合理的技术发展政策提供强有力的智力支撑。

(二)技术评估的基本方法

技术评估方法与技术评估的特点是一致的，主要有以下几种：

1. 系统法

即从一般系统论和整体论的视野出发，对技术活动与其他要素发生作用的后果进行综合分析和全面认识。该方法的实施一般涉及三个方面：一是以时间为纵轴、以技术影响为横轴，动态系统分析技术与社会和自然之间关系的变化。技术自身的发展及其与人类社会和自然界之间的互动既有现实性，又有历史性。因此，对于某一技术活动包括技术产品的影响和推广使用的后果分析，既要有短期的评估，又要有长远的评估。二是系统分析技术

① 摘自《科学解读公众关注热点：理性看待转基因》，http：//www.chinanews.com/sh/2014/12-03/6841925.shtml。

与技术之间的相互作用。任何一种新技术产品的推广使用，都不是单独进行的，而是以一种技术群的形式发生着相互作用的，技术与技术之间是否融洽，技术内部诸要素之间是否自洽，这不仅仅是技术共同体成员要考虑的问题，同时也是其他领域的专家学者要分析的问题，因为技术自身内部的问题最终也要产生溢出的社会效应。因此，一种最终要与社会和自然和谐相处的技术，不仅需要技术共同体对技术内部和之间的相互作用进行分析，同时也要有其他学科的参与评估。三是系统评估技术价值的多元性。同一种技术在不同的时期和不同的消费者看来，具有不同的实际价值，一种成本低质量好的技术产品在某一个时期可能是有实际价值的，但在另一个时期并非如此；同样，存在同一种技术在一个特定区域是无风险的，到了另一个地区就有可能被认为是有风险的。这种复杂的价值认同，需要从系统的角度出发，综合权衡，以保证科学地进行技术研发，审慎地推广使用。

2. 效果分析法

即对技术推广使用的间接效果进行分析评估，由此判断某一技术活动的合理性。比如把技术产品的性能和使用寿命等因素，同研发的实际费用联系起来进行分析，以此评价某种技术活动的实际效果。类似于投入产出比的关系，如果形式新颖、性能上乘、使用寿命长，而实际研发费用低，就是所谓的性价比高，在一定程度上意味着这种技术产品至少会有好的市场预期，反之亦然。这种方法称为效果费用分析法。另一种具体方法是模糊综合评价法，即运用模糊数学的方法，结合模糊综合审计的经验，使对技术与社会和自然之间关系的评估更加精确化。

3. 再次评估法

这是指立足长远和根本利益，对通过评估之后，与社会和自然发生作用一段时间后的技术进行新的评估过程。技术能够推广使用，一般要经过评估，否则难以获得预期的效益。但是技术评估不是一次性的，它与社会和自然的相互作用后，需要长期跟踪，因此，再次评估是必要的。尤其对一些关乎国计民生的大型技术活动，或对生产力产生革命性影响的技术活动，在一定时期内的效益是可见的，但是从更加长远来看，也许很多影响和后果是我们在第一次评估中没有预想到的，需要再次进行评估。比如农业生产中农药的使用，尽管经济效益是可观的，但生态效益需要更长时段的观察，因此一次评估是不够的。这种做法在核电、大型水坝、转基因技术等的开发和使用中都有用到。

阅读书目

1. 王峰、姚长兴、石光荣：《技术方法论》，学苑出版社 1991 年版。

2. 技术预测与国家关键技术选择研究组：《从预见到选择——技术预测的理论与实践》，北京出版社 2001 年版。

3. 刘二中：《技术发明史》，中国科学技术大学出版社 2006 年版。

4. 成思源、周金平等：《技术创新方法》，清华大学出版社 2014 年版。

5. 编写组：《技术创新方法国际比较与案例研究》，科学出版社 2011 年版。

6. 丁辉：《技术创新方法精要》，北京科学技术出版社 2013 年版。

7. 冯秀珍、张杰、张晓凌：《技术评估方法与实践》，知识产权出版社 2011 年版。

分析与思考

一、

材料1：

产业结构调整的原则

①坚持市场调节和政府引导相结合，充分发挥市场配置资源的决定性作用，加强国家产业政策的合理引导，实现资源优化配置。②以自主创新提升产业技术水平。把增强自主创新能力作为调整产业结构的中心环节，建立以企业为主体、市场为导向、产学研相结合的技术创新体系，大力提高原始创新能力、集成创新能力和引进消化吸收再创新能力，提升产业整体技术水平。③坚持走新型工业化道路。以信息化带动工业化，以工业化促进信息化，走科技含量高、经济效益好、资源消耗低、环境污染少、安全有保障、人力资源优势得到充分发挥的发展道路，努力推进经济增长方式的根本转变。④促进产业协调健康发展。发展先进制造业，提高服务业比重和水平，加强基础设施建设，优化城乡区域产业结构和布局，优化对外贸易和利用外资结构，维护群众合法权益，努力扩大就业，推进经济社会协调发展。

材料2：

我国高技术产业园的发展与问题

从20世纪80年代起，面对世界范围的新技术革命和产业结构调整，我国积极推动科技创新，大力发展高新技术产业，用高新技术来改造传统产业。根据中国国情，借鉴国外发展高新技术产业的经验，我国选择了通过兴办高新技术产业园区发展高新技术产业的途径。我国先后建立了88个国家级高新技术产业开发区，它们迅速成为我国高新技术的研发、孵化和产业化基地，成为促进技术进步和增强自主创新能力的重要载体，成为带动区域经济结构调整和经济发展方式转变的强大引擎，成为高新技术企业“走出去”参与国际竞争的服务平台，成为抢占世界高新技术产业制高点的前沿阵地。高新技术产业园区的产业集聚具有生产专业化程度高，企业之间相互关联，知识、技术和信息流动迅速等特点，是推动高新技术产业园区发展，促进区域科技创新，增强高新技术产业竞争优势的重要产业组织形式。高新技术产业的集聚化发展是目前世界各国高新技术产业园区的重要发展战略，我国的高新技术产业园区经过多年的发展，也初步形成了高新技术产业园区内高新技术产业集聚化发展的模式。

高新技术产业园区的发展，对我国转变经济发展方式、促进国民经济发展起到了引领和示范作用。但同时也应该看到我国高新技术产业园区在发展中存在的一些问题：一方面，高新技术产业的集约程度不足，具体体现在高新区单位土地的产出率低下，高新技术产品附加值低，高新技术企业的利润率低且呈现下降趋势，导致优惠政策过度，空间扩张太快，促使高新技术企业创新动力不足，竞争力不强。

另一方面，产业结构趋同，比较优势不明显。在发展初期，许多高新区因片面追求结构的高度化而忽视了产业结构的合理化，出现产业结构雷同，导致产业链条无法相互关联，高新技术企业集而不聚的现象。再者，科技创新能力不足，缺乏现代技术内涵，由于高新技术产业园区内部企业之间没能形成良性互补的竞争机制，加之园区提供的过度优惠政策，导致园区企业自主创新动力不强，出现"贸而不工、科而不研、研而不果"的怪现象。

材料3：

众创空间

众创空间是顺应"创新2.0"时代用户创新、大众创新、开放创新趋势，把握互联网环境下创新创业特点和需求，通过市场化机制、专业化服务和资本化途径构建的低成本、便利化、全要素、开放式的新型创业服务平台的统称。发展众创空间要充分发挥社会力量作用，有效利用国家自主创新示范区、国家高新区、科技企业孵化器、高校和科研院所的有利条件，着力发挥政策集成效应，实现创新与创业相结合、线上与线下相结合、孵化与投资相结合，为创业者提供良好的工作空间、网络空间、社交空间和资源共享空间。

技术的进步、社会的发展，推动了科技创新模式的嬗变。传统的以技术发展为导向、科研人员为主体、实验室为载体的科技创新活动正转向以用户为中心、以社会实践为舞台、以共同创新、开放创新为特点的用户参与的"创新2.0"模式。应对信息通信技术发展以及知识社会来临的机遇与挑战，不少国家和地区都在对以用户参与为中心的"创新2.0"模式进行探索。2015年1月4日，因为国务院总理李克强的关注，"创客"进入大众视野，并被赋予了代表创新前沿的标签。在深圳视察的过程中，李克强特意强调："全民创新，万众创业，深圳能不能起一个表率作用？"他建议科研机构不要闭门造车，学习民间创新，聆听市场需求。2015年1月28日，国务院总理李克强主持召开国务院常务会议，部署加快铁路、核电、建材生产线等中国装备"走出去"，推进国际产能合作、提升合作层次；确定支持发展"众创空间"的政策措施，为创业创新搭建新平台。

材料4：

发展众创空间推进大众创新创业的基本原则

坚持市场导向。充分发挥市场配置资源的决定性作用，以社会力量为主构建市场化的众创空间，以满足个性化多样化消费需求和用户体验为出发点，促进创新创意与市场需求和社会资本有效对接。

加强政策集成。进一步加大简政放权力度，优化市场竞争环境。完善创新创业政策体系，加大政策落实力度，降低创新创业成本，壮大创新创业群体。完善股权激励和利益分配机制，保障创新创业者的合法权益。

强化开放共享。充分运用互联网和开源技术，构建开放创新创业平台，促进更多创业者加入和集聚。加强跨区域、跨国技术转移，整合利用全球创新资源。推动产学研协同创新，促进科技资源开放共享。

创新服务模式。通过市场化机制、专业化服务和资本化途径，有效集成创业服务资源，提供全链条增值服务。强化创业辅导，培育企业家精神，发挥资本推力作用，提高创新创业效率。

请根据上述材料和本章内容回答下列问题：

1. 如何正确理解技术创新在经济社会发展中的重要作用？

2. 从高技术产业园到众创空间的演变，我国技术创新在方法上有什么变化和突破？

3. 通过众创空间平台的支持与推动，技术创新具有哪些新的特点？

二、

材料1：

现代技术的社会风险

技术的社会风险的表现是各式各样的。总的来说，其可能的风险主要有以下几个方面：

(1)技术设施故障和事故的风险，可能带来对人身健康的伤害以及对环境的污染。典型的如核电站事故。

(2)技术产品使用过程中产生的副作用，如核电站中潜在的辐射和核扩散风险、农药对土壤的污染和对人体的伤害。

(3)技术和产品的泛滥与不适当扩散所带来的一系列食品安全问题、环境安全问题等。

(4)伴随技术事故、设施故障、产品安全问题可能带来的社会性恐慌和产业发展危机。

(5)由技术发展的后果的不可预测、不确定性带来的风险，如转基因食物。

以纳米技术为例。纳米技术在磁性材料、电子材料、光学材料、高致密度材料的烧结、催化、传感、陶瓷增韧等方面有广阔的应用前景，但它的风险也不可小觑。材料变成纳米级后，活性和毒性都有所增加。纳米颗粒暴露在空气中，对人体将产生极大危害，对环境也有不可估量的破坏。滥用纳米技术必然会大量地消耗有限的地球资源，甚至会带来生态灾难。纳米颗粒可能寄附在细菌上进入血液循环，或进入现有颗粒不能进入的生命组织；伴随着新的生物细胞和人造纳米机器的出现，生化武器将更具侵略性和隐蔽性；最危险的是纳米技术的自我催化反应，无须在实验室给予输入，就能够自己产生化学反应并不断加速。因此，对纳米技术的发展和商业应用，必须进行审慎的社会、经济、健康和环境后果的评估。

从根本上来说，要完全消除技术风险以及其对公众的影响也许是不可能的。但加强风险的意识，并采取有效的政策和管理措施防范危险，对于降低或部分消除风险灾害的后果和社会影响是非常重要的。①

材料 2：

现代技术可以是伦理学的对象

非常笼统地说，伦理学必须在技术事件中说点什么，或者，技术受到伦理学的评估，这个结论来自如下简单的事实：技术是人的权力的表现，是行动的一种形式，一切人类行动都受到道德的检验。同样，众所周知，同一个权力能够被用来干好事和坏事，人们在使用权力时可能重视伦理规范或者去伤害它。很显然，技术作为获得飞速增长的人类权力就属于这种普遍真理。但是，技术会形成一种特殊情况吗？这种情况要求伦理思想做出努力，而这种努力和适合任何人类行为、满足过去时代的所有人类行为方式的那种努力不同。我的观点是：现代技术事实上形成了一种新的特殊情况。

伴随重大技术每一次新的进步（“进步”），我们已置身于最亲近的人的压力，并把同样的压力遗留给后代，后代最后不得不为此埋单。但是，即便不看这么远，当今技术中专制的要素本身（使我们的产品成为我们的主人，甚至强迫我们，继续成倍地增加这些产品）意味着一种自在地来自那些问题（那些产品具体地说，有多善或多恶）的伦理学挑战。为了人类的自律、尊严（它要求，我们自己能够支配我们自己，而不要让机器支配我们），我们必须采取非技术学的方式控制现代技术的飞速发展。②

材料 3：

高技术伦理规约的评估体系

从整体视角分析，高技术伦理规约的评估体系应该包括如下几方面的具体指标内涵：

首先，高技术伦理规约应包含对高技术伦理关系的调整。任何规约无论以何种形式展开，都应该包含对伦理关系的调整，规约本身具有协调性和评价性，而协调和评价的对象就是行为主体与各种对象之间的关系。高技术伦理关系主要有三个，即高技术与自然的关系、高技术与人的关系、高技术与社会的关系。这三种伦理关系作为形式展现着人与自然的关系、人与人的关系、人与社会的关系。高技术与自然的关系核心是反映高技术对自然的改造所产生的影响，乃至这种影响又会对人与社会发生不可忽视的作用。当然，在看到高技术对“现实人”的作用和影响的同时，

---

① 摘自中科院：《2010 高技术发展报告》，科学出版社 2010 年版，第 220~221 页。

② 摘自［德］汉斯·约纳斯：《技术、医学与伦理学——责任原理的实践》，张荣译，上海译文出版社 2008 年版，第 24、32 页。

还应该预见到高技术对“未来人”的影响和对未来社会的作用，无论是直接影响还是间接影响，都在客观上提示人类，在今天开发和利用高技术时，在伦理规约的制定上，应将高技术伦理关系嵌入内涵之中。

其次，高技术伦理规约应明确限制行为主体。伦理规约的作用对象即限制行为主体。作为主要内含责任和义务的规约不仅要对个体人进行规约和限制，而且还要对群体的组织及国家进行制约。高技术伦理规约应对科研人员的行为选择进行必要的约束，同时，也应该对科研组织及团体、国家的行为进行限制。当然，这种伦理规约还要通过制度做出安排，使之在不自觉的情况下，依然具有良好的社会影响及结果。

再次，高技术伦理规约应对行为后果作出预见。尽管伦理规约具有前置性特点，但伦理规约在制定之前，必须建立在对行为后果的预见基础上。当然，有些行为的后果带有不可预见性，这就在客观上要求伦理规约具有实践性和针对性特点。在伦理规约中伦理原则带有无条件性和命令性，带有相对稳定性和绝对性，但并不是说一成不变，它在不同的应用伦理学范畴内也会随着其特点进行微调。伦理规范则必须随着具体领域的特殊性而适时作出调整。

高技术伦理规约的建构只有将这些基本思想蕴涵其中，才能在实践中对确保高技术的健康、持续发展产生正向推动。从而在更高意义上实现高技术对社会发展和文明进步具有的正价值。①

请根据上述材料和本章内容回答下列问题：

1. 简要谈一谈技术预测和技术评估在方法上的区别和联系。

2. 如何正确理解技术评估中伦理的地位和作用？

3. 为了有效降低或避免技术风险，在技术评估实施过程中，谈一谈你的建议和对策。

---

① 摘自赵迎欢：《高技术伦理学》，东北大学出版社 2005 年版，第 104~106 页。

第七章

科学技术社会论

要论提示

- 科学技术既具有物质力量，又具有精神力量。正是由于这两种力量的发挥，形成了科学技术的社会功能。科学技术具有强大的物质文明功能、政治文明功能、精神文明功能和生态文明功能。
- 科学技术社会建制化的核心是科学技术活动的职业化和知识生产活动的体制化。在科学技术建制化的过程中，逐渐形成了科学家的行为规范。在新形势下，经典的科学技术行为规范受到质疑和挑战，需要不断充实和完善。
- 经济是影响科学技术的决定性外部条件。在上层建筑诸要素中，政治对科学技术的影响最为快捷明显。教育通过出人才、出成果、提高公民的文化素质影响科学技术。科学技术是文化的有机组成部分，文化是科学技术存在和发展的土壤。哲学从世界观、方法论、认识论、价值观等方面影响科学技术。宗教对科学技术的影响一般是消极的。

科学，从来就是社会中的科学；技术，从来就是社会中的技术。科学技术与社会的关系，是一种双向的互动关系。一方面，科学技术的产生和发展，总是在特定的社会中进行的，受到诸多社会因素的影响；另一方面，科学技术是一种起推动作用的、革命的力量，导致社会的进步和发展。近代以来，科学技术与社会的互动不断增强，科学技术本身逐渐发展成为一种独特的社会建制。进入20世纪以后，现代科学技术与社会的互动更为频繁和紧密。本章从社会的维度和历史与时代相结合的高度研究科学技术与社会发展的相互关系，阐发了科学技术的社会功能、组织机构、社会体制、行为规范和社会条件，揭示了正确认识和把握科学技术与社会的互动关系，对于科学技术的健康发展和社会的全面、协调、可持续发展，具有十分重要的意义。

第一节　科学技术的社会功能

马克思主义创始人把科学技术看作最高意义上的革命力量，深刻地揭示了科学技术与社会之间关系的本质。人类文明的发展史，实际上也是一部科学技术发展的历史，是科学技术推动社会进步的发展史。随着社会生产和科学技术的发展，科学技术活动对社会和人类的影响越来越大，并改变着整个社会的面貌。科学技术的社会功能，是指科学技术对人类社会的积极的、正面的作用和意义，主要表现在物质文明功能、政治文明功能、精神文明功能以及生态文明功能四个方面。

链接材料

什么是文明?①

所谓文明，是指人类文化发展中的积极成果，亦可指社会发展从低级逐步发展到较高阶段表现出来的状态。文明是人类在认识世界和改造世界的活动中形成并逐渐发展起来的。文明的形式是多样的。人类通过改造客观世界的实践，一方面改造

① 参见百度百科“文明”词条，http：//baike. baidu. com。

了自然界，创造出丰富的物质成果；另一方面改造了社会，其成果是新的生产关系和新的社会政治制度的建立和发展。这就产生了人类社会的物质文明和政治文明。在改造客观世界的同时，人们的主观世界也得到改造，从而使人们的精神生活和精神文明得以发展。

生态文明则是指人类遵循人、自然、社会和谐发展这一客观规律而取得的物质与精神成果的总和，它将使人类社会形态发生根本转变。生态文明同物质文明与精神文明既有联系又有区别。说它们有联系，是因为生态文明既包含物质文明的内容，又包含精神文明的内容。生态文明要求人们在把握自然规律的基础上积极地能动地利用自然，改造自然，使之更好地为人类服务，在这一点上，它与物质文明是一致的。而生态文明要求人类树立生态观念，尊重和爱护自然，将人类的生活建设得更加美好，在这一点上，它又是与精神文明相一致的，其本身就是精神文明的重要组成部分。说它们有区别，则是指生态文明的内容无论是物质文明还是精神文明都不能完全包容，也就是说，生态文明具有相对的独立性。

一、科学技术的物质文明功能

物质文明是人类在改造自然界、创造自身生存条件的实践中产生的积极成果的历史积累。而任何一项积极成果都是人类智力活动的结晶，是人们对自然界和劳动生产过程的科学认识和技术创造的具体表现。所以，对于物质文明的发展来说，科学技术是一个关键的因素。作为人类改造自然界的实践活动的成果，物质文明表现为社会生产力的发展水平，社会劳动生产率的高低，表现为社会所拥有的物质财富的丰富程度以及人们物质生活的质量和水平。这些物质因素越是进步，人类的物质文明的程度也就越高。而科学技术对物质文明发展的促进，则主要是通过推动物质生产的进步和改善人们物质生活这两个方面来体现的。

(一)科学技术推动物质生产的进步

物质文明的发展以社会生产力的发展为基础，而科学技术则是推动生产力发展的关键因素。马克思认为："资本是以生产力的一定的现有的历史发展为前提的——在这些生产力中也包括科学。"①他指出，"劳动生产力是随着科学和技术的不断进步而不断发展的"②，"生产力的这种发展，最终总是归结为发挥作用的劳动的社会性质，归结为社会内部的分工，归结为脑力劳动特别是自然科学的发展"③。

马克思把科学看作是生产力的"知识的形态"，应用于生产中能够大大提高社会生产力水平，推动整个人类物质生产的迅猛发展。马克思认为，当机器大工业生产方式建立后，第一次使自然科学为直接的生产过程服务，第一次产生了只有科学才能解决的实际问题，第一次达到使科学成为必要的那样一种规模，第一次把物质生产变成科学在生产中的应用。

马克思关于"科学是生产力"的思想意义重大。它打破了以往"科学与经济、生产无

---

① 《马克思恩格斯文集》第8卷，人民出版社2009年版，第188页。
② 《马克思恩格斯文集》第5卷，人民出版社2009年版，第698页。
③ 《马克思恩格斯文集》第7卷，人民出版社2009年版，第96页。

关"的传统观念，揭示了科学与经济、生产的紧密关联，为人们更好地发挥科学的生产力功能提供了思想基础。科学技术对物质生产的推动作用主要表现在以下三个方面：

(1)引发技术创新模式的改变。技术创新的模式概括起来有两种，一种是来自经验探索或已有技术的延伸，科学对技术的作用不大。16世纪以前，技术常常来源于一些偶然的经验发现。16至17世纪，除航海业外，科学的研究成果几乎没有或很少转化为技术。另外一种是来自科学理论的引导，在这种模式中，科学作为技术创新的知识基础，成为生产力的"知识形态"。从18世纪蒸汽机的应用开始，科学与技术之间的联系日益密切，但是直到18世纪末，科学获益于工业的远多于它所给予工业的。从19世纪中叶开始，科学开始走在技术的前面，科学引导技术发展或导致新技术产生，重大的科学突破引发新的技术革命，成为技术革命和工业革命发生的基础和最重要的驱动力。尤其是进入20世纪以后，核能的利用、半导体的发明、激光器的研制、基因重组生物技术的产生等，都是来自科学理论的引导，而不是来自经验探索或者已有技术的延伸。

由此可见，科学不仅是人类认识世界的知识体系，而且是人类改造世界的知识基础；作为知识形态的科学，能够为技术创新奠定知识基础，应用于社会生产，促进新技术领域的产生，进而创造出巨大的经济价值；没有科学理论上的重大突破，很多技术创新将不能实现，很多物质新产品的生产也将不再可能。因此，推动科学向技术转化以及科学技术向生产力转化，就成为技术创新的最重要模式。

(2)推动生产力要素的变革。生产力的提高与生产者的素质、生产工具的改进、生产对象的扩大以及生产管理紧密相关。科学技术作为生产力，是通过推动生产力诸要素的变革实现的。在当代，科学技术与现代生产力系统已融为一体，它广泛而深入地渗透到生产力系统的每一要素之中，成为现代社会生产力发展的主要源泉，具有开辟道路、决定水平及确定方向之作用。

生产者是生产力中起主导作用的最积极、最活跃的因素。生产者的生产能力不仅取决于体力的大小，而且更取决于智力的高低。几千年来，人的体力并没有发生大的变化，可是，人们的劳动能力及创造能力却有大幅度的提高。现代化生产对生产者的要求，已经从以体力劳动为主，经过体脑结合，向以脑力劳动为主的方向发展。所以在现代生产力系统中，生产者智力的作用已远远超过生产者体力、经验、技巧的作用。生产者的智力一方面是依靠人的遗传，另一方面更主要的是科学技术经由各种形式的教育(学校教育、社会教育、终身教育、职业教育等)实践活动中培养出来的。所以说，生产者的智力是科学技术在生产者身上"物化"的结果。

生产工具的改进和革新，鲜明地体现着科学技术对生产资料的渗透和强化作用。科学技术可以物化为生产手段，创造出电子计算机和现代化的机器设备等全新的生产工具，不仅使生产工具代替人的体力劳动成为现实，而且使生产工具向代替人的脑力劳动发展。这既改变了劳动手段的性质，也改变了劳动手段的构成，极大地扩展了生产手段的功能，提高了生产效率。

历史的发展表明，一部生产史，也是一部生产对象不断扩展的历史。科学技术创造出新型的人造材料、合成材料和复合材料等自然界未曾有过的新材料，发现了原子能等新的能源，不仅大大扩展了生产对象的范围和种类，扩大了人类对自然资源的利用，而且还使生产对象的品质、性能和用途发生了明显的变化。

现代经济和生产管理极大地依赖于先进的科学技术，一些巨大的工程管理一旦离开科学技术，就根本无法进行。现代管理广泛应用最新的科学技术，使人、财、物得到最合理的利用，从而取得最大的经济效益。

(3)促进经济结构的调整。科学技术导致了新的产业结构和新的经济形式的产生，促进了整个生产力系统的优化和发展，提高了劳动生产率，成为经济结构调整的内生变量。

一是升级产业结构。产业结构反映了一个国家经济与科学技术发展水平。农业经济的主导产业是种植业，形成了以第一产业为主导的产业结构；工业经济的主导产业是制造业，形成了以第二产业为主导的产业结构；而现代科技革命主导下的产业是高技术产业，产业部门得到改造，新的产业部门和朝阳产业不断出现，第三产业的比重迅速上升，而第一产业和第二产业的比重减小，形成了以第三产业为主导的产业结构。

二是改变经济形式。新的经济形式，如信息经济、生物经济的出现，成为新的经济增长点。所谓信息经济，又称资讯经济或IT经济，是以现代信息技术等高科技为物质基础，信息产业起主导作用，基于信息、知识、智力的一种新型经济。所谓生物经济，是建立在生物技术基础之上，以生物技术产品的生产、分配、使用为基础的经济。生物经济以开发生物资源为特征，生物经济的发展依赖于生物工程，涉及农业、工业、医学、环境、海洋与空间等生物技术。

链接材料

信息经济①

最早提出“信息经济”概念的是美国学者马克卢普(F. Mahchlup)教授。他在信息经济的经典论著《美国的知识生产与分配》中首次提出了“知识产业”，指出它包括教育、科学研究与开发、通信媒介、信息设施和信息活动五个方面，并以大胆而富有创新精神的工作测算出“知识产业”(即信息产业)在美国国民经济中的比例。

信息经济既具有与其他经济一样的特征，也具有一系列它所特有的结构特征。主要体现在以下方面：

(1)信息经济的企业结构是知识和技术密集型的。传统的企业结构都是劳动密集型或资本密集型的，而新兴信息企业结构都是知识和技术密集型的，不但投资少、效率高，而且最终还将把人类从繁重的体力劳动中解放出来，得到全面发展。

(2)信息经济的劳动力结构是智力劳动型的。企业结构的状况决定着劳动力结构的状况，由于新兴信息经济的企业结构是知识和技术密集型的，而以科学家、工程技术人员、软件编制人员等脑力劳动者为主的劳动力结构也必然发生根本变化，传统体力劳动者将经过再教育成为新的脑力劳动者。

(3)信息经济的产业结构是低耗高效型的。这些以新兴科学知识和高技术为基础的尖端信息产业群，具有高效率、高增长、高效益和低污染、低能耗、低消耗的新特点。在传统产业日益衰落的过程中，专业化、小型化的新兴产业却在迅速发展。

① 参见百度百科“信息经济”词条，http：//baike. baidu. com。

这种产业结构及其技术结构的变化，将会使劳动生产率获得极大增长。

(4)信息经济的体制结构是小型化和分散化的。小型分散化的水平网络式的管理体制将代替集中、庞大而又互相牵制的传统金字塔型的体制结构，小公司、小工厂等横向组织将代替大公司、大工厂等纵向组织。信息经济的体制结构小型化和分散化，绝不意味着生产社会化程度的降低，而恰恰相反，通过信息化，生产在更广泛、更深入的程度上社会化了。

(5)信息经济的消费结构将是多样化的。传统工业生产是大规模的集中性生产，产品单一，虽然成套生产，但是品种少、规模单调，不能及时满足多种多样的社会需要。由于信息经济的生产机动灵活、分散化，它所提供的消耗品将是更加丰富多彩的，更符合人们的实际生活需要。

(6)信息经济的能源结构是再生型的。传统经济的能源结构是非再生型的，如煤炭、石油等，消耗一点，就少一点，不能再生，而且浪费大、效率低、污染严重。信息经济的能源结构主要是再生型的，如太阳能、生物能、海洋能等，它们不仅可以再生，取之不尽，用之不竭，而且有用、干净、效率高。

三是转变经济增长方式。高消耗、低产出、高污染的粗放型经济，逐渐被低消耗、高产出、低污染的集约型经济代替。循环经济、低碳经济等被提出，并得到贯彻实施。所谓循环经济，是指模仿大自然的整体、协同、循环和自适应功能去规划、组织和管理人类社会的劳动、消费、流通、还原和调控活动，是一类融自生、共生和竞争经济为一体，具有高效的资源代谢过程、完整的系统耦合结构的复合生态经济，具有网络型和进化型的特点。所谓低碳经济，是指在可持续发展理念指导下，通过技术创新、制度创新、产业转型、新能源开发等多种手段，尽可能地减少煤炭、石油等高碳能源消耗，减少温室气体排放，达到经济社会发展与生态环境保护双赢的经济发展形态。它以资源的高效利用和循环利用为目标，以“减量化、再利用、资源化”为原则，以物质闭路循环和能量梯次使用为特征，按照自然生态系统物质循环和能量流动方式运行。

(二)科学技术改善人们的物质生活

科学技术是改变人类生活的重要因素。马克思指出：“自然科学却通过工业日益在实践上进入人的生活，改造人的生活，并为人的解放作准备。”①科学技术在其产生的最初阶段，是与人类的社会生活融合在一起的，是为了解决人们的生活问题而发展起来的，后来随着历史的发展逐步分化出来，成为一种具有相对独立性的社会活动和知识体系。但是科学技术并未因此脱离人们的社会生活，而是在更高的程度上渗透到人们生活的一切领域之中。如今人们生活的绝大部分物质条件，包括几乎所有的消费品，都是应用科学技术制造出来的，我们依赖于科学技术的进步，才使自己拥有了超出天然形态的大量消费资料。一个社会的科学技术越发达，人们生活的科学性和总体富裕程度就越高。科学技术改善人们物质生活的具体表现，可以归纳为以下几个方面：

1. 将人类从繁重的劳动中解放出来

---

① 《马克思恩格斯文集》第1卷，人民出版社2009年版，第193页。

科学技术的应用，使得劳动生产方式从手工化走向机械化、电气化、自动化、信息化和智能化。第一次科学技术革命，以机器取代人手对工具的直接操作，实现了劳动生产方式的机械化；第二次科学技术革命，以电力作为生产动力，把人从动力供给中彻底解放出来，实现了劳动生产方式的电气化；第三次科学技术革命，用机器系统取代人的直接操纵，控制生产按一定方式进行，实现了劳动生产方式的自动化；第四次科学技术革命即现代科学技术革命，使计算机科学技术和信息科学技术得到突飞猛进的发展，实现了劳动生产方式的信息化和智能化。所有这些不仅大大延伸了人的感觉器官、效应器官，而且还大大延伸了人的思维器官，将人类从繁重的体力劳动和脑力劳动中解放出来。

2. 对人类的生活方式产生深刻影响

生活方式是指不同的个人、群体或全体社会成员在一定的社会条件的制约下和价值观念指导下所形成的满足自身生活需要的全部活动形式与行为特征的体系。人类社会的生产方式和生活方式紧密关联。科学技术推动社会生产方式变革的同时，也推动着人类生活方式的不断变革。迄今，人类已经经历了三种占主导地位的生活方式，即渔猎经济时代游动迁徙的生活方式、农业经济时代自给自足的自然经济生活方式和工业经济时代商品经济的生活方式。当代科技革命正在创造新的生活方式。信息网络技术的突破性成就使人类出现了“数字化生存”“网络生存”的生活方式。移动电话、笔记本电脑等数字化产品进入生活，成为人们日常生活用品。网上工作、学习、交往、购物、娱乐，人们步入虚拟生活。

链接材料

生活，正被纳米改变①

纳米是长度单位，把1米分成10亿份，每一份就是1纳米。人的头发一般直径为20~50微米，而纳米只有一微米的1/1000！至于纳米科技，则是制作纳米材料的技术和应用纳米材料的技术。或者说，能控制原子、分子的技术也叫做纳米技术。

由于纳米科技的出现，使人们能够“随心所欲”地改变现有物质的特性。于是有人把纳米形象地称为“工业味精”。因为把它“撒”入许多传统材料中，老产品就会换上令人叫绝的新面貌。例如，只要在传统冰箱、洗衣机、内衣、金属等多种产品中加入纳米粒，就可以使其具有抗菌功能。

那么，细微之处显神奇的纳米技术将怎样改变我们的生活呢？

砧板、抹布、瓷砖、地铁磁卡、门把手、人民币，这些挺爱干净的小东西一旦加入了纳米微粒，可以除味杀菌。

利用纳米材料制造的很多产品都可以大大“缩小”，比如已经出现的“跳蚤”机器人以及有可能很快出现的“蚊子”导弹、“麻雀”卫星、“苍蝇”飞机等。

最诱人的莫过于“纳米生物导弹”，它可以进入人体并摧毁各个癌细胞又不损害健康细胞，可以在人体来回送药，清扫动脉、修复心脏、大脑和其他器官，而不

① 资料来源：《今晚报》2005年12月26日，第8版。

必做外科手术。

加入纳米技术的新型油漆，耐洗刷性提高了10多倍，有机挥发物极低，无毒无害无异味，有效地解决了建筑物密封性增强所带来的有害气体不能尽快排出的问题。

科技人员将纳米大小的抗辐射物质掺入到纤维中，可制成阻隔紫外线或电磁辐射的"纳米服装"，而且不挥发、不溶水，持久保持防辐射能力。

同样，化纤布料制成的衣服因摩擦很容易产生静电，在生产时加入少量的金属纳米微粒，就可以摆脱烦人的静电现象。

利用纳米技术还可以制造"隐形"飞机、"隐形"战车，逃避雷达跟踪。

3. 促进医药、卫生、保健事业的发展，提高人们的健康水平和生命质量

医学、药物学无论在东方或西方，都是古老的科学。几千年来，人们依赖医药解除病患之苦，从死神手中夺回了无数生命，保证了人类的繁衍。近代以来，科学技术的发展，使得医药、卫生、保健事业有了长足的进步。X光、放射性元素、抗生素、电子诊断仪器、激光等一系列科技新成果被广泛应用，诸如人体器官移植之类的新技术的问世，挽救了千万人的生命。如今，社会医疗保健设施不断完善，人的平均寿命普遍延长，健康水平有了很大的提高。这些都是和科学技术的发展分不开的。现代生命科学还为提高人类的生命质量作出贡献。优生学指导人们科学地、有计划地生育，减少遗传性和先天性疾病；遗传工程等生物技术已发展到可望设计和影响婴儿的特定遗传结构，为创造身心俱佳的优质人提供了前景。

二、科学技术的政治文明功能

政治文明是指社会政治制度和政治生活的进步与发展的成果的总和。政治文明概念的提出，是对社会文明认识的发展，丰富和发展了历史唯物主义关于社会文明的理论。政治文明包括民主制度、法律制度、领导方式与执政方式、决策机制、行政管理体制、司法体制、人事制度、权力监督和约束机制等方面的内容。政治文明是人类文明的一部分，是人类社会进步的重要标志。科学技术对政治文明的促进主要表现在以下几个方面：

(一)科学技术促进社会形态的变革

社会形态是指同一定的生产力相适应的经济基础和上层建筑构成的统一体，不仅包括生产力，而且包括生产关系以及上层建筑。马克思主义认为，科学技术是"一种在历史上起推动作用的、革命的力量"①，是推动人类社会发展的"历史的有力杠杆"，是"最高意义上的革命力量"②。马克思在研究历史的时候，曾说过封建势力把蒸汽、电力和自动走锭纺纱机看成比法国大革命的领导人巴尔贝斯、拉斯拜尔、布朗基"更危险万分的革命家"③。他还把火药、指南针、印刷术称为"预告资产阶级社会到来的三大发明"④。恩格斯也指

① 《马克思恩格斯全集》第19卷，人民出版社1963年版，第375页。

② 《马克思恩格斯全集》第19卷，人民出版社1963年版，第372页。

③ 《马克思恩格斯文集》第2卷，人民出版社2009年版，第579页。

④ [德]马克思：《机器，自然力和科学的应用》，中国科学院自然科学史研究所译，人民出版社1978年版，第67页。

出，“17 世纪和 18 世纪从事制造蒸汽机的人们也没有料到，他们所制作的工具，比其他任何东西都更能使全世界的社会状态发生革命”①。

科学技术对社会形态的变革是从两个方面进行的：一方面，科学技术作为社会生产力，它的发展将引起生产关系的变革。马克思指出：“随着新生产力的获得，人们改变自己的生产方式，手推磨产生的是封建主的社会，蒸汽磨产生的是工业资本家的社会。”②这说明人类社会形态的更替，一种新的社会形态的诞生，归根到底是作为科学技术的物化——以生产工具为标志的生产力的发展的结果。正是科学技术的发展引起人类社会生产力的巨大进步，推动旧的生产关系发生不可逆转的变化，直接参与到不可阻挡的人类历史发展进程之中，为新的社会形态的建立创造条件。另一方面，作为社会意识形态的科学技术进步，将引起人类思想和上层建筑的变革，从而从另一个方向推动社会形态的变革。从欧洲历史上考察，新兴资产阶级为了夺取政权，以科学为思想武器与封建教会势力殊死搏斗。这就是哥白尼的“太阳中心说”、开普勒的行星运动三定律、伽利略的自由落体定律、塞尔维特的血液循环学说等理论具有重大社会作用的原因，也是他们为什么遭到攻击和迫害的社会原因。他们的科学成果沉重地打击了宗教神学，动摇了封建制度的精神支柱，大大地推动了反封建的政治斗争，成为资本主义制度的催产剂。

（二）科学技术推动着社会民主的扩大

科学与民主是近代文明的一对双生子，也是支撑近代文明的两大基石。二者就其本性来说，都是人类自我意识的一种觉醒。科学的进步使人类越来越认识到自身的力量和价值。科学知识，尤其是科学精神，向政治思想领域的渗透，终将唤起民主意识的增强和活跃。科学的昌盛、学术的繁荣，在客观上也需要社会为之提供政治民主的环境。所以在近代以来的世界文明中，科学的发展和民主的扩大总是相伴共生的。科学从求真的本质出发，必然主张科学的自由探索，在真理面前一律平等，承认科学是不断发展的开放体系，不承认终极真理；对不同意见采取宽容态度，不迷信权威；要有独立思考的精神，提倡怀疑、批判，等等。而这种自由精神正是民主思想的来源，从这个意义上来说，科学与民主在内在精神本质上是相通的。民主反映了科学发展的必然要求，科学精神、科学思想、科学技术愈进步，民主精神、民主观念、民主作风就愈益深入人心。近代以来科学技术的飞速发展，使得经济发达国家不但创造了空前发达的物质文明，而且创造了高度发达的政治文明。现代科学技术革命的发展，必然推动着现代人民主意识的不断增强。

（三）科学技术为政治文明建设提供日益丰富有效的手段

科学技术作为一种革命的力量，在促进政治文明进步的同时，也为政治文明建设提供直接而强大的物质手段和条件。随着科学技术的发展，报纸、电视、广播、网络等大众传播媒介，以及信息技术、计算机技术等高新技术，在现代政治文明建设中起着非同寻常的作用。比如，现代科学技术革命为促进决策民主化、民主参与的广泛性与及时性提出了更高的要求，同时也提供了更为有效、便捷的物质手段。决策者在信息收集、分析、整理和预测未来、随机应变等方面需要获得广泛、及时、有效的帮助，而信息技术向人们提供了

---

① 《马克思恩格斯文集》第 9 卷，人民出版社 2009 年版，第 561 页。

② 《马克思恩格斯全集》第 4 卷，人民出版社 1958 年版，第 114 页。

巨量信息源，计算机网络技术使信息得以快速传递与传播，从而为决策民主化的有效实施提供了必要的物质手段。过去决策只是政府的事情，甚至只是政府某个负责人或某几个人的事情，很少有外界的参与。现在则是由政府决策层、各类智囊机构和专家系统，以至于各种组织、社会公众共同组成决策主体，社会对决策的参与程度大大提高了。此外，现代科学技术，特别是信息技术的日益发展与普及，也为健全政治民主监督机制，避免暗箱操作，实行公平、公正、公开提供了有效的物质手段。

链接材料

什么是电子政府？

通俗地说，电子政府就是通过在网上建立政府网站而构建的虚拟政府。电子政府的实质是把工业化模型的大政府，即集中管理、分层结构、在物理经济中运行，通过互联网转变为新型的管理体系，以适应虚拟的、全球性的、以知识为基础的数字经济，同时也适应社会运行的根本转变，这种新型的管理体系就是电子政府。其核心是：大量频繁的行政管理和日常事务都通过设定好的程序在网上实施，大量决策权下放给团体和个人，政府重新确立其职能。

可以说，建设电子政府就是运用信息技术打破原政府部门之间的界限，构建一个全面电子化的虚拟政府，使人们可以从不同的渠道获得政府的各种政策信息和服务；政府部门之间及政府与社会之间由电子化渠道进行相互沟通，并依据人们的要求和使用的方法提供各种不同的服务选择，组成一个每天24小时运行的网络体系；通过建设电子政府，政府可以借助互联网强大的信息收集和传递的能力大大增强政府收集信息、传递政策信息的能力，从而有助于增强政府协调和控制各种社会活动的职能。

电子政府的内容包含三个具体层面：一是政府机构及其工作人员从网络上获取信息，包括机构内部的工作流信息和从机构外部获取的业务信息；二是政府机构的信息放到网络上，供社会了解和使用，即政务公开；三是政府事务在网络上与社会公众的互动处理。这三个方面综合起来，其具体化的产物就形成了电子政务。在基于计算机和互联网的电子政务得以实施的背景下，技术成为一种资源，它的优化配置会使政府可以向公众提供更好、更有效、更便宜的服务。

传统政府和电子政府的区别

传统政府	电子政府
实体性	虚拟性
区域性	全球性
集中管理	决策权下放
政府实体性管理	系统程序式管理
垂直化分层结构	扁平化辐射结构
在传统经济中运行	在以知识为基础的数字经济中运行

三、科学技术的精神文明功能

科学技术作为智能资源，作为生产力，推动着人类社会物质文明的发展。同时，科学技术作为知识和技能形态的人类精神产品，本身就是精神文明一个重要组成部分。科学技术的发达程度是一个国家或民族精神文明发展水平的重要标志。不仅如此，科学技术还以其特殊的社会功能，影响并促进着精神文明其他部分的发展，这些影响和促进作用主要表现在人们思维方式的变革、道德观念的更新，以及教育和文化事业的发展等方面。

（一）科学技术引起思维方式的变革

人类思维发育同社会生产力发展，特别是科学技术进步相关。恩格斯指出："人的思维的最本质的和最切近的基础，正是人所引起的自然界的变化，而不仅仅是自然界本身；人在怎样的程度上学会改变自然界，人的智力就在怎样的程度上发展起来。"①他说："每一个时代的理论思维，包括我们这个时代的理论思维，都是一种历史的产物，它在不同的时代具有完全不同的形式，同时具有完全不同的内容。"②因此，生产力的发展和科学技术进步，与思维方式发展具有一致性。近代科学史表明，几乎每一个时代都有占统治地位的自然科学理论观念作为新的方法论支配着普遍的社会思维方式。如16世纪的"日心说"、17世纪和18世纪的牛顿力学、19世纪的生物进化论、20世纪的相对论和量子力学等，每一种新理论被社会接受后，无不使人们耳目一新，逐渐改变了一些旧时的观点，树立了新的观察和理解事物的方式方法。

链接材料

思维和思维方式

恩格斯说："思维是能的一种形式，是脑的一种功能。"③脑的这种功能是用于思考问题的，恰如写字是手的功能一样。思维过程是思考问题的过程，即大脑对信息进行加工、整理、复制等活动的过程。思维作为脑的功能，它不仅存在于人类，而且存在于大脑发达的高等动物。但是，正常的成年人的思维区别于动物的思维，也区别于婴儿的思维。人的思维具有社会性，用语言符号思考问题，是与语言符号联系在一起的。因此，思维可以定义为：用语言（或符号）思考、表达一种观念的过程，一定的思想形成的过程。也就是说，思维是精神生产（认识）的过程。它不是认识、观念和思想本身，认识、观念或思想是思维活动的成果。

科学研究表明，人是按照一定的方式思考的，人类大脑的活动、人的精神生产总是通过一定方式进行的。这就是思维方式的问题。也就是说，思维方式是人的大脑思考问题的方式，大脑对信息进行加工活动的方式。从人类认识的角度，思维方

① 《马克思恩格斯文集》第9卷，人民出版社2009年版，第483页。
② 《马克思恩格斯文集》第9卷，人民出版社2009年版，第436页。
③ 《马克思恩格斯文集》第3卷，人民出版社2009年版，第508页。

式是人类精神生产的方式。思维活动中，人们总是按一定的观念思考，一般来说，是按社会占主导地位的观念思考。人们按主导观念思考，这是主导性的思维方式。例如，17、18世纪机械论的观点是当时社会占主导地位的观点，人们按这种观点思考，分析性思维成为主导性思维方式。思维方式是脑的功能与思维要素(语言、符号、文字、信息、观念、概念、判断)及其关系的统一。这种关系形成一定的思维结构，思维方式是思维功能和思维结构相互作用的统一。

以牛顿力学为例，17世纪建立的牛顿力学体系实现了科学史上的第一次大综合，对自然科学的发展起了巨大的促进作用。同时，这项辉煌的科学理论的创立，对于当时欧洲人的思维方式的变革起了极为显著的作用，这主要表现在机械论观念的盛行。机械论否定了中世纪的神学宇宙观，认为从天体到人类社会整个世界都是一部天然构成的非常精巧的机器，井然有序地按照自然规律运转着。其中每一种事物的发展都是由原始的条件给定的，偶然性是不起作用的。在这里，上帝被逐出了宇宙，被逐出了人类舞台，追求秩序、规律和合乎理性成了这一时代占统治地位的思想观念。这种机械论观念在17、18世纪形成了一种社会文化，造就了一种从自然科学到哲学、社会科学甚至人们日常生活普遍接受的思维方式。

机械论的思维方式相对于宗教神学的陈腐观念，无疑是人类精神文明史上的一个进步，但是它没有看到自然界和人类社会变化发展的辩证本质，人并非机器，人的思想和社会文明发展也不是按照机械运动的规律进行的。因此，到了20世纪，随着相对论和量子力学的诞生和发展，机械论的思维方式日益相形见绌，最终被淘汰了。新的科学理论向人们展示了新的世界。人类思维已经从宏观系统进到宇观和微观系统。大尺度的宇宙时空、接近光速的运动、层出不穷的基本粒子等，牛顿力学在这里失去了效用，机械论无法解释这个光怪陆离的新世界。社会思维方式自然随之产生了变革。人们对物质、运动、时间、空间以及它们之间的关系的认识发生了根本的变化，统计规律的认识代替了机械决定论，这些就决定了思维方式的重要基础——自然观的根本性变革。总的说来，就是辩证的发展观代替了形而上学机械论。

在当代科学技术革命过程中，科学理论的发展日新月异，特别引人注目的是创立了一系列横断性、综合性的理论和学科，如系统论、控制论、信息论、自组织理论等。现代科技革命使人类的思维方式发生革命性变化，其特点是从机械论的分析性思维走向辩证的整体性思维。这种思维方式把系统性思维、综合性思维和非线性思维整合于自身，成为一种创造性思维方式。

链接材料

智能思维①

近年来，大数据技术的快速发展深刻改变了我们的生活、工作和思维方式。大

① 资料来源：《学习时报》2015年1月26日，第4版。

数据时代带给人们的思维方式的最关键的转变在于从自然思维转向智能思维，使得大数据像具有生命力一样，获得类似于“人脑”的智能，甚至智慧。不断提高机器的自动化、智能化水平，始终是人类社会长期不懈努力的方向。计算机的出现，极大地推动了自动控制、人工智能和机器学习等新技术的发展，“机器人”的研发也取得了突飞猛进的成果，并开始一定应用。应该说，自进入信息社会以来，人类社会的自动化、智能化水平已得到明显提升，但始终面临瓶颈而无法取得突破性进展，机器的思维方式仍属于线性、简单、物理的自然思维，智能水平仍不尽如人意。但是，大数据时代的到来，可以为提升机器智能带来契机，因为大数据将有效推进机器思维方式由自然思维转向智能思维，这才是大数据思维转变的关键所在，也是核心内容。众所周知，人脑之所以具有智能、智慧，就在于它能够对周遭的数据信息进行全面收集、逻辑判断和归纳总结，获得有关事物或现象的认识与见解。同样，在大数据时代，随着物联网、云计算、社会计算、可视技术等的突破发展，大数据系统也能够自动地搜索所有相关的数据信息，并进而类似“人脑”一样主动、立体、逻辑地分析数据、做出判断、提供洞见，那么，无疑也就具有了类似人类的智能思维能力和预测未来的能力。“智能、智慧”是大数据时代的显著特征，大数据时代的思维方式也要求从自然思维转向智能思维，不断提升机器或系统的社会计算能力和智能化水平，从而获得具有洞察力和新价值的东西，甚至类似于人类的“智慧”。

(二)科学技术推动道德观念的进步

道德观念，是人们在社会实践中，在感觉和知觉的基础上，对具体道德现象的内在联系和本质特征的认识。人们是在认识世界的基础上选择一定的道德观念的。自然科学是建立道德行为和发展道德观念的知识基础，它推动新的道德规范的形成和社会道德水平的提高。这种推动作用，主要表现在以下几个方面：

(1)科学技术使社会生产和生活发生巨大变化，对生产关系和其他社会关系产生深刻的影响，从而促进新的道德规范的形成和社会道德水平的提高。比如，在小农经济的封建社会里，人工畜力的劳动方式和“日出而作，日入而息”的生活方式使人们形成了因循守旧、缓慢涣散的德行。近代科学技术促成的资本主义机器大工业生产淘汰了这种农民的习惯，向人们提出了高效率、快节奏的“时间道德”新要求，也使无产阶级养成了高度组织纪律性的品质。在当代，科学技术的影响渗入社会的一切生产和生活领域，进一步推动新的道德规范的形成。像生产过程的高度自动化，要求人们具有主动进取、迅速应变、办事灵活等新品质；复杂的工作环境，促使个人交往和社会交往以简化的方式代替旧式的繁文缛节；紧张单调的劳动操作，则产生了人们对轻松愉快的生活和高尚的审美情趣的追求。

(2)科学技术知识深化了人们对自然、社会和人自身的本质的认识，从而扩大了人们的道德视野，促进了道德观念的变革。比如哥白尼的“日心说”、达尔文的生物进化论，都曾强烈地震撼着“上帝创世说”，给统治西方若干世纪的宗教道德以沉重的打击，促进了道德观念的转变。在生态科学领域，人类对自身、对自然的价值和责任问题成为理论和实践的热点。生态学告诉我们，乱砍滥伐森林、污染环境等行为，客观上影响人类的生活，有碍人们的生命健康。因此，能否维护生态平衡，尽管体现的是人和自然的关系，但实际上也体现了人与人之间的伦理关系。对于人们开发、利用自然的行为可以作出人道主义抑或非人道主义的道德评价。可见，随着生态学的发展，人们的道德视野扩展了，并由此改变了传统伦理学忽视人与自然关系的缺陷。

(3)某些科学技术成果的运用，有力地冲击了传统道德观念，为新的道德规范的确立开辟了道路。例如，清末我国兴修铁路，就曾遭到顽固派以铁路会切断祖坟的“龙脉”，火车会震扰先人的魂灵之类封建迷信和宗法道德为由的强烈抵制。但这种愚昧的举止终究还是遭到了社会的唾弃。近年来问世的试管婴儿、器官移植、人类胚胎干细胞等新科技成果也引起了有关道德评价问题的激烈争论，给人们提出了新的伦理道德问题。但我们看到，这些成果目前已经被越来越广泛地应用，为越来越多的人所理解和接受。这表明人类的生命道德观念正在随着科学技术的发展而取得新的进步。

链接材料

路易斯·布朗：我是普通人①

1977年年底，在英国剑桥一间狭窄的实验室里，鲍勃·爱德华兹教授在他的显微镜下看到，培养液里漂动着的一些微小的细胞团——人类早期胚胎。其中有一个，将拥有极不平凡的命运。25年后，它变成了一个健康丰满、恬静温柔的普通姑娘，努力追求着普通的生活，尽管她的普通本身就极不普通。

从1960年开始，爱德华兹就开始研究人类卵子及体外受精技术，他与帕特里克·斯台普托合作，研究从女性子宫中提取卵子的方法。许多想生孩子想得发狂的不孕女性大方地提供卵子给他们试验，其中一位就是莱斯莉·布朗，一个性情恬静的妇人，因为输卵管异常而不能受孕。她的丈夫约翰健康状况正常。

1977年冬季的某天，爱德华兹成功地从莱斯莉体内取出卵子，驱车前往他在剑桥的实验室，揣着试管使它保暖。卵子与约翰·布朗的精子在培养液中混合、受精，5天之后生成了5个胚囊，它们被植入莱斯莉的子宫。尽管被告诫说受孕的可能性很小，莱斯莉却凭着感觉确信一定会成功：“我感觉自己像在茧子里，很温暖，很舒服。”

1978年7月25日夜11点47分，兰开夏郡奥尔德姆市总医院，在斯台普托主刀下，一个女婴通过剖腹产诞生了。这个名字叫路易斯·布朗的婴儿健康而正常，医生们长舒一口气，放下了心头悬着的一块大石。并不是所有的人都为路易丝的出生而欢呼，宗教界和政治界各种“扮演上帝”“制造怪物”的指责早已铺天盖地，如果路易丝有一丝缺陷，爱德华兹和斯台普托就会被口水淹死。令他们欣慰的是，在“魔鬼的造物”“弗兰肯斯坦之子”之类的聒噪中，她健康地成长着，成了试管婴儿技术的完美广告，当年那些世界末日般的言语看起来夸张得可笑。

① 资料来源：《三思科学》电子杂志，2004年第1期。

恐怕从来没有一个人的出生能够如此震动世界。生来就是公众人物，而且受公众关注的原因是自己成孕的方式，我们无法真正体会有这样特殊身份的路易斯到底有何感受。在她5岁时，父母就简略地向她讲了她来到这个世界上的过程，给她看那个著名的夜晚，初生的她发生第一声啼哭的录像——当时她已经有了一个妹妹娜塔莉，英国第40个试管婴儿。从10~11岁，是路易斯为自己的出生方式最困扰的时期，那时她经常想着自己是怎么来的，“觉得自己很特别、很不正常”。后来接受访问时，她承认自己曾经觉得“彻底的孤独”。在学校里，她不得不面对同学们无休止的发问，反复解释说自己并不是从试管里生出来的。

但是情形渐渐地好起来。路易斯在20岁生日说，自己已经不大考虑这个问题，因为以相同方式出生的人越来越多。到她25岁时，全世界试管婴儿已有约150万人，孤独感似乎没有什么理由存在了。在有数千名宾客和近千名试管婴儿参加的25岁生日宴会上，她说做公众人物的感觉“好怪”，但是“活着真好”。她坦然宣称自己作为150多万试管婴儿中的第一个感到骄傲，但并不感到自己异常或特别：“我就这么生活着，很普通。”熟悉路易丝的人说她是个恬静害羞、说话温柔的姑娘，不爱出风头，最希望的事莫过于被当做普通人看待。而她也的确普通而正常，健康冷静地生活着，闲时喜欢游泳、泡泡酒吧、玩玩飞镖，没有什么古怪的性情或嗜好。

路易丝的妹妹娜塔莉生有一儿一女，是第一个生孩子的试管婴儿，而且两个孩子都是自然受孕而生的，都很健康，这消除了人们对于试管婴儿不能正常生育的担忧——当然这担忧本来就是无道理的。路易丝尚未有生儿育女的计划。当被问及，如果有必要，她是否会选择以试管婴儿方式生孩子时，她的回答是肯定的。

(三)科学技术促进教育和文化事业的发展

教育、科学、文化是精神文明的重要内容，又是一个国家或民族精神文明程度的重要标志。教育、科学、文化这三种文明要素，自近代自然科学诞生以来，逐渐形成了相辅相成、互相促进的关系。特别在现代社会，这种关系更加显著、更加密切了。在这里我们主要探讨科学技术对教育和文化发展的促进作用。

科学技术对教育的促进作用主要体现在以下几个方面：

第一，教育规模的扩大。现代科学技术发展不仅要求科学技术研究部门需要有高层次的人才，即便是企业或社会其他部门，对受过高等教育的人才的需要量也在不断增长，要求高等教育的规模不断扩大；而且，随着科学技术的进步，社会经济得到迅速的发展，经济实力越来越强，政府以及社会有更多的财力投入教育，从而保证了扩大教育规模所需的教育经费。

第二，教育结构的改善，职业教育、终身教育、社会教育蓬勃兴起。在现代科学技术迅速发展的条件下，知识更新的周期大大缩短。新的科技成果运用于生产的周期缩短，技术设备的更新加速，致使原有的科技知识很快就变得陈旧；即使是受过高等教育的劳动者，也必须接受新知识，重新受教育。现代科学技术的发展导致产业结构以至社会结构不断地发生变化，因此劳动者可能经常变换自己的职业，而每变换一次职业，都要求重新接受教育。尤为重要的是，随着社会生产日益高新技术化，知识密集型的企业需要的是掌握了最新科技知识的人才，因此学习新知识与工作的需要紧密联系在一起，这使终身教育蓬勃发展。

第三，教育内容的变革。现代科学既高度分化又高度综合，日益增多的分支学科、边缘学科、综合学科和横断学科揭示了科学领域间的崭新联系，促成了学科的彼此渗透和知识的专门化与整体化。同时，科学与技术的联系也日益紧密，形成了现代科学技术的统一体系；科学技术与社会科学之间的相互渗透也不断加强，形成了一系列新兴的交叉学科。科学技术的这种发展趋势，对教育内容也提出了新要求：重视知识更新，强调智能教育，在教育过程中把知识与能力培养紧密地结合起来，让学生在学习知识的过程中着重提高自己的能力；提倡通识教育，要求科技人员甚至普通劳动者要有一个广博的知识结构；注重素质教育，调动学生认识与实践的主观能动性，促进学生生理与心理、智力与非智力、认知与意向等因素全面而和谐的发展。

第四，教育手段的完善。随着现代科学技术的发展，尤其是电子、信息、网络等高新技术的发展与应用，现代的教育手段越来越趋于完善。在现代化的教学中，幻灯、电影、电视、录音、录像、电子计算机等被广泛应用于教学过程，使教学过程变得图文并茂、形象生动、丰富多彩。尤其是网络的蓬勃发展突破了时间和空间的限制，极大地改变了传统的教学模式，对现代教育的发展带来了深刻的影响。

链接材料

edX 总裁：未来五年 MOOC 十大趋势①

21 世纪的第二个 10 年已过去一半。回望过去 5 年，我们有幸见证了 MOOC 这一新型线上学习方式的崛起。随着 MOOC 产业链的逐渐成熟，毫无疑问，未来 MOOC 的影响力将越来越大，给传统高等教育带来更大的冲击。接下来五年里，MOOC 会怎样发展？有哪些大的趋势？edX 首席执行官阿纳特·阿加瓦尔教授(Anant Agarwal)与我们分享他的看法：

1. 免费提供的 MOOC 课程超过数万门，世界各地的学生可以自由学习从艺术类到工程类的任何学科、任何语言的课程。目前，Coursera、edX 等 MOOC 平台提供的课程共约有 2400 门。

2. MOOC 提供“私人订制”。随着网络互动技术发展，MOOC 学习体验将更加私人化。比如课程将提供多种学习路径，让学习者根据自己的背景、需求、学习方式与速度选择合适的路径。

3. 随着雇主对 MOOC 证书的接受程度越来越高，社会认可的资质证明不只局限于大学学位。目前，各大 MOOC 平台已经在朝这个方向发展(如 Coursera 的专项课程、Udacity 的微学位)。证明你拥有某项技巧或能力的徽章制度，如 Mozilla 的

① 资料来源：http：//www. ft. com。

开放徽章，也将成为一种流行的资质证明方式。

4. 混合教学模式成为常态。到2020年，一半左右的大学课程将结合线下与线上学习，这主要是由于学生更青睐高效、便捷的线上学习方式。美国麻省理工大学最近公布了一份专责小组报告，明确表示对混合教学的支持。

5. 学生利用线上课程，成为终生学习者。大学第一年可以在网上学习，随后两年在校园学习，最后一年进入企业，获得实际工作中需要的技巧，同时通过网络继续学习大学课程。在工作中，他们也将持续培养新技能。

6. 学习MOOC课程可获得学分。如今，很多大学允许大一学生将自己高中时学过的AP课程转学分，或向网络学习者提供学分和学位。在不久的将来，MOOC证书也可以以类似的方式兑换学分。

7. MOOC成为新时代的教科书。一些大学将尝试将MOOC作为教科书使用，内容包括视频、模拟和互动练习。在课堂上，教授会主要使用公开版的MOOC，再加上一些调整与修改，以适应本班学生。

8. MOOC作为上大学准备工具。MOOC将帮助学生更好地为上大学做准备。很多大学要求新生在注册入学前的暑假完成指定书目阅读，将来，大学可以直接使用订制MOOC，为新生提供资源和入学准备测试，这样新生入学时可以更快地适应大学生活。

9. MOOC作为职业培训/发展工具。MOOC可以帮助职场人士快速掌握工作所需技能，降低培训时间及人力成本。此外，职场人士还可以通过MOOC更新自己的知识库，赶上行业技术发展。

10.“虚拟大学”兴起，通过整合现有MOOC课程提供学位。越来越多的机构，尤其是在发展中国家，将现有MOOC课程整合为学位项目提供。这些机构可以为学生提供接近真实的校园体验，比如助教支持等，但是教学资源都来自MOOC。

第五，教育价值观念的改变。传统教育价值观念把教育投资看成纯消费性投资，在当代，科学—技术—生产一体化的趋势使人们认识到科学技术是生产力，因此对传授科技知识的教育的投资乃是生产性投资。随着科学技术的进步，教育投资的效益也愈益显著，远比其他投资收益大，属于社会经济发展的根本性建设。

科学技术对文化事业具有积极的促进作用。这里所讲的文化，是狭义上的文化，主要指文学、艺术、新闻、出版、电影、电视、卫生、体育、图书馆、博物馆、文化馆等各项事业。在近代历史上，科学原理和技术成果被应用于艺术创造、新闻出版和卫生事业，推动这些事业的进步和发展的事例很多。像光学、几何学之于绘画，声学之于音乐，印刷术之于出版业等，都是人所共知的。现代科学技术革命的巨大成就对各项文化事业的渗透更是无所不至，在文化领域掀起了新科技革命的旋风，导致新兴文化形态的崛起和传统文化形态的更新。高新技术的产生和现代工业的发展，不仅导致所有传统艺术形态的升级换代和现代更新，而且创造了大量崭新的艺术形式。文化生产方式工业化，实现了从文化手工业到现代文化大工业的深刻变革，直接导致文化工业革命，极大地解放和发展了文化生产力。

科学技术对文化事业的促进作用还表现在文学、艺术、新闻等文化传播形式中，反映科学技术的内容越来越多、越来越深刻。现代科学技术已经渗透到文学艺术创作之中，为艺术的发展增添了新的内容。现代具有科学幻想内容的小说、电影、电视，既是借助于现代科学技术手段来实现的，又是借助于现代科学技术内容对未来的想象，从而把科学美、技术美和艺术美有机地结合起来。

四、科学技术的生态文明功能

生态文明是指人类在改造和利用客观物质世界的同时，积极改善和优化人与自然、人与社会以及人与人之间的关系，建设有序的生态运行机制和良好的生态环境所取得的物质、精神和制度方面成果的总和。从历史发展来看，生态文明是继原始文明、农业文明和工业文明之后，迄今为止人类文明发展的最高阶段，它是人类对传统工业文明进行理性反思的产物。工业文明为人类创造了非常丰富的物质财富和精神财富，但它的高投入、高能耗、高消费，也使全球出现了极其严重的环境污染、人口爆炸、物种灭绝、资源短缺等生态灾难。生态文明以人与自然、人与人、人与社会和谐共生、良性循环、全面发展、持续繁荣为基本宗旨，要求转变现有的经济发展方式，形成节约资源和保护环境的空间格局、产业结构、生产方式、生活方式，从源头上扭转生态环境恶化趋势，创造良好的生产生活环境，实现经济社会永续发展。

生态文明的发展离不开科学技术的有力支撑。科学技术不但可以大大地提高生产力，改进人们的生产方式，而且也给社会生活各个领域包括生态环境带来了深远的影响。科学技术在生态文明建设中的广泛应用，推动生态的恢复、自然的保护和环境的改善，促进对环境资源的永续利用。科学技术的生态文明功能主要表现在：

(一)科学技术有利于生态价值观的树立

生态价值观就是处理人与生态之间关系的价值观，它是生态文明建设的价值论基础。今天，我们建设的生态文明就是要建立一种人与自然协调发展的关系。现代科学技术发展中生态意识日益增强，有利于生态建设和环境改善的技术越来越受到重视。例如，电子计算机技术的发展与应用，既带来了工作高效率和生活高质量，又大大缓解了人类对自然资源的需求压力；材料科学技术的发展，正在使大量的自然资源为人工合成材料所替代；能源科学技术正在朝着提高能源利用效率、减轻环境污染方向发展，对环境无污染的新能源备受重视；现代生物技术的发展，可能带来社会发展的生物化、生态化。基因工程、蛋白质工程、细胞工程正在显著地改变着农业、制药、食品、医疗及环境状况，微生物工程将使工业生产向着高效率和无污染方向转变，环境科学技术也在发挥着越来越大的作用。现代科学技术的“生态化”发展趋势最终将导致社会生产和生活方式、思维方式的根本性转变。在生态价值观下，人类依靠科学技术发展，将有能力消除面临的生态危机，最终建立起一个可持续发展的社会。

链接材料

低碳经济①

"低碳经济"的提法最早见诸政府文件是在2003年的英国能源白皮书《我们能源的未来：创建低碳经济》。随着全球社会逐步认清了气候变暖的极端危害性，发展低碳经济逐步成为维持全球与中国永续发展的共识。

20世纪90年代初以来，许多国家已经陆续抛出不同形式的温室气体减排承诺方案：2009年年初，奥巴马上台后，一改布什政府的能源政策，表示将在未来10年投入1500亿美元资助替代能源的研究，以减少50亿吨二氧化碳的排放。他还承诺要通过新的立法，使美国温室气体排放量到2050年之前比1990年减少80%。欧盟提出，到2020年，在1990年基础上减排20%、在达成国际协议的情况下减排30%的目标。澳大利亚已承诺2020年在2000年的基础上减排5%~15%。日本亦表示尽管有困难，仍将尽快宣布其2020年的量化减排目标，其他发达国家的承诺方案预计也将陆续抛出。与此同时，发展中大国也抛出了承诺方案，如南非承诺其排放在2025年左右达到峰值。

目前，中国一次能源消费结构中原煤仍占最大比例。据2010年统计数字，在一次能源消费中，原煤占70.45%，仍然属于高碳经济。近年来，国内大部地区频繁出现雾霾现象，严重影响人们的身体健康，空气污染治理工作备受社会各界关注。为此，发展低碳经济的呼声日益强烈。2014年11月，习近平在澳大利亚布里斯班出席二十国集团领导人第九次峰会时发表讲话，宣布中国计划在2030年左右达到二氧化碳排放峰值，到2030年非化石能源占一次能源消费比重提高到20%左右。由此，发展低碳经济和建设低碳社会成为推动中国可持续发展的基本国策。中国在应对全球气候变暖与发展低碳经济方面展现了作为全球性大国的责任与担当。

(二)科学技术推动经济增长方式转变

经济增长方式是指一个国家(或地区)经济增长的实现模式，它可分为两种形式：粗放型和集约型。粗放型的经济增长是以高投入、高消耗、高速度、低产出、低质量、低效益为特征的数量扩张型增长方式，是难以为继的。集约型的经济增长则是以低投入、低消耗、高产出、高质量、高效益为特征的质量效益型增长方式，是可以持续的。经济增长方式转变，是指经济增长方式从粗放型增长方式为主转向集约型增长方式为主。科学技术是实现向集约型增长转变的主要支柱。这是因为，科学技术有利于节约资源、降低消耗、增加效益，可以促进各生产要素的优化组合，提高生产要素的整体功能，可以促进产业升级，提高规模效益、改善产品结构和提高产品质量，从而大幅度提高科学技术进步对经济增长的贡献率。当今业已实现经济集约化增长的国家和地区，在实现经济增长方式转变时，大多具有了较高的科学技术水平，并且都十分重视科学技术的进步。长期以来，我国采用的是粗放型经济增长

① 资料来源：http：//baike. haosou. com。

方式，不但浪费大量的资源，而且产生大量的废弃物、污染环境。因此，解决我国经济发展中的增长方式问题，根本上要靠科学技术。要通过科学技术创新促进产业结构优化升级，提高经济发展的科技含量，促进经济社会全面协调可持续发展。

（三）科学技术为生态文明建设提供重要手段

生态文明建设离不开科学技术的发展，没有科学技术，也就谈不上建设生态文明。一方面，科学技术日益加深对自然规律和人与自然关系的理解，不断提高对环境承载能力、环境与经济相互影响的认识，从而提高了人们环境保护的意识和能力，为推进生态文明建设提供了精神动力和智能支持。另一方面，科学技术为建设生态文明提供了技术手段。科学技术是合理开发、利用与保护自然资源的有效手段，拓宽了可利用的自然资源的范围，提高了资源能源利用效率，有利于实现从源头到末端的防污、治污，从而很好地实现环境的保护。通过实施生态化科学技术，发展知识经济、信息经济，最大限度地实现生产非物质化，尽量降低对自然环境的依赖，减少资源消耗和废弃物的排放。比如，绿色科技就是为了解决生态环境问题而发展起来的科学技术，是有利于保护和合理应用生态资源的科学技术。绿色科技可分为两大类：一是保护生态环境的科技，即危害生态环境的因素已经存在，发展这类科技的目的是抑制和减少其危害，如治沙技术、防治病虫害技术、污水处理技术、垃圾无害化处理技术等；二是充分利用资源和优化生态环境的技术，如稀有资源替代技术、高效节能技术、新材料新能源研制开发技术、资源循环利用技术、清洁生产技术、小流域生态治理技术等。绿色科技有利于人与自然共生共存，为经济社会可持续发展提供有力的支撑，是环境保护和生态文明建设的重要技术保证。

五、科学技术的异化

（一）科学技术异化的内涵

所谓“异化”，在马克思看来，是指人的物质生产与精神生产及其产品变成异己力量，即与自身对立并驾驭自身的力量，反过来统治人的一种社会现象。也就是说，异化是指本属自己的力量，经过发展后，在一定条件下反过来成为制约、支配自己的力量这样一种现象。所谓科学技术的异化，是指在一定社会条件下，科学技术这种人的活动及其成果背离人的需要和目的，成为人难以驾驭的异己性的力量，并反过来控制人、危害人的特殊现象。

从历史上看，科学技术异化的现象早已有所显露，并为一些有识之士所察觉和深感忧虑。还在18世纪时，法国启蒙思想家卢梭就曾把科学技术看作是道德的敌人、罪恶的渊薮，他尖锐地指出，“随着科学和艺术的光芒在我们的地平线上升起，德行也就消逝了；并且这一现象是在各个时代和各个地方都可以观察到的”，“我们的灵魂正是随着我们的科学和我们的艺术之臻于完美而越发腐败的”。① 他还认为科学是破坏自然的万恶之源，他大声疾呼：“人们啊！你们应该知道自然想要保护你们不去碰科学，正像一个母亲要从她孩子的手里夺下一种危险的武器一样。”②19世纪，马克思主义的创始人在充分肯定科

---

① ［法］卢梭：《论科学与艺术》，何兆武译，商务印书馆1963年版，第11页。
② ［法］卢梭：《论科学与艺术》，何兆武译，商务印书馆1963年版，第19页。

学技术的历史功绩的同时，也揭示了在资本主义社会里所暴露出的负面作用。马克思说："在我们这个时代，每一种事物好像都包含有自己的反面。我们看到，机器具有减少人类劳动和使劳动更有成效的精神力量，然而却引起了饥饿和过度的疲劳。新发现的财富的源泉，由于某种奇怪的、不可思议的魔力而变成贫困的根源。技术的胜利，似乎是以道德的败坏为代价换来的。"①他又说："一切发展生产的手段都变成统治和剥削生产者的手段，都使工人畸形发展，成为局部的人，把工人贬低为机器的附属品，使工人受劳动的折磨，从而使劳动失去内容，并且随着科学作为独立的力量被并入劳动过程而使劳动过程的智力与工人相异化。"②恩格斯说："我们在最先进的工业国家中已经降服了自然力，迫使它为人们服务；这样我们就无限地增加了生产，现在一个小孩所生产的东西，比以前的100个成年人所生产的还要多。而结果又怎样呢？过度劳动日益增加，群众日益贫困，每十年发生一次大崩溃。"③他还指出："我们不要过分陶醉于我们人类对自然界的胜利。对于每一次这样的胜利，自然界都对我们进行报复。每一次胜利，起初确实取得了我们预期的结果，但是往后和再往后却发生完全不同的、出乎预料的影响，常常把最初的结果又消除了。"④

如果说，在20世纪以前，科学技术的异化还是有限的，还未得以充分暴露，还没有引起人们足够的警觉，那么，20世纪以来，随着现代科学技术的迅猛发展，科学技术异化现象愈演愈烈，成为全人类高度关注的重要问题。主要表现在：科学技术的发展加剧了人与自然的矛盾，引发了环境污染、生态危机、资源匮乏等许多全球性问题，破坏了人类的生存环境，给人类的生存和发展带来了严重的威胁；科学技术的进步可能导致人性的异化，加剧社会不平等、不公正等社会问题，妨碍人的健康发展；科学技术的发展可能带来社会伦理道德的退化，引发社会失范行为发生，危害社会稳定。这表明，科学技术的社会功能并不是单一的，科学技术既有积极的社会作用，又有消极的社会效应；也就是说，科学技术是一把双刃剑。

链接材料

互联网会把我们变蠢吗？⑤

从西部省份回到阔别3个月的北京，满街都是iPad和iPhone，这让我感到恐慌，好像自己被这个数字化的时代抛弃了。

生活在这个时代的人都"病"了。

我们很少提笔，字写得越来越丑，有些字忘记该怎么写，要拿手机查；我们很

---

① 《马克思恩格斯全集》第12卷，人民出版社1962年版，第4页。
② 《马克思恩格斯全集》第23卷，人民出版社1972年版，第708页。
③ 《马克思恩格斯文集》第9卷，人民出版社2009年版，第422页。
④ 《马克思恩格斯文集》第9卷，人民出版社2009年版，第559~560页。
⑤ 资料来源：《中国青年报》，2011年2月16日，第11版。

少在纸上写文章，因为没有删除键，没有滚动条，没有剪切和粘贴功能；我们不看书，也不看报，只在互联网上寻找感兴趣的信息；当我们需要精读时，这种得病的感受最为强烈，因为集中精神地阅读已成了份苦差事……

似乎有某种东西在改造我们的大脑，改造我们的神经通路，改写我们的记忆程序。我们不再用过去习惯的思维方式来思考。

“谷歌在把我们变傻吗?”《哈佛商业评论》原任执行主编尼古拉斯·卡尔曾经公开发问。如今，他在新作《浅薄》中把这一切归咎于互联网。他认为，互联网正在把人类的专注和思考能力撕成碎片。

有科学实验表明，大多数人并没有同时处理多项任务的能力。只要一上网，人们的工作记忆就会严重超载，导致大脑额叶难以聚精会神地关注任何一件小事。同时，由于神经通路具有可塑性，上网越多，对大脑适应精力分散状态的训练就越多。这也是为什么习惯上网的人只要离开互联网，就会感到无所适从。

苏格拉底，大概是历史上最早提出要对技术怀有戒惧之心的人，他担心书写技术的发明，会让人在心灵上成为健忘者。他曾说：新的技术成就总是会废除或毁坏一些我们认为珍贵、有益的东西。在人类发展史上，伴随着活字印刷、打字机等技术的革新，类似的怀疑论层出不穷。

不过，在卡尔看来，新的信息技术必然会带来一种新的智能伦理，这本无可厚非。就像自从活字印刷术发明以来，读书成为人们的普遍追求，而人们仍能兼具效率思维和冥想思考的能力一样。

问题是屏幕的世界截然不同于书本的世界。按照卡尔的说法，人类正处于文明发展史上的一个节点：平心静气、全神贯注，这样的线性思维正在被一种新的思维模式取代，这种新的智能伦理需要以简短、杂乱甚至爆炸性的方式收发信息，其遵循的原则是越快越好。

从工业革命以来，效率至上的思想已成为人类发展史上的一个命题。但是另有一派观点指出：真正的启迪和领悟只能通过沉思和自省获得。这两种长期对立的思想被称作“工业理想”和“田园理想”。

卡尔担心，效率至上的工业理想一旦搬到精神领域，就会对田园理想构成致命威胁。大脑的全面发展要求我们既能迅速解析各种信息，又能无拘无束地沉思冥想；既要有高效率收集数据的时间，也要有低效率沉思冥想的时间；我们既要能在互联网那个数字世界中积极工作，也要能隐退到田园中静思遐想。今天的问题在于，我们正在丧失在两种截然不同的思想状态之间保持平衡的能力。

更加值得警惕的是，网络为个人记忆提供了非常便利的补充。但是，当我们开始利用网络代替个人记忆，从而绕过巩固记忆的内部过程时，我们就会面临掏空大脑宝藏的风险。卡尔表示，“一旦记忆外包，文明就会消亡”。

的确，现代人的脑子越来越不好使了。每当我出门前找不到钥匙，总是设想有一天，给家里所有的物件都输入某种信息，以便在电脑终端上搜索。而我的另一半已经付诸行动了。她最近正在用相机拍下难以计数的衣物饰品，然后参照图书分类的方式建档。每天出门前只要打开电脑，不仅能完成搭配，还能顺手发3个方案给闺蜜们征求意见。然后根据编号，找到要穿的衣服。

想想吧，男人们再也不用呆坐在沙发上等待和参与品评，然后望着成堆的衣服摇头叹息了。我们有什么理由拒绝这样高效、便捷的数字化时代呢？

当然，我们今天的某些生活也将一去不复返了。

（二）科学技术异化的根源

科学技术之所以在特定条件下会发生异化，其根源主要有以下几个方面：

1. 人类认识水平的局限

认识自然规律是科学的使命，科学愈向深度和广度发展，就会发现愈多的自然规律，其结果是人类利用自然规律的规模和范围也就愈大。但是，人的认识是一个无限发展的过程，自然规律本身也有一个逐渐暴露的过程。在某一时代、某一阶段，人的认识水平是有局限性的，人们对自然规律的认识总是要受到人的认识水平局限性制约。恩格斯指出："我们只能在我们时代的条件下去认识，而且这些条件达到什么程度，我们就认识到什么程度。"①由于认识上的片面性和局限性，人类在运用科学技术改造和利用自然时可能会出现意料不到的消极结果。可以说，人的认识局限性导致科学技术异化的现象常常是难以避免的，但这也意味着，随着人的认识水平的提高，科学技术异化又是可以减少和降低的，科学技术的进一步发展恰恰是抑制科学技术异化的有效途径。

2. 人的价值观念的影响

科学发展的进程表明，人类早期的科学活动更多是受好奇心驱动，随着科学实用价值的凸显，功利主义的价值观逐渐占上风。正如默顿所指出的，17 世纪的"许多科学研究都是针对着那些对技术发展十分有用的课题而进行的，然而并不总是科学家们经过深思熟虑有意这样做的；那些迎合当时社会及经济重点的课题吸引了科学家们的注意力，使他们认为这些课题值得做进一步的研究"，即"为了功利主义的目的而进行某些科学研究"。② 在功利主义价值观的影响下，人们越来越注重科学技术的物质性、经济性价值，注重利用科学技术获取短期见效的经济效益，陶醉于对自然界的改造和征服的胜利之中，无视这种过度改造和征服会对人类造成长远的严重的不利影响。将科学技术作纯粹功利主义的理解，即仅仅理解为人们征服自然、获取物质利益的手段，显然是狭隘的。这种狭隘的价值观不仅促使人们为谋求眼前利益不恰当地使用科学技术，而且严重地忽视了科学技术的其他社会功能，特别是忽视了科学技术对人类自身发展和精神文明建设的重要意义和作用，从而导致科学技术的异化。

3. 社会发展状况的作用

科学技术异化的根源并不在于科学技术本身，而在于对科学技术成果不合理的使用、误用或滥用，这就与社会制度、科学管理、科学政策不合理等社会因素有关。一个多世纪以前，马克思就指出："一个毫无疑问的事实是：机器本身对于工人从生活资料中'游离'

① 《马克思恩格斯文集》第 9 卷，人民出版社 2009 年版，第 494 页。

② [美]默顿：《十七世纪英格兰的科学、技术与社会》，范岱年等译，商务印书馆 2002 年版，第 204、205 页。

出来是没有责任的。……同机器的资本主义应用不可分离的矛盾和对抗是不存在的，因为这些矛盾和对抗不是从机器本身产生的，而是从机器的资本主义应用产生的！因为机器就其本身来说缩短劳动时间，而它的资本主义应用延长工作日；因为机器本身减轻劳动，而它的资本主义应用提高劳动强度；因为机器本身是人对自然力的胜利，而它的资本主义应用使人受自然力奴役；因为机器本身增加生产者的财富，而它的资本主义应用使生产者变成需要救济的贫民。"①这样，"科学对于劳动来说，表现为异己的、敌对的和统治的权力"②。因此，不合理的经济制度和社会制度，是产生科学技术异化现象的本质原因。对此，爱因斯坦看得很清楚，他指出："技术——或者应用科学——却已使人类面临着十分严重的问题。人类的继续生存有赖于这些问题的妥善解决。这是创立一种社会制度和社会传统的问题，要是没有这种制度和传统，新的工具就无可避免地要带来最不幸的灾难。"③

总之，科学技术的异化并非是由于科学技术发展本身所导致的，主要是源于对科学技术的不恰当运用。正如爱因斯坦所说："科学是一种强有力的手段，怎样用它，究竟是给人类带来幸福还是带来灾难，全取决于人自己而不是取决于工具。"④因此，要减弱以至消除科学技术异化，必须从科学技术活动的主体——人着手，需要全社会的高度关注、各方面的努力。具体地说，就科学家而言，应不断提高认识能力，不断创新，要提高道德素质，增强社会责任感，努力避免出于金钱、地位、名利的考虑或受到权力和利益集团的压力，主动或被动地有意利用科学技术危害社会、危害他人、危害生态环境；就政府而言，应从政策、经费、人力等方面对科学技术的研究和应用加强引导、监督和管理，形成高效、有力、合理的科学技术发展机制，让国家的科学技术活动在一定的规范下进行；就公众而言，应该积极关注当今社会科学技术发展的现状，自觉提高科学素养，增强辨别是非的能力，主动参与到对科学技术运用的后果与影响的评价中去。

(三)反科学主义但不反科学

科学主义(Scientism，亦译唯科学主义)，是指用科学的标准来衡量人类的认识和生活，分为学科内的科学主义和学科外的科学主义。学科内的科学主义认为，人文社会科学应该归并、还原或转化为自然科学。学科外的科学主义又分为：认识的科学主义——所有真正的认识或者是科学认识，或者是那些能够归入科学认识的认识，与科学认识一致的认识是有价值的，否则就没有价值；理性的科学主义——我们知道的只是科学已经认识到的，科学不知道的或与科学不相一致的，我们就不应该去相信；本体论的科学主义——存在的也就是科学进入的，或科学已经认识到它的存在的；价值论的科学主义——科学是人类认识中具有最大价值和最多价值的部分，其他认识或者没有价值或者比科学认识价值更

---

① 《马克思恩格斯文集》第5卷，人民出版社2009年版，第508页。

② 《马克思恩格斯全集》第47卷，人民出版社1979年版，第571页。

③ [德]爱因斯坦：《爱因斯坦文集》第3卷，许良英、范岱年译，商务印书馆1979年版，第135页。

④ [德]爱因斯坦：《爱因斯坦文集》第3卷，许良英、范岱年译，商务印书馆1979年版，第56页。

小；拯救的科学主义——科学完全能够将宗教和伦理作为物质现象来解释，它们不仅应由科学来解释，而且还将被科学所代替；综合的科学主义——科学过去和现在虽然不能解决我们所面临的所有难题，但是，随着科学的发展，它将单独能够逐渐解决人类所面临的所有的，或者是几乎所有的真正的难题。①

科学主义的产生有其社会、文化、心理等方面的原因，是人类在一定历史时期对科学的理想看法，反映的是对科学及其应用的态度，有一定的历史必然性与合理性。它有利于促进科学建制的确立、科学技术的发展及其广泛应用，有助于人们解放思想，摆脱迷信，辨明是非。而且，将科学方法应用到人文社会科学的研究中，确实在一定程度上促进了这些学科的发展。然而，科学主义夸大了科学认识、方法和价值的正确性和普适性，贬低乃至否定了其他人文社会科学的方法的有效性、认识的正确性以及对于人类社会生活的价值和意义，把科学技术看成解决人类一切问题的工具，使人们产生科技乐观论、科技万能论，盲目滥用科学技术，从而加剧科学技术应用的负面影响。这是应该反思和批判的。

20 世纪下半叶，西方出现了反科学主义思潮，表现在激进的后现代主义、"强纲领"科学知识社会学、极端的环境主义者等相关论述中。这些观点的中心含义是：科学知识是社会建构的，与自然无关，是科学共同体内部成员之间相互谈判和妥协的结果；科学与真理无关，所有知识体系在认识论上与现代科学同样有效，应当给予非正统的"认知"形式与科学同样的地位；科学是一个与其他文化形态一样的、没有特殊优先地位的东西。这些观点在很大程度上否定了科学的真理性，片面夸大了科学技术应用产生的负效应，消解了科学的进步性、权威性和社会文化地位，走向了科学技术悲观论甚至反科学，不利于科学技术的发展。

因此，我们要反科学主义，但不要由反科学主义走向反科学。在对科学主义的反思批判中，要做到：不反对科学本身，而是反对将科学绝对化；不否定自然科学知识的准确性、有效性，但反对视科学认识为唯一有效的认识形式而否定人文社会科学的认识及其形式；不反对科学的方法可以应用到人文社会科学中去，但反对机械地将科学方法盲目地应用到人文社会科学中去；不反对科学对人类生活所具有的不可忽视的价值，但反对否定其他非科学领域对人类生活所具有的价值；不否定科学作为我们判断认识、树立信念等的根据，但反对将它作为唯一的根据；不否定科学技术能够为人类解决很多问题，但反对科学技术单独就能够解决或逐步解决人类所面临的所有问题；不反对科学技术能够给人们带来幸福，但反对将科学技术视为导向人类幸福的唯一工具；不反对科学技术的广泛作用，但反对科学技术万能的观点。一句话，不反对科学技术的发展应用及其重要文化地位，但反对科学主义对科学真理性的绝对化以及对科学、人文社会科学及两者之间关系的错误认识。这才是对待科学的正确态度，是对科学技术重要文化地位的肯定。它对于人们深化科学技术的理解，树立正确的科学技术观念，合理地发展和应用科学技术，认清乃至避免科学技术的异化和负效应，实现科学技术、人文社会科学和人类社会之间的协调发展和相互促进，具有十分重要的意义。

---

① Mikael. Stenmark. *Scientism: Science, Ethics and Religion*, Ashgate Publishing Limited, 2001, pp. 1-16.

第二节　科学技术的社会建制

社会建制化是科学技术发展到一定阶段的必然产物，是科学技术持续发展的基本条件。在科学技术的社会建制中，经济支持制度、法律保障体系等科学技术体制是根本，各种组织机构及科研组织运行是保证，科学技术的行为规范是导引。研究科学技术的社会建制，对于深刻认识科学技术的本质及其与社会的关系具有十分重要的意义。

一、科学技术社会建制的形成与发展

科学技术成为一种社会建制，是一个历史发展的过程。人类探索自然规律并生产和应用知识的活动可以追溯到史前时期，但科学技术的社会建制化是从近代开始的。科学技术社会建制化的核心是科学技术活动的职业化和知识生产活动的体制化。科学技术的社会建制化过程可以分为三个阶段。

(一)科学技术知识生产成为独立的社会活动

科学技术活动有悠久的历史，在史前和古代，科学技术活动更多地表现为个人性的、零散的认知和实践活动，而且科学活动与技术活动相互分离，科学技术活动在整个社会体系中多依附于其他的社会劳动，在社会中处于从属的地位。

古代科学技术知识的生产主要依赖于两条途径：一是自然哲学家对自然现象的哲学式的研究。古代自然哲学家在其相对完整的哲学体系中包含着比较丰富的科学和技术知识，但这些知识本身往往是零散的，而且更重要的是这种研究以思辨的方法为主，缺乏实证基础，这种知识与哲学的思辨糅合在一起民，其中正确的见解与虚妄的臆断相互交织。二是工匠的技师(如建筑师、医生、工程师等)在从事建筑、水利和运输等各类实践活动时积累起来的知识和技能。这种工匠和技师所积累的知识和技能具有经验基础，往往体现为实践技巧。但工匠和技师的工作都具有直接的实用目标，科学技术知识的生产并不是他们活动的直接目的，而且这种技巧并不以更深层次的知识为基础。从古代科学技术知识生产的两条途径看，科学技术知识的生产还都不是独立的社会活动。

科学技术活动要成为独立的社会活动，科学技术知识的生产、传播和应用要成为一种直接的目的性活动，这种活动是其他社会劳动无法替代的特殊劳动，并且人们对科学技术活动的独特功能和价值有充分的认识。直到17世纪，科学技术活动才摆脱对于其他目的性活动的依附成为相对独立的社会劳动，其重要标志是1662年英国皇家学会的成立。皇家学会以增加自然知识和一切有用的技艺、生产、实际机械和实验的发明为宗旨，集中了全世界三分之一以上的科学家，如牛顿、哈雷、玻义耳、胡克等。以皇家学会为中心，英国科学出现了飞速的发展。皇家学会的成立，一方面表明科学活动在一定程度上得到了社会的认可，另一方面则表明从事科学活动的人，不再是一些孤立的个体，而是属于一个有共同目的和宗旨，并恪守一定规范的科学组织。

法国在英国之后迈出了第二步。1666年，法兰西皇家科学院在巴黎成立，并由政府提供经费支持。这表明科学院已作为国家机构的一部分从事科学活动，科学研究得到了国

家的支持。国家设置院士的编制，这些院士领取国家的薪金。虽然他们在数量上可谓凤毛麟角，仅限于少数精英人物。他们和后来发展起来的以科学为职业的大量的一般科学家还有所区别。但是作为从业余科学家向职业科学家转变的一种过渡形态，法国科学院的成立及领取国家薪俸的院士制度的出现，是科学活动体制化和科学家社会角色形成的重要步骤。

（二）科学技术知识生产广泛职业化

专业化是体制化的前提，但专业化不等于职业化。英国皇家学会作为专业化科学的代表，仍是业余科学家聚合的场所。皇家学会的会员，虽然不乏献身于科学的学者，但是，其中很多是贵族和政治家。事实上，从整体上看，17 世纪英国的科学仍然是专业化的业余科学，这种局面持续了 200 多年。直到 19 世纪，科学开始发展成为一种具有广泛性的、专门的职业，这使得科学家和技术人员这种社会角色在社会中稳固地确立起来。这个历史步骤的发展，以德国和美国为主要代表。

19 世纪初，德国新建了柏林大学、波恩大学、慕尼黑大学等一批大学，制定并贯彻实验室制度和研究班制度，作为大学培养科学家的有效形式，科学家开始以相关研究与教育为职业，组织起来开展大规模的研究。同时，形成了科学技术与教育、科学技术与产业的结合。这使得德国在科学建制化方面走在世界前列，成为世界各国效法的榜样。之后，美国在大学中建立了系和研究生院制度，完善和推动了科学的建制化。

科学技术活动在产业界的职业化和体制化，其标志是工业研究实验室的建立和工业研发人员的出现。工业研究实验室是工业企业内部设置的从事应用研究和发展工作的组织机构。19 世纪 60 年代以来，随着工业产品竞争的压力变得激烈，工业对科技的需求日益旺盛，德国工业在企业内部创建了工业研究实验室，如巴斯夫、拜耳、赫斯特、西门子、克虏伯等公司都建立了自己的工业实验室，实现了工业中科学制度化。美国的工业实验室在 19 世纪后期也开始发展起来，著名发明家爱迪生建立了进行研究与开发的实验室，贝尔电话公司和通用电器公司也相继建立了工业实验室。这些工业实验室聚集了大量职业化的科学家，他们既分工又协作，既竞争又合作，大规模地“生产”发明，效率很高，被称为“发明的工业化”。

（三）国家科技体制的形成

随着科学技术在经济、政治和文化等领域的影响和作用日益广泛，在科学技术活动职业化的进程中，国家科技体制逐步形成。首先，各国政府越来越认识到科学技术事业已经成为国家资源，开始以不同方式促进和支持科学技术事业。一方面，政府纷纷建立和扩大政府支持的科学研究机构，如美国建立了 800 多个国家实验室，其中著名的有新墨西哥州的洛斯阿拉莫斯国家实验室、田纳西州的橡树岭国家实验室、佛罗里达州的肯尼迪航天中心等。另一方面，各国先后建立了支持大学和其他研究机构中的科学研究人员进行科研的资助机制，如 20 世纪 50 年代初成立的美国科学基金会。政府不断加大对科学技术活动的投入力度，使得政府和企业逐渐成为科技投入主体，改变了以前科学技术活动主要依赖社会捐助和科学家个人资产的状况。

链接材料

橡树岭国家实验室

橡树岭国家实验室(Oak Ridge National Laboratory, ORNL)是美国能源部所属最大的科学和能源研究实验室，成立于1943年，是美国曼哈顿秘密计划的一部分。2000年4月以后由田纳西州大学和Battelle纪念研究所共同管理。

20世纪五六十年代，橡树岭国家实验室是从事核能和物理及生命科学相关研究的国际中心。20世纪70年代成立了能源部后，橡树岭国家实验室的研究计划扩展到能源生产、传输和保存领域。到21世纪初，橡树岭国家实验室的任务是开展基础和应用的研究与开发，提供科学知识和技术上解决复杂问题的创新方法，确保美国在主要科学领域里的领先地位，提高洁净能源的利用率，恢复和保护环境以及为国家安全作贡献。

橡树岭国家实验室在许多科学领域处于国际领先地位。它主要从事六个科学领域方面的研究，包括中子科学、能源、高性能计算、复杂生物系统、先进材料和国家安全。

其次，各国纷纷制定鼓励和支持科学技术活动的政策。科技政策是政府为促进科学技术有效发展，以实现其整体建设目标而实行的各种重要制度及施政方针。科技政策具有明确的目标取向，通常是促进科学技术的发展，使其有利于国家、社会的整体目标。20世纪以来，各国科技政策不但在政策体系中占有了越来越重要的地位，而且科技政策也越来越成为有内在结构的相对独立的系统。具有一定系统性的科技政策成为国家科技体制的重要支撑，也成为科学技术活动社会建制化的重要内容。

国家科技体制的形成，使科学技术与国际和国内政治、经济、文化和军事活动更加紧密地结合在一起。一个或数个国家联合起来为经济、军事竞争而投入巨大的人力、物力进行关键科技领域的研究与开发，是当代科学技术发展的重要特点，也是以科学家个人兴趣驱动和个人研究为主的“小科学”向研究目标宏大、投资强度大、多学科交叉、需要昂贵且复杂的实验设备的“大科学”发展的重要表现。

二、科学技术社会建制的内涵

人类为了达到某种共同的目标，必然也必须组织起来，从而形成具有特定功能的社会秩序和社会结构。所谓社会建制，是指基于某种社会需要而形成的相对稳定的社会组织和社会结构。科学技术的社会建制，则是指科学技术事业成为社会构成中的一个相对独立的部门和职业门类，主要包括组织机构、社会体制、行为规范等要素。它们承载着科学技术活动的展开，并成为其必不可少的条件。

(一)科学技术的组织机构

科学技术的组织机构有：国家专门设置的关于科学技术的决策、管理与咨询机构；包括大专院校、科研院所、工业研究中心、科学技术学会等在内的科学技术的活动组织机构，科学家和技术专家被组织到这些机构中从事科学技术活动；为科学家和技术专家的学术交流提供平台的科学技术传播机构；为科学技术活动提供源源不竭智力资源的人才培养机构，主要是大学和专科院校。

科学技术的社会体制是在一定社会价值观念支配下，依据相应的物质条件形成的一种社会组织制度，包括经济支持体制、法律保障体制、交流传播体制、教育培养体制和行政领导体制等。

(二)科学技术的经济支持体制

开展科学技术活动必须建立相关科研经费制度，保证政府拨款，设立科学基金，激励企业资助，建立合理的科研经费来源；合理确定和完善基础研究、应用研究和试验发展之间，或者战略性研究与非战略性研究之间，以及研究与开发机构、企业、高校和其他单位之间的科研经费比例。

链接材料

直接费用与间接费用①

2014年年底，国家自然科学基金委员会发布了《关于2015年度国家自然科学基金项目申请与结题等有关事项的通告》，规定自2015年起，各类项目申请经费分为直接费用和间接费用两部分，《2015年度国家自然科学基金项目指南》所列资助强度为直接费用与间接费用之和。这一做法，是基金委践行科研经费管理改革的重要举措之一。

简单地说，直接经费是指发生在具体研发项目中的费用；间接经费是用于改善为科研活动投入的各种支撑条件的费用，如办公室、实验室、水电和相应的服务等。直接经费和间接经费是国际上一种比较通用的科研经费管理办法，其主要的依据是，研究者进行学术研究需要一定的辅助条件，用间接经费来支付这部分费用，既能让科研经费使用更加透明化，降低钻制度漏洞的可能，也可以提高依托单位的积极性。

从目前反馈的意见来看，依托单位是比较欢迎的，但在科研工作者中则存在不同看法。有人十分欢迎，也有人存有疑虑。疑虑的焦点是：这样设置直接、间接经费，是否意味着在总经费不变的情况下，自己的科研经费少了？这里要说明的是，间接经费中有一块与绩效挂钩，依托单位可以对项目的主研人员在这一部分给予适当倾斜。同时，在新的管理办法中，取消了劳务费的比例限制，科研人员可据实列支，只要人员数量、工作时间和应得收入准确合理，灵活性较过去有了很大提高。

新的科学基金经费管理办法更加尊重科学研究规律，有利于科研人员从事科研活动，同时也更加符合国际惯例。人始终是创新的第一要素。基金委要不断通过改革管理制度，推动创新，为科学家服务，才能成为科学家之友。

---

① 资料来源：《光明日报》2015年1月23日，第10版。

(三)科学技术的法律保障体制

科学技术活动离不开法律保障。科学技术活动良好秩序的建立需要法律的指引，科学发现的优先权和技术发明的专利权需要法律的保障，科学技术活动纠纷需要靠法律来解决，科学技术活动引起的新的社会关系需要有法律来调整。

(四)科学技术的交流传播体制

科学技术的交流、合作、传播非常重要。完善科学技术的交流传播体制，必须建立各种学会，推动科学技术共同体的交流与合作，创办各种期刊、会报，发布研究报告和论文，进行同行评议、专家评审、实施奖励，激励科学技术人员创造和创新，建立科学技术中介服务体系，尤其是高风险的研发投入中介服务机构，促进科学技术的有效应用。

(五)科学技术的教育培养体制

科学技术教育是保证科学技术人才不断成长的基本条件。政府应建立培养科学技术人才的教育制度和教育体系，如设立综合大学、技术学院、工业学院、农业学院、医学院等，按工农业劳动发展的需要设置科系等。21世纪以来，理、工、文交叉融合的发展趋势，催生了更为多样灵活的人才教育培养制度和体系。

(六)科学技术的行政领导体制

推进科学技术的发展和应用，已经成为国家战略的一部分。国家为了指导、支持与组织科学技术活动，必须建立相关组织机构，以规划、统筹科学技术的发展战略、科研及经费使用、科学技术的教育及人才培养以及企业的研究与发展方向等。

积极推进科学技术体制改革，不断完善科学技术体制，使其与当代科学技术的发展规律相适应，对提高国家的科学技术水平和能力，增强综合国力和国际竞争力，具有决定性作用。了解科学技术体制的主要内涵，对理解我国科技体制改革的方向和目标具有重要意义。科学技术研究资源的合理配置和科学技术活动的法律保障，是科学技术体制改革的主要内容。

三、科学技术的行为规范

在科学技术社会建制化的过程中，逐渐形成了科学家和工程师的行为规范。在这里我们主要分析科学共同体和科学家的行为规范，及其在当代的新变化。

“科学共同体”(Scientific Community)一词源于社会学中的“共同体”范畴，英国科学家和哲学家波兰尼在《科学的自治》一书中首次提出这一概念。他认为，科学家不是孤军奋战，而是与他的专业同行一起工作，各个不同专业团体合成一个大的群体，称作“科学共同体”。“今天的科学家不能孤立地从事其行当，他必须在某个机构框架内占据一个明确的位置。一位化学家成为化学职业中的一员；一位动物学家、数学家或心理学家属于一个由专业科学家构成的特殊群体。这些不同的科学家群体合起来形成‘科学共同体’。”①可见，波兰尼的科学共同体，意指全社会从事不同专业科学研究的科学家共同组成的群体，作为科学共同体主体的科学家们具有共同信念、共同价值和共同规范。

---

① Michael Polanyi, The Logic of Ligerty, *The Reflections and Rejoinders*, Routledge and Kegan Paul Ltd., 1951, p. 53.

美国科学史和科学哲学家库恩则赋予了“科学共同体”以更为引人注目的意义和地位。在库恩那里，科学共同体与范式概念融为一体，成为科学知识增长和科学革命发生的基础。所谓范式，是科学共同体全体成员所共有的东西，包括共同的信念、共同的价值标准、共同的行为规范、共同的理论框架和研究方法、公认的科学成就和范例，等等。库恩认为，科学共同体不仅仅是全体科学从业者的集合，更确切地说，应该是拥有相同范式的学有专长的实际工作者的集合。“直观地看，科学共同体是由一些学有专长的实际工作者所组成。他们由他们所受教育和训练中的共同因素结合在一起，他们自认为，也被人认为专门探索一些共同的目标，也培养自己的接班人。这种共同体具有这样一些特点：内部交流比较充分，专业方面的看法也较一致。同一共同体成员很大程度吸收同样的文献，引出类似的教训。不同的共同体总是注意不同的问题，所以超出集团范围进行业务交流很困难，常常引起误会，勉强进行还会造成严重分歧。”①

链接材料

科学共同体与“无形学院”②

美国科学史家普赖斯在研究现代科学学术交流的社会网络时发现，现代科学即使是最小的分支也有成千上万的同行，所以真正有学问的人就会分裂为非正式的小团体。他认为，任何一个大学科中都有这种小规模的优秀人员构成的“无形学院”，其成员通过互送未定稿、通信等迅捷的非正式交流与合作，形成了一个强有力的、高产的团体。后来，美国社会学家克兰通过实证研究，说明了“无形学院”与科学共同体的关系。她认为，科学交流系统分为两类：一类是变化不大的正式的学术交流系统，任何一门成熟的学科都拥有正规的学术会议、学术期刊、学术专著、文献摘要和目录索引等，通过这种交流形成庞大的科学共同体；另一类是迅捷的非正式学术交流系统，常常出现于学科的前沿和几个学科的边缘，为了尽快获得新的信息，研究人员大多通过直接交谈、通信等个人联系的方式进行非正式的交流，这就成了“无形学院”。所以，在学科的前沿，往往是由“无形学院”通过少数人的非正式的交流系统创造出新知识，然后由大范围的正式交流系统来评价、承认、推广和传播。

1942年，美国科学社会学家默顿将科学共同体内部行为规范概括为普遍主义、公有主义、无私利性、独创性和有条理的怀疑主义，以此凸显科学所独有的文化和精神气质。

普遍主义(Universalism)，是指科学认识的客观性和真理性是普遍的，取决于科学认识自身，与种族、国籍、宗教信仰、阶级属性或个人品质等等无关。普遍主义也意味着科学是一项向全人类开放的事业，人们在追求真理、学习和研究科学方面的机会是平等的，

---

① [美]库恩：《必要的张力》，纪树立译，福建人民出版社1981年版，第292页。

② 资料来源：http：//baike. haosou. com。

不受其他条件的限制。普遍主义规范强调科学评价标准的一致性，科学真理性的评价标准，如可检验性、可预见性、自恰性、兼容性、简单性等，是由科学认识的内在原则所规定的，这些标准是普遍有效的，强调在科学真理面前人人平等。

公有主义(Communism)，是指所有的科学发现都是“公共知识”，所有权归属于全体社会成员，发现者要做的就是及时向社会公布自己的研究成果，不应该秘而不宣。公有主义规范要求科学家不占有和垄断科学成果，“科学上的重大发现都是社会协作的产物，因此它们属于社会所有。它们构成了共同的遗产，发现者个人对这类遗产的权利是极其有限的”①。科学家的知识产权是依据其科学成果对人类知识总体的贡献来承认和评价的，科学成果要得到及时承认和适当评价，就应尽快完全公开以取得优先权。

无私利性(Disinterestedness)，是指从事科学活动、创造科学知识的人，不应该以科学谋取私利，而应该为了科学而科学。无私利性规范强调科学活动的唯一目的在于追求真理，科学家不应为个人的私利，而应为追求真理而从事科学工作。开普勒在饥寒交迫下“为天空立法”，居里夫妇放弃了可以给他们带来巨大财富的镭的专利权，爱因斯坦在孤立无援中构建“大统一论”，伍斯在普遍的反对和怀疑中坚持寻找生命的内在统一尺度，他们都是为科学而科学的典范。不可否认，现实中科学家从事科学工作的动机是多种多样的，但追求真理却是科学的内在要求，这是由科学的本质所规定的。

独创性(Originality)，它要求科学家只有发现了前人未曾发现的东西，作出了别人未曾作出的贡献，科学家的工作才被认为对科学的发展具有实质意义。科学是对未知的发现，科学成果应该是新颖的，科学知识的可共享性和公有性内在地要求把独创性作为科学建制的制度性要求。独创性规范强调科学的创造性，科学活动是人类的创造性劳动，科学知识是人类创造精神的深刻体现，真正的科学成果必须是提出了新的科学问题，公布了新的数据，或是论证了新的理论，提出了新的学说。

有条理的怀疑主义(Organized Skepticism)，是指任何科学成果都必须经受合理的怀疑和批判的检验，而这些应该在对事实和知识进行分析的基础上，借助经验的和逻辑的标准进行。有条理的怀疑主义规范强调科学永恒的批判精神，它不断言存在绝对的权威，也不承认有永恒的真理。科学总是大无畏地承认自己的思想可能有错，总是在错误和迷途中清除错误，逼近真理，科学家对科学成果应始终保持一种批判的态度。

默顿提出的科学共同体行为规范带有理想化色彩，主要适用于以纯粹求知兴趣为导向，与产业没有直接关系的纯科学、小科学或学院科学，是对科学共同体的理想要求。进入20世纪下半叶以后，科学自身的发展特点以及社会运行机制发生了巨大的变化：科学从纯科学、小科学和学院科学嬗变为应用科学、大科学和后学院科学。科学活动不再是少数人基于兴趣的自由探索，而是社会建制化的研究与开发；科学研究不再是小规模、小投入的运行方式，而是大规模、大投入；科学家不再只有学院科学家，还有产业科学家和政府科学家；科研职位、学术地位、论文发表、奖励以及科研经费与资源的获取都充满了竞争，政府、企业、大学、基金会等科学共同体外部的利益相关者，很大程度上决定着科学研究的内容与方向；一些新兴的技术科学，如信息科学技术、基因科学技术等，对知识的

---

① [美]默顿：《科学社会学》上册，鲁旭东等译，商务印书馆2003年版，第369~370页。

公有性产生了挑战，相关企业对其科学家基础研究成果的保密性要求，也削弱了知识的公有性原则；科学共同体内部按照职称、职务、声望等维度进行分层，呈现金字塔的形态，有着"马太效应"和优势积累，体现了等级层次和权威结构。所有这些都对科学共同体的行为规范产生影响，导致他们可能会为了追求个人利益最大化而违反默顿的科学共同体行为规范，产生一系列学术不端行为。

链接材料

基因的智慧财产权之争

人类基因组计划(Human Genome Project，HGP)于1985年由美国科学家率先提出，1990年正式启动。美国、英国、法国、德国、日本和中国科学家共同参与了这一预算达30亿美元的人类基因组计划。按照这个计划的设想，在2005年，要把人体内约10万个基因的密码全部解开，同时绘制出人类基因的谱图。换句话说，就是要揭开人体内30亿个碱基对的秘密。人类基因组计划与曼哈顿原子弹计划和阿波罗计划并称为三大科学计划。

在国际人类基因组计划(以下简称"国际计划")启动8年后的1998年，美国科学家克莱格·凡特创办了一家名为塞雷拉基因组(Celera Genomics)的私立公司，开展自己的人类基因组计划。与国际人类基因组计划相比，公司希望能以更快的速度和更少的投资(3亿美元，仅为国际计划的十分之一)来完成。塞雷拉基因组的另起计划被认为对人类基因组计划是一件好事，因为塞雷拉基因组的竞争促使国际人类基因组计划不得不改进其策略，进一步加速其工作进程，使得人类基因组计划得以提前完成。

塞雷拉基因组一开始宣称只寻求对200~300个基因的专利权保护，但随后又修改为寻求对"完全鉴定的重要结构"的总共100~300个靶基因进行知识产权保护。1999年，塞雷拉申请对6500个完整的或部分的人类基因进行初步专利保护。此外，塞雷拉建立之初，同意与国际计划分享数据，但这一协定很快就因为塞雷拉拒绝将自己的测序数据存入可以自由访问的公共数据库而破裂。虽然塞雷拉承诺根据1996年百慕大协定每季度发表他们的最新进展(国际计划则为每天)，但不同于国际计划的是，他们不允许他人自由发布或无偿使用他们的数据。

2000年，美国总统克林顿宣布所有人类基因组数据不允许专利保护，且必须对所有研究者公开，塞雷拉不得不决定将数据公开。这一事件也导致塞雷拉的股票价格一路下挫，并使倚重生物技术股的纳斯达克受到重挫，两天内，生物技术板块的市值损失了约500亿美元。

因此，在新形势下，需要制定相应的科研诚信指南或行为规范，来指导和约束科学共同体的研究活动。例如，在学术活动中，应该尊重他人发现的优先权，尊重他人的知识产权；不抄袭、剽窃他人的作品或者学术观点、思想；不主观臆造学术结论、篡改他人成果或引用的资料；在具有公示效力的正式文书、表格上，如实报告学术经历、学术成果，不涂改或伪造专家鉴定、证书等证明材料；未参与实质研究，不在别人发表成果上署名；不歪曲或恶意诋毁别人的成果和学术思想，对正常学术批评不得采取报复行为；不利用学术地位、权力索贿、受贿；不为学术利益而行贿；不通过非学术途径失真传播研究成果的学术价值，夸大其经济与社会效益，等等。

链接材料

学术道德规范①

1. 进行学术研究应检索相关文献或了解相关研究成果，在发表论文或以其他形式报告科研成果中引用他人论点时必须尊重知识产权，如实标出。

2. 尊重研究对象(包括人类和非人类研究对象)。在涉及人体的研究中，必须保护受试人合法权益和个人隐私并保障知情同意权。

3. 在课题申报、项目设计、数据资料的采集与分析、公布科研成果、确认科研工作参与人员的贡献等方面，遵守诚实客观原则。对已发表研究成果中出现的错误和失误，应以适当的方式予以公开和承认。

4. 诚实严谨地与他人合作，耐心诚恳地对待学术批评和质疑。

5. 公开研究成果、统计数据等，必须实事求是、完整准确。

6. 搜集、发表数据要确保有效性和准确性，保证实验记录和数据的完整、真实和安全，以备考查。

7. 对研究成果作出实质性贡献的专业人员拥有著作权。仅对研究项目进行过一般性管理或辅助工作者，不享有著作权。

8. 合作完成成果，应按照对研究成果的贡献大小的顺序署名(有署名惯例或约定的除外)。署名人应对本人作出贡献的部分负责，发表前应由本人审阅并署名。

9. 科研新成果在学术期刊或学术会议上发表前(有合同限制的除外)，不应先向媒体或公众发布。

10. 不得利用科研活动谋取不正当利益。正确对待科研活动中存在的直接、间接或潜在的利益关系。

11. 科技工作者有义务负责任地普及科学技术知识，传播科学思想、科学方法。反对捏造与事实不符的科技事件及对科技事件进行新闻炒作。

12. 抵制一切违反科学道德的研究活动。如发现该工作存在弊端或危害，应自觉暂缓或调整、甚至终止，并向该研究的主管部门通告。

13. 在研究生和青年研究人员的培养中，应传授科学道德准则和行为规范。选拔学术带头人和有关科技人才，应将科学道德与学风作为重要依据之一。

---

① 摘自《科技工作者科学道德规范》(2007年1月16日中国科协七届三次常委会议审议通过)。

第三节　科学技术的社会运行

科学技术是一种社会现象，它不可能游离于社会之外存在与发展。在社会这个大系统中，科学技术与它的社会环境之间存在着相互作用，科学技术就是在这个过程中向前发展的。科学技术的社会条件是对一切可以对科学技术的产生、发展和发挥作用施加影响的外在社会环境的统称。其中，经济、政治、教育、文化、哲学、宗教的影响最为重要。科学技术的健康发展还需人文文化的调节和引导。

一、科学技术运行的社会条件

科学技术的发展及其应用离不开社会条件的支撑。社会经济、政治、教育、文化、哲学、宗教等，既是科学技术产生的基础，也是科学技术发展的外部条件。

（一）经济对科学技术的影响

经济是社会存在与发展的基础，在各种社会条件中，经济条件是影响科学技术的外部决定因素，它决定人类科学技术活动的深度和广度。经济对科学技术的影响主要表现在以下三个方面：

1. 经济上的需要是科学技术发展最主要的推动力

恩格斯曾经指出："科学的产生和发展一开始就是由生产决定的。"①他还说："社会一旦有技术上的需要，这种需要就会比十所大学更能把科学推向前进。"②科学技术的产生、发展，包括科技革命，都离不开经济需要的推动。在古代，由于农牧业生产和生活中测定时间、确定季节的需要，人们开始研究历法和对天体运行进行观测，天文学知识逐步理论化。丈量土地的需要，孕育了几何学。兴修水利和建筑工程的需要，杠杆、滑轮等机械装置的应用，孕育了古代的力学。人们对生产中的技能和经验进行收集、整理，产生了与生产技术直接统一的最初的实用科学。在中世纪以后，正是由于生产的需要向人们提出了各种各样的问题，才促进了欧洲科学技术的发展。16 世纪中叶的哥白尼天文学革命，就与当时的社会生产有密切的关系。公元 325 年被基督教采用的儒略历，是以"地心说"为理论基础的，其误差经一千多年的积累，已达近半个月，到了人们不能容忍的程度。"地心说"与观测事实的矛盾越来越多，航海业的迅速发展，迫切需要更简单、更正确的理论来指示天象观测。哥白尼就是在这种条件下，出于对理论简洁性的要求，在古希腊阿里斯塔克（约公元前 310—前 230 年）学说的启发下提出"日心说"的。近代物理学与航海、钟表制造、磨房、磨制透镜等生产活动密切相关。蒸汽技术是在矿井抽水中产生，在广泛应用于纺织业中得到发展的。18 世纪的化学革命，氧化学说的提出，也是由于冶金和化学工业的发展，化学家们对燃烧给予了更多关注，当时的"燃素说"不能解释金属燃烧后总重量增加这一事实而引发的。从 19 世纪下半叶开始，电力技术异军突起，逐渐取代蒸

① 《马克思恩格斯文集》第 9 卷，人民出版社 2009 年版，第 427 页。
② 《马克思恩格斯文集》第 10 卷，人民出版社 2009 年版，第 668 页。

汽技术成为主导技术，就是因为电力比蒸汽更易于远距离输送，用电动机带动机器比使用蒸汽机能减少大量的齿轮、连杆和皮带，更为方便。由于认识到科学技术在发展生产中的极端重要性，现代社会的生产活动对科学技术提出了更高、更迫切的要求。生产的机械化和自动化，非常温常压、强辐射、高清洁的特殊生产条件，劳动对象从陆地到海洋和其他空间的扩展，形成了一系列科学技术需要解决的新课题。现代空间科学技术、信息科学技术、生物科学技术、新材料科学技术、新能源科学技术，就是在这种情况下发展起来的。

2. 经济上的支持是科学技术发展最重要的基础

科研活动和与科学技术有关的社会建制的正常运行，需要资金、设备、人才、情报等方面的投入。这些投入都与经济密切相关。经济实力决定着投入的最大限度。在科学、技术、生产一体化的情况下，尤其如此。比如，美国的阿波罗计划耗资300亿美元，当时是其他国家难以支撑的。现在，发达国家对科技的投入都占国民收入的很大比例，并在不断提高。通过教育、文化等渠道对科学技术的间接投入，也在不断增加。历史事实已经证明，科学技术发展对人力、物力和财力的需要，其满足程度归根到底取决于社会物质生产的能力和水平，生产力发达、经济水平高的国家一般总是科学技术发达的国家。落后国家要赶超科学技术发达的国家，必须在政治稳定的前提下，把科技和教育放在优先发展的位置上，尽可能加大经济上的投入。中国改革开放的总设计师邓小平正是在这个意义上一再表示："愿意给教育、科技部门的同志当后勤部长。"①"发展高科技，我们还是要花点钱，该花的就要花。"②

3. 经济上竞争促进科学技术与生产力之间的转化

科学技术主要是知识形态的东西，不是现实的生产力。要使科学技术转化为生产力，需要把它们运用于生产实践中。经济上的竞争，不论是国与国之间还是企业与企业之间，都是科学技术与生产力相互转化的直接杠杆，刺激科技发展的持久因素。现代社会在经济上的竞争，已经在很大程度上变成科学技术上的竞争。为了在竞争中取胜而不断加大经济投入，是科研规模扩大、科研水平提高和科研机构壮大的基本保证。不过，也不能把科学技术的发展水平与经济上的需要和投入等同起来，把经济对科技的影响绝对化。恩格斯曾针对这种绝对化的庸俗思想指出："史前时期低水平的经济发展有关于自然界的虚假观念作为补充，但是有时也作为条件，甚至作为原因。虽然经济上的需要曾经是，而且越来越是对自然界的认识不断进展的主要动力，但是，要给这一切原始状态的愚昧寻找经济上的原因，那就太迂腐了。"③

(二)政治对科学技术的影响

政治是一种以强制手段支配整个社会的力量，在上层建筑诸因素中，政治对科学技术的影响最为快捷明显，它从社会制度、政治体制、政策、法律以及军事等方面影响科学技术的发展。

---

① 《邓小平文选》第3卷，人民出版社1992年版，第121页。

② 《邓小平文选》第3卷，人民出版社1992年版，第183页。

③ 《马克思恩格斯文集》第10卷，人民出版社2009年版，第599页。

1. 社会制度、政治体制和重要政治人物对科学技术的态度至关重要

在不同社会制度下，科学技术的发展和应用具有很大的差异。一般来说，先进的社会制度能为科学技术的应用提供更广阔的天地，为科学技术的发展提供更大的可能。科学技术在资本主义社会中取得了远比封建社会大得多的成就，就是明证。在相同的社会制度下，民主体制要比专制体制更有利于科学技术的发展。民主体制之所以能促进科学技术的发展，是由于它一般总是与自由相辅相成的。爱因斯坦曾指出，科学探索需要三种自由。首先是有言论自由，即每个人都能自由地发表自己的观点。其次是在必要的劳动之外，有支配自己时间和精力的自由。他称这两种自由为外在的自由。此外，更需要的是思想自由，即不受权威和成见的影响，进行独立思考。他称这种自由为内在的自由。上述三种自由，都需要由民主制度来保障和培育。技术与民主的关系稍复杂点，但也基本如此。在不同时代不同国度，都有一些手握大权的政治人物因这样或那样的原因酷爱科学技术，为科学技术的发展创造有利的条件。在经历了中世纪的黑暗以后，古希腊典籍和自由探索精神之所以能够在文艺复兴时重放光芒，在很大程度上得益于伊斯兰文明的兴起。古希腊文明的继承者包括古罗马、拜占庭和伊斯兰。罗马人通过编辑百科全书，最大限度地保存了古希腊知识。拜占庭东罗马帝国的长期存在，使古希腊罗马的科学技术没有因西罗马帝国的灭亡而消失。文艺复兴时，许多古希腊典籍都是从阿拉伯文转译过去的。资产阶级专政的化身拿破仑执政伊始，就鼓励科学家进行自由探索，即使涉及上帝等宗教原则也绝不干涉，他甚至宣称，在众多头衔中他最自豪、最珍惜的就是法兰西科学院院士。美国的开国元勋华盛顿、富兰克林、杰弗逊等人，都十分热爱科学，甚至亲自参加科学研究。“政治是我的责任，科学是我的爱好”是杰弗逊的名言。他们对科技的重视，对美国形成重视科技的民族传统至关重要。

2. 国家通过科技政策调节对科技的资源投入和相应的社会关系，引导科学技术的发展

科技政策是把社会制度、政治体制、重要政治人物的个人爱好为科技发展提供的可能性转化为现实性的中介。它规定着科学技术发展的方向、规模和速度。首先，国家可以通过人才激励机制、科技发展战略和规划，促进科学技术的发展。正确的用人制度可以吸引人才、稳定人才、激励人才，是科技发展的重要保障。第二次世界大战时期，德国法西斯政权迫害知识分子，极大地削弱了它的科技力量；相反，美国却趁机以各种优惠政策吸引科技人才，使美国的科技力量跃居世界领先地位。在落实科技发展战略和规划时，政府可以通过提供经费和设备，下达各种课题和项目，引导科技发展的方向，同时政府还可以通过购买和奖励某些科技成果，使之及时转化为生产力和物质财富来推动科技的发展。其次，国家还通过协调各种社会关系，如教育、经济、财政、金融等部门，为科技发展创造合适的社会环境，促进科技的发展。在国际科技交流与合作中，国家的作用更为必要，更为明显。不过也要清醒地认识到，科学技术发展有自身的规律，政治干预如果违背这些规律，就会事与愿违，妨碍科技的发展。

链接材料

科技工作的指导方针(2006—2020年)①

今后15年，科技工作的指导方针是：自主创新，重点跨越，支撑发展，引领未来。自主创新，就是从增强国家创新能力出发，加强原始创新、集成创新和引进消化吸收再创新。重点跨越，就是坚持有所为、有所不为，选择具有一定基础和优势、关系国计民生和国家安全的关键领域，集中力量、重点突破，实现跨越式发展。支撑发展，就是从现实的紧迫需求出发，着力突破重大关键、共性技术，支撑经济社会的持续协调发展。引领未来，就是着眼长远，超前部署前沿技术和基础研究，创造新的市场需求，培育新兴产业，引领未来经济社会的发展。这一方针是我国半个多世纪科技发展实践经验的概括总结，是面向未来、实现中华民族伟大复兴的重要抉择。

3. 军事上的需要可以刺激科学技术的发展

战争是政治的继续，军事对抗作为最激励的政治行为，必然成为科学技术发展的重要推动力量。贝尔纳指出："科学与战争一直是极其密切地联系着的；实际上，除了19世纪的某一段期间，我们可以公正地说：大部分重要的技术和科学进展是海陆军的需要所直接促成的。这并不是由于科学和战争之间有任何神秘的亲和力，而是由于一些更为根本的原因：不计费用的军事需要的紧迫性……不用说，由于科学帮助满足了战争的需要，战争需要也同样地帮助了科学事业。"②20世纪两次世界大战和战前战后的历史，足以证明战争和备战也是促进科学技术发展的动力。战争对科学技术的导向、推动作用在现代愈演愈烈。战争的需要加速了相关国家对新兴科学技术的研究和开发应用。原子能科学技术、信息科学技术以及空间科学技术，都是在第二次世界大战前后为了首先满足军事和战争的需要迅速发展起来的。与战争和备战相关的科学技术优先得到发展所产生的连锁反应，有时会带动整个科学技术的发展。同时也要看到，备战所造成的个别科技部门的畸形发展，战争对生产设施和科研设施的破坏、对正常社会生活的破坏，都会对科学技术的发展造成巨大危害。

(三)教育对科学技术的影响

教育传授知识和技能，培育人才，是科学技术发展的前提和基础，对科学技术发展的影响最为直接。没有教育，科学技术事业就后继乏人，科学技术知识就无法传承。当今世界各国有远见的政治家和思想家都非常关心教育、科技和人才。邓小平曾经指出："我们国家要赶上世界先进水平，从何着手呢？我想，要从科学和教育着手。"③教育在科技与人才之间架起了桥梁，它对科技发展的影响主要表现在以下几个方面：

---

① 资料来源：《国家中长期科学和技术发展规划纲要(2006—2020年)》(国发[2005]第044号)。

② [英]贝尔纳：《科学的社会功能》，陈体芳译，商务印书馆1995年版，第241~242页。

③ 《邓小平文选》第2卷，人民出版社1994年版，第48页。

链接材料

国家服务于教育，教育服务于理性的国家①

在1806年7月耶拿大战中，拿破仑的军队粉碎了普鲁士的军事力量，使这个新兴的德意志邦国几近崩溃。失败唤起了强烈的普鲁士——德意志民族意识，也动员起了内部正在形成的实现现代化的决心，掀起了“自上而下”的改革热潮。其中，教育改革成了动员普鲁士乃至整个德意志向现代化迈进的旗帜。1806年对法战争失败后不久，普鲁士国王威廉三世就对刚从拿破仑占领下的哈勒大学逃出来的教授们说：“正是由于贫困，所以要办教育。我还从未听说过一个国家是因为办教育而穷了的，办亡国了的。”对此，连国防大臣格尔哈特·沙恩都表示支持。他说：“普鲁士要想取得军事和政治组织结构上的世界领先地位，就必须首先要在教育与科学的进步中取得领先地位。”“德国教育之父”、时任内政部教育文化司司长的洪堡则指出：“教育是个人状况全面、和谐的发展，是人的个性、特性的一种整体发展。教育是一个人一辈子都不可能结束的过程。因此，接受教育是人的自身目的，是人的最高价值的体现。”整个普鲁士教育体制的现代化正是在这些观念的指导下进行的，其口号是“国家服务于教育，教育服务于理性的国家”。为普鲁士赢得更高国际声誉的是它所创立的综合性大学。威廉三世的名言——“大学是科学工作者无所不包的广阔天地，科学无禁区，科学无权威，科学自由！”——成为综合性大学自主发展的尚方宝剑。1810年柏林大学开办以后，现代化的大学随后在德意志30多个邦国中雨后春笋般发展起来。普鲁士的大学模式已成为全德意志，继而也是全世界大学的样板。教育推动了科学技术的发展，为德意志赢得世界性的辉煌成就。据不完全统计，从1810年至1870年，在生理学领域，德国人的重大发现有308项，世界其他民族有111项；在物理学领域，德国人的重大发现有475项，英国与法国总共有498项；在医学领域，德国人的重大发现有38项，英国与法国的总和为51项。自1900年诺贝尔奖开始颁发到20世纪末，德国的大学已产生出近百名获奖者。1933年以前的德国，无疑是全世界拥有该奖得主最多的国家。德国能够在19世纪末成为世界科学的中心，不能不归功于德意志尤其是普鲁士的现代化大学体制。

1. 教育通过出人才、出成果直接推动科学技术的发展

科学技术工作者主要是通过接受教育培养出来的。教育通过传播知识、训练科研技能、塑造科学精神、培养社会责任感、促进科研共同体形成，培养发展科技所需要的人才。科研与教育相结合，有利于多出人才，多出成果。英国的卡文迪什实验室、丹麦的玻尔理论物理研究所，就是最成功的典型。没有教育，就没有知识的继承和后备人才的储备，就没有科学技术的发展。教育的状况决定了科技工作者的数量、质量和结构，决定了

① 李工真：《德意志道路——现代化进程研究》，武汉大学出版社1997年版，有节选。

这支队伍的创新能力。现代教育不仅具有育人功能，而且具有创新知识和直接服务社会的功能。在当今世界各国，大学的科研成果都在全部科研成果中占有相当大的比重。各国为了充分发挥学校的人才和科研优势，纷纷在学校附近兴办高新技术开发区。在全球范围内，企业与大学结盟正呈现出加速发展的趋势。

2. 教育的普及程度决定着科技创新和科技成果在社会中的传播、吸收和应用

在科技创新中，重复劳动是没有意义的，它只承认第一，不承认第二，科学上的优先权和技术上的专利权，都是为提倡和保护创新服务的。任何科技创新都可以以这样或那样的方式，越过国家和地区的界限，成为全人类的共同财富。一个国家享用科技创新的能力，表现在吸收、应用和在此基础上的再创造上，依赖于国民的文化素质，特别是科技素质。这些素质主要通过接受教育来培养、来提高。一个国家的基础教育、高等教育和职业教育的状况，不仅在很大程度上决定着科技发展的水平和速度，而且决定着科研成果转化为生产力的深度和广度。教育对许多国家和地区的振兴与发展都作出了巨大贡献。日本和德国的经济在第二次世界大战中遭到毁灭性的打击，战后很快得到复兴的原因很复杂，但发达的国民教育打下的人才和科研基础起到了举足轻重的作用，这是不争的事实。

(四)文化对科学技术的影响

对于什么是文化，包括它的含义和内容，还存在种种争论。不少观点都倾向认为，文化既包括观念层面的东西，也包括器物层面的东西。可以说，文化是人类为了生存和发展在实践中所创造出来的各种各样的物质的精神的东西所形成的有机复合体。它在特定时空中代表着社会物质文明和精神文明发展的水平，渗透在人们的价值观念和行为规范中，制约着社会的组织结构和人们的生活方式。

一般认为，文化包括四个层次：(1)器物层次。包括生产设备、武器装备、科研仪器和其他一切人们在衣食住行、娱乐消遣中所享用的人造物品。器物能够反映社会发展所处的阶段，认识和改造自然能力的强弱，能够体现文化的整体水平。(2)精神层次。包括各种关于自然界和社会的信仰、经验和理论，是人的认知、情感、意志的综合表现。如哲学思想、宗教信仰、科学理论、文艺作品、技巧技能等。(3)制度层次。包括一切制度化的社会组织形式和社会关系网络，从社会制度、经济体制到各行各业的组织形式和规章制度。(4)价值规范层次。主要包括人们的价值观念和伦理道德规范。价值观念用以评价真假、好坏、善恶、美丑。伦理道德规范用以制约人们的社会行为。价值规范层次是文化中最稳固的成分。文化的四个层次是相互支持、相互转化的。精神智能层次是文化有机体的核心，可以把器物层次和制度层次看成它的外化或者对象化，把价值规范层次看成它的内化或者心理积淀。

从广义上说，科学技术是文化的一部分，是文化的一个子系统，主要属于文化的精神层次和器物层次。由于科学技术不仅表现为精神和物质成果，而且是一种社会活动，具有相应的社会建制，因此，它与文化的制度层次和价值规范层次也有千丝万缕的联系，这就使文化对科学技术的影响呈现出比较复杂的局面。

1. 各种原生态文化制约着原生态的科学技术形成和发展

古希腊罗马文化和古华夏文化中对科学技术的不同影响，就足以说明这一点。古希腊罗马文化可以看作是古埃及、古巴比伦文化的继承，也是近现代科学技术的直接源头。在

古希腊时期，奴隶制基础上的民主政治、发达的城邦国家、处于领先地位的商业手工业、航海和外贸，造就了它的繁荣，也使一部分上层人士摆脱了日常劳作的束缚，在他们中形成了崇尚好奇心的风气，营造了追求知识的氛围，从而促进了科学的发展。古希腊文化鄙视生产劳动，工匠社会地位很低，这既不利于技术的发展，也造成了学术与技术的分离。由于不能扎根于生产技术中，思辨性的古希腊科学，也只能在自然哲学的框架内打转。罗马帝国在地域上囊括了地中海沿岸各文明古国，文化在罗马的黄金时期开花结果的主要是法律和土木建筑技术，帝国的强大与科学的停滞形成了巨大反差。原因是古罗马文化重实利而轻思辨，重国家而轻个性，重政治而轻艺术。尽管罗马帝国的贵族和自由民也享有闲暇，但他们却沉湎于物质享受中，丧失了追求真理的热情和气魄。这种价值取向加上政治上的专制和经济上的封闭，无疑对科学的发展是一个灾难。古代中国是一个农业国，与农业有关的科学，如天文、农学、应用数学等，也堪称发达，但华夏文化从源头上看，并不特别有利于科学和技术的发展。这种文化在价值取向上重义轻利、注重调节人与人的关系而不注重对自然的探究。在这种文化氛围中，知识分子潜心君臣父子之礼、善恶忠奸之分，追求的是如何修身、齐家、治国、平天下，劳动群众被看成“群氓”，科学技术被看成取利的“奇技淫巧”，社会对科学技术的需求不强烈，科技发展所需要的实证方法也不可能被系统地创造出来。

2. 不同文化之间的交流、碰撞与融合对科学技术的发展具有重要意义

在历史上，交通的逐渐发达、信息传播手段的进步、战争的频繁发生，都促进了文化的交流和融合，也为科学技术的发展创造了条件。无论何种原生态文化，都不能永远主导科学技术的发展。一种文化要对科技发展作出贡献，必须善于从其他文化中吸收先进的科学技术，并在此基础上加以创新。这个过程既是这种文化与时俱进的过程，也是各种文化在竞争中优胜劣汰、相互融合的过程。在一般情况下，外来的先进科学技术作为器物被引入时，总具有极大吸引力，因为引入它们有利于生产，也方便生活。精神层面对外来的先进科学技术态度很复杂，新思想可能被视为异端邪说，也可能备受欢迎。这既取决于该文化的开放程度，也取决于现实社会是否需要。达尔文的进化论被引进中国时受到欢迎，就是因为它符合当时中国人救亡图强的需要。先进的科学技术从制度层面上进入另一种文化时，会遭到一定程度的反抗，人们一时难以适应这些新制度，它也往往在某些方面触犯社会上层的利益，这些利益一般是受传统文化保护的。在价值层面上，先进科学技术往往受到最强烈的反抗。因此，一种文化要吸收先进科学技术，并使之发扬光大，必须在各个层面都进行相应变革，并从政治、经济、教育等方面加以配合。

(五)哲学对科学技术的影响

哲学是关于世界观、方法论、认识论和价值观的学问，它运用反思的批判的方法，系统思考和回答关于世界、认识、实践和价值等方面的根本问题。所谓反思，就是对已有认识和看法的再思考。所谓批判，就是不断追问结论赖以成立的前提条件是否正确。人们只有经过批判反思，把关于世界和人生的基本观念、认识和改造世界的基本方法与价值取向，从道理上想清楚，内化为思维方式的基本框架，哲学才能发挥作用。因此，哲学主要通过影响科学技术工作者以及决策者、管理者的思维方式来影响科学技术的发展。哲学对科学技术的影响，从古到今大致有三种方式：

1. 二者合为一体

在古希腊的自然哲学中，科学与哲学是合为一体的。最初的自然科学是从哲学母体中孕育出来的。自然哲学家们曾经就世界的本原提出过水本原说、无限说、气本原说、火本原说、数本原说、四元素说、原子说，等等，虽然众说纷纭，但追求的目标和采取的态度是一致的，就是从哲学原理出发，推导和构造出科学的统一体系。这些学说尽管幼稚，但却是开启科学的宝贵思想源泉。自然哲学家们也往往一身二任，既是哲学家又是科学家。第一个自然哲学家泰勒斯不仅提出了水本原说，而且创立了最初的宇宙论，据说还成功地预言了公元前585年的日食。毕达哥拉斯不但提出数本原论，而且最早发现了至今仍以他的名字命名的数学定理，还对音阶问题进行了数学研究。

2. 提供方法论和认识论上的支持

科研离不开一定的方法和工具，这些方法和工具主要靠科技工作者在实践中创造，哲学从方法论上考察方法和工具的意义和局限，从认识论上考察主客体关系及其认识的本质，对科学技术的发展也非常重要。中世纪的欧洲处于基督教神学的控制下，是科学技术成果十分稀少的时代。哲学家罗吉尔·培根以改造经院哲学为目的，在对神学教条进行批判的同时，深刻论证了实验和数学对发展科学技术的极端重要性。哲学家威廉·奥康提出的思维经济原则，被称为"奥康剃刀"，主张把一切既无逻辑自明性又缺乏经验证据的命题和概念从知识中剔除出去。在文艺复兴时期，集艺术家、工程师、科学家和哲学家于一身的达·芬奇主张类比和实验是发现规律的最有效方法。他强调："科学如果不是从实验中产生并以一种清晰实验结束，便是毫无用处的，充满谬误的，因为实验乃是确实性之母。"①可以说，他们是近代科学技术的先驱。在近代欧洲，哲学以方法论、认识论为中心内容，给科学技术的发展以直接推动。与古代和中世纪不同，近代科学不是在思辨和经典中，而是在实验和观察中推导出科学理论的，为它从方法论上奠定思想基础的是弗兰西斯·培根和笛卡儿。培根在《新大西岛》一书中最早从哲学高度为科学技术造福于人类描绘了蓝图，"知识就是力量"是他的名言，他总结出来的建立在科学实验基础上的归纳法，对近代科学的发展起了奠基作用。笛卡儿集哲学家、数学家和物理学家于一身，他在《方法谈》一书中按照先分析后综合的顺序给出了四条方法论原则。把上述方法论付诸实际使之确立起来的是伽利略和牛顿。近代是科学技术与哲学交相辉映的时代，即使休谟的怀疑论和康德的主体性哲学，也都以曲折的方式，从认识论上促进了科学技术的发展。

链接材料

笛卡儿的方法论原则②

第一，绝不把任何我没有明确地认识其为真的东西当做真的加以接受，也就是说，小心避免仓促的判断和偏见，只把那些十分清楚明白地呈现在我的心智之前，

① 转引自[英]W. C. 丹皮尔：《科学史——及其与哲学和宗教的关系》，李珩译，商务印书馆1975年版，第165~166页。

② 北京大学哲学系外国哲学史教研室：《西方哲学原著选读》上册，商务印书馆1982年版，第364页。

使我根本无法怀疑的东西放进我的判断之中。

第二，把我所考察的每一个难题，都尽可能地分成细小的部分，直到可以而且适于加以圆满解决的程度为止。

第三，按照次序引导我的思想，以便从最简单、最容易认识的对象开始，一点一点上升到对复杂对象的认识，即便是那些彼此间并没有先后次序的对象，我也给它们设定一个次序。

第四，把一切情形尽量完全地列举出来，尽量普遍地加以审视，使我确信毫无遗漏。

3. 从价值论上引导

弗兰西斯·培根最早提出了科学技术对人类的社会价值问题。他指出，人类为了征服和利用自然，必须服从自然。随着科学技术在生产中的应用带来巨大利益和对自然改造的范围日渐扩大，人们似乎忘记了培根关于人类必须服从自然的告诫，对自然的疯狂索取，终于造成了危及人类自身的种种后果。其中最突出的就是环境污染日渐加重和不可再生资源日渐枯竭，以及人对科技产品的依赖所造成的主体性失落等问题。面对这些情况进行哲学反思产生的科技悲观主义和科技乐观主义以及其他思潮，都是从价值论上来规范科技发展的鲜明例证。中国共产党提出的科学发展观，主张坚持以人为本，追求全面、协调、可持续的发展，也是在科学技术成为第一生产力的大背景下，从价值观上引导科技发展的一种努力。

哲学只有适应科学技术发展的需要，充当开路先锋、辩护士和守护神，并转变为科技工作者和决策者、管理者的思维工具，启迪思维，开阔视野，才可能真正推动科学技术的发展。认为哲学可凌驾于科学技术之上，垄断着对科学技术的解释权，可以用哲学原理来直接评判科学技术上的是非，是错误的；认为科学技术的发展与哲学无关，或者主张科学技术可以影响哲学但哲学不能影响科学技术，也是错误的。

（六）宗教对科学技术的影响

宗教产生于人类的蒙昧时代，它对世界的反映是虚幻的。宗教产生的原因很复杂，从根本上说，它是早期人类以虚幻的形式反映和调节人与自然、人与人之间的关系的产物。宗教中包含着人类对美好生活的向往，能激励人们抑恶扬善，所以能以信仰形式长期存在于人类社会。不同的宗教具有不同的教义、教规和仪式，但一般都强调：在人所生活的尘世之外，有一个至高无上的神的世界，神以超现实的力量创造并支配自然界、万物与人类的生活；神的启示要高于人的独立思考，人的理性和经验不可能超出神恩和启示的界限，信仰神是获得真理的根本途径；对社会上的罪恶和不公正，只有按神的旨意去做才能避免，现世的苦难是神对人的考验，只有在苦难中不放弃信仰，不忘行善，就能在来世到天国与神共享幸福。由此可见，宗教与科学技术从根本上是对立的。人类之所以需要并不断推进科学技术的发展，就是因为，相信自然界的发展变化是有规律的；人类可通过实践，运用自己的理性在探索中把握这些规律；运用科学技术，可以增长社会的物质财富，增进人类的普遍幸福。

由于从根本上与科学精神相对立，宗教对科学技术的影响一般是消极的，但在极其特殊的情况下，也会对科学技术的发展产生一些积极的影响。

1. 宗教与科学的冲突主要表现在盲目信仰与独立思考的冲突上

宗教不扼杀科学发展所需要的自由探索精神，就无法维持自己的影响。为求平安，古希腊的毕达哥拉斯学派把自己办成一个兼有宗教、政治的学术特征的秘密团体。由于缺乏宗教外衣的保护，苏格拉底、亚里士多德等哲学家，都受到过“教唆青年人不信神”的指控，苏格拉底还因此丢掉了性命。在中世纪的欧洲，宗教和科学更是处于尖锐对立中，即使在宗教改革中，这种情况也没有多少改变。罗吉尔·培根曾因在学术上“标新立异”而两次被教会监禁；由于“日心说”与教会所宣扬的“地心说”相矛盾，哥白尼在临死前才发表了自己的《天体运行论》；拥护哥白尼学说的布鲁诺，在被教会囚禁 8 年之后，被烧死在罗马的鲜花广场上；伽利略因发表《关于两大宇宙体系的对话》，宣扬“日心说”，也被宗教裁判所判决监视居住，在孤独中双目失明和死去；发现人体血液肺循环的塞尔维特，因为这一非正统观点，他被加尔文定罪，烧死在日内瓦。只要宗教不消灭，就必定要不断受到科学的挑战，宗教也会以不同形式回应科学的挑战，影响科学技术的发展。

2. 宗教也会对科学技术的发展产生积极的影响，不过需要通过复杂的途径，经由一系列的中介

比如，基督教从一开始就宣称，上帝是万能的、全知的，代表着最高的理性。从上述信仰中不难衍生出下述观念：既然上帝是理性的，由他所创造的自然界必然是合理的，人类因而可以运用自己的理性去探索自然界的规律与秩序，以此来赞颂上帝的伟大。这一观念曾是西方许多思想家在神学统治下为科学辩护的最充分理由，也是一些有宗教信仰的科学家献身科学的重要动机。再如，1938 年社会学家默顿在《十七世纪英国的科学技术与社会》一书中提出了一个著名假说：宗教改革后兴起的新教，特别是英国的清教所主张的禁欲主义，有助于科学的发展。这就是所谓“默顿命题”。对这一命题，学术界至今还存在着争论。新教的兴起与近代科学技术的产生在时间上有重叠是一个事实，但要证明两者之间是否存在直接的因果联系却很困难。不过有一点是可以肯定的是，当时的社会环境确实为科学技术的发展提供了诸多有利条件，清教对此也作出了贡献。

有许多笃信宗教的科技工作者为科学技术的发展作出了重要贡献，如牛顿和量子力学的创始人普朗克。但这并不说明，宗教可以直接推进科学技术，科技工作者献身科学技术事业往往有着不同的动机，抱着不同的信念，只要这些信念和动机不影响他独立思考，他本人又具有这方面的天赋和机遇，做出的任何成绩都不难从其他方面加以解释。这也说明，社会条件对科学技术的影响是综合的、复杂的。

二、科学技术运行的人文引导

1959 年 5 月 7 日，英国学者斯诺在剑桥大学发表了题为《两种文化与科学革命》的著名演讲。他在演讲中指出，科学文化与人文文化这两种文化存在分歧与冲突。他发现，从事科学文化的人（科学家）和从事人文文化的人（如文学家）之间，几十年来几乎完全没有交往，在知识、心理状态和道德方面很少有共同性。由此，使得西方社会的精神生活日益分裂为两个极端：“一极是文学知识分子，一极是科学家，特别是最有代表性的物理学家。两者之间存在着互不理解的鸿沟——有时（特别是在年轻人中间）还互相憎恨和厌恶，

当然大多数是缺乏了解。……他们对待问题的态度完全不同，甚至在感情方面也难以找到很多共同的基础。"①斯诺将知识人分为两类，一类是科学人，一类是人文人。他对这两类知识人都提出了尖锐的指责，认为由于科学家与人文学者在教育背景、学科训练、研究对象以及所使用的方法和工具等诸多方面的区别，他们关于文化的基本理念和价值判断经常处于互相对立的状况，而两个阵营中的人又都彼此鄙视，甚至不屑于去尝试理解对方的立场。这就是科学文化与人文文化之间的冲突，这一现象被称为"斯诺命题"。在当代，这种科学文化与人文文化之间的冲突仍然存在，具体表现为：科学家倾向于认为，人文学者智力水平低下，只提供不起任何实际作用的闲言碎语与虚文，不关注外在的物质世界，缺乏远见，散漫及不守规矩；人文学者倾向于主张，科学家只是些善于思考与计算的机器，缺少对宇宙、自然、社会及人生的细微深入的体验与感受，缺乏对人的内心世界的关注，浅薄乐观，刻板老套。

奥地利著名科学哲学家弗兰克曾提出这样一个问题：现代人类文明所受到的严重威胁是什么？他本人的回答是："科学的迅速进展同我们对人类问题的了解无能为力。"而造成这种状况的重要根源，在于"自然科学与人文科学之间存在着一条鸿沟"②。诚然，自然科学与人文学科在认识对象、认识方法、认识特征、认识目的、评判认识的标准以及认识的功能上，都有本质的不同。试图抹杀两者之间的差别，将两者相互混淆和代替，是行不通的。然而，把自然科学与人文科学、科学文化与人文文化严格区分甚至绝对对立起来，也是不可取的。德国著名物理学家普朗克在《世界物理图景的统一性》一书中就曾说过："科学是内在的统一的，它被分解为单独的部门，不是由于事物的本质，而是由于人类认识能力的局限性。实际上存在着从物理学到化学，通过生物学、人类学到社会科学的连续链条。"③美国科学史家萨顿也指出："没有同人文科学对立的自然科学，科学或知识的每一个分支一旦形成都既是自然的也同样是人的。"④正如马克思当年的预言："自然科学往后将包括关于人的科学，正像关于人的科学包括自然科学一样：这将是一门科学。"⑤

因此，我们要在承认自然科学与人文科学、科学文化与人文文化之间的差异和各自功能的基础上，加强科学文化与人文文化之间的沟通和对话，使两种文化相互结合、相互借鉴、相得益彰。对于科学技术而言，它只是人类文明发展的一种有限的手段，仅靠它并不能使人类达到一个至善至美的世界。科学技术可以医治具体的疾患和创伤，却解决不了人心中的惆怅。科学能够告诉我们如何有效地解决问题，却不能说明为什么要解决这个问题。对于人生问题，如欢乐、爱、幸福以及痛苦、焦虑、不幸，这些都不可能以科学的方式规定。对于科学技术作用的这种限度，科学家们并非没有清醒的认识。爱因斯坦就曾告诫说："我们切莫忘记，仅凭知识和技巧并不能给人类的生活带来幸福和尊严。"⑥人们常

---

① [英]斯诺：《两种文化》，纪树立译，生活·读书·新知三联书店 1994 年版，第 4 页。

② [奥]弗兰克：《科学的哲学——科学和哲学之间的纽带》，许良英译，上海人民出版社 1985 年版，第 4 页。

③ 转引自夏禹龙等：《科学学基础》，科学出版社 1983 年版，第 5 页。

④ [美]萨顿：《科学史和新人文主义》，刘兵译，华夏出版社 1989 年版，第 49 页。

⑤ 《马克思恩格斯全集》第 42 卷，人民出版社 1979 年版，第 128 页。

⑥ [美]杜卡斯、霍夫曼：《爱因斯坦谈人生》，高志凯译，世界知识出版社 1984 年版，第 61 页。

说，一个丧失了人文精神的社会，不能指望它有发达的科学技术。要使科学技术在推进人类文明建设的过程中显现更大的价值，还需人文文化对科学技术加以引导和调节，实现科学文化和人文文化的紧密结合和协同发展。

阅读书目

1. [英]贝尔纳：《科学的社会功能》，商务印书馆1995年版。

2. [英]贝尔纳：《历史上的科学》，科学出版社1959年版。

3. [美]默顿：《十七世纪英格兰的科学、技术与社会》，商务印书馆2002年版。

4. [美]默顿：《科学社会学》，上、下册，商务印书馆2003年版。

5. 胡志强、李斌：《科学技术与社会研究》，科学出版社2013年版。

6. 张扬等：《科学、技术与社会》，湖南人民出版社2005年版。

7. 高建明：《科学社会学新论》，湖北人民出版社2005年版。

分析与思考

一、

材料1：英报称，已经有人用3D打印技术来制造各种武器或者救人性命的人体器官了。不过现在，它正在从工业领域向零售店铺转移。据英国《卫报》报道，全世界首批3D打印商店中的一家在伦敦开业。一位美国学生则通过全球媒体展示自己如何运用这种技术制作出一支可以使用的枪。

英国沃里克大学3D打印专家格雷格·吉本斯表示，消费者很快就能去商店里打印属于自己的首饰、艺术品和机器零部件了。吉本斯说："3D打印商店会像曾经的图文复印店那样出现在我们身边。店里会有四五台可以利用不同打印材料的打印机。消费者可以带上自己的计算机辅助设计文件，或者去店里扫描洗碗机的某个零件。离开店铺时，他们手里就会多一件3D复制品。"

美国人科迪·威尔逊最近利用3D打印机造出一支枪来，此事凸显这项技术的威力与便利性。威尔逊花5000英镑买了一台二手打印机，用它制造出一支枪的若干零件，然后装上金属撞针，开了一枪，用的是一枚普通的子弹。3D打印技术当然还有其他更加正经的用途。我们可以制造出用于移植手术的人造骨骼，医生还可以制作器官模型，用于个人练习，为手术做准备。一家业内杂志的编辑马库斯·费尔斯表示，不应该因为这支枪而忽视3D打印技术所取得的真正进展，"人们往往在经历一些骇人听闻的事情之后才会意识到自己眼皮子底下的技术其实是革命性的"。

3D打印又称"叠层制造"工艺，最早开发于20世纪80年代，但是经过很长一段时间后，其应用领域才从工程学扩展至其他行业。这种工艺的原理是通过叠加一层层材料（通常是塑料）来制造复杂的固体物件。

材料 2：3 月的北京，乍暖还寒。与天气的忽凉忽热形成鲜明对比的是“网络热”的持续升温。

在各代表团驻地，手提电脑已不再新鲜，推开代表委员的门，常可以见到它的身影，它使人们的写作、上网更加得心应手。

政协会议使用互联网提交提案，全国政协经济界的周晋峰委员第一个发来提案，他呼吁要加强互联网传输中的信息安全管理。

“电子会务”的概念也清晰起来。为“两会”提供信息咨询服务的国家统计局，用网络查询取代了传统的打印查询，代表委员轻松上“网”即可获得所需资料。

新华网、人民网等网络媒体，除了对会议进行网上直播外，还充分发挥了互动的特性。“我看两会”“网友点题”“我的提案”，为网友提供了一个建言献策的平台，“两会论坛”，频繁邀请代表、委员和海内外网友开展网上对话，激活了大家的思路。

网上“两会”热，会上网络热，真可谓无“网”不在。两会上的网络互动，让我们再一次感受到了我国民主政治建设向前迈进的坚定步伐。

材料 3：MOOC 的火爆，让网络教育重新成为人们谈论的热门话题。其吸引力主要来自以下几方面：一是“免费+开放”的互联网市场推广策略，在该策略影响下，Coursera 平台上一门课程的注册人数动辄上百万人，这种点击率和流量被互联网企业视为成功的“标志”。二是名校效应，为 MOOC“背书”的是哈佛大学、麻省理工学院、斯坦福大学这些响当当的名字，吸引了北大、清华、港大、港科技等大学校长的注意力。三是 MOOC 带给学习者的“福利”，即第一批获得 MOOC 课程证书的外国学生(包括中国学生)，在申请到美国大学留学时，比较容易拿到 offer。四是北大、清华、港大等区域性一流大学纷纷加入 edX 等 MOOC 组织，形成了 MOOC 的二次乃至三次传播。事实上，MOOC 是一种带有互联网基因的“新”网络教育。这里的互联网基因包括一对显性基因(免费与开放)和一对隐性基因(大数据和社会组织变革)。“网络教育”不是成人继续教育的一种“技术手段”升级，而是对广义的“知识行业”业务模式的一种系统化变革和组织流程重构。这才是 MOOC 所代表的“新”网络教育的意义所在。这是一个长期的历史性变革过程，也是一个渐进过程。变革的内容不仅包括教学方式，还有组织模式和商业模式。这种多维度的综合变革将打造全新的教学模式和教育组织模式，实现对教育的“革命性的变革”。

材料 4：“砰!”随着银幕里猎枪的一次触发，座椅开始向后小幅倾仰，观众的肩膀被什么东西用力顶了一下，仿佛“遭”到了枪击。这是一次来自北京双井 UME 影城 4DX 厅的真实观影体验，放映的影片为《猩球崛起：黎明之战》。显然，影院并没有发生枪击事件，而是座椅上的“机关”将银幕上的情节“还原”到了观者的感官体验上。

通过座椅前后、左右地震动或摇动，可以实现骑马前进或驾驶汽车的颠簸感；通过座椅下的胶管喷洒香味，可以实现丛林的气息与空气湿度……这种原本出现在博物馆、天文馆、主题公园等场所的感官体验，如今也开始在商业电影院里上演。

4DX技术是由韩国CJ集团研发的一项4D影院技术，在中国最大的合作伙伴是UME电影院投资管理集团，目前在北京的三家UME影院均有4DX影厅。4DX发展至今，在全球数十个国家拥有200多块银幕。据悉，支持4DX放映效果的设备造价高达400万元人民币，光每个座椅就价值两万元。“这个厅比普通电影厅的耗电量至少要多一倍，因为座椅震动需要马达，香味、烟雾、泡泡、水蒸气等需要过滤，这些都影响成本。此外，还需要购买4DX影片的版权，并与CJ集团进行票房分成。”北京双井UME影城业务主管王诚介绍说。

4DX带来的，还有整个行业正在悄然发生的变化。移动互联网将手机屏、PAD屏和电脑屏“互联”在了一起，人们随处可以获得影像视听产品，于是，电影院线这些年开始通过不断的技术革命，一再强化影院观影无可取代的地位与效果。

“变化太大，我们对未来还没来得及认真思考，它突然就来了。”博纳电影发行公司总经理刘歌感叹。“自1895年诞生到现在，电影行业一直处于一个比较工业化的发展水平，技术革命和信息化革命的突然来临，对传统电影业产生了难以估量的影响——就像蒸汽机出现对马车车夫的影响，你不得不学会放下鞭子，拿起摇把。”

在2014年6月举办的上海国际电影节上，刘歌主持了一场主题为“致未来五年的电影院”的论坛。在他看来，未来影院或许会变成一个大的电影MALL(电影生活馆)，商品以及商业形态都是为电影而服务、产生的。“如果真的成为电影MALL，新技术必然产生很多新体验，包括私人定制、点映，观众甚至还可以自己设计很多种电影结尾……这些可能都会应运而生。”

“未来充满想象，因为新技术让我们无所不能。”刘歌说。而未来会变成什么样，谁又能知道呢？

请根据以上材料和本章内容思考下列问题：

1. 新技术革命是如何改变人类的生产和生活方式的？
2. 信息技术的发展对民主政治建设带来了哪些影响？
3. 科学技术是如何促进教育、文化事业发展的？

二、

材料1：国际空间站的设想是1983年由美国总统里根首先提出的，即在国际合作的基础上建造迄今为止最大的载人空间站。该空间站以美国、俄罗斯为首，包括加拿大、日本、巴西和欧洲空间局(11个国家)共16个国家参与研制。

早在2000年年底，当时的中国科技部部长朱丽兰就表示，中国将在第十个五年计划中增加国际科技合作项目，目标之一就是参加国际空间站计划。国际空间站虽然由美国和俄罗斯共同主导，但是绝对控制权依旧掌握在美国的手里。目前中国是继美国、俄罗斯之外的世界第三大航天大国，美国对中国航天技术的崛起一直深感忧虑并怀有戒心。为了防止航天技术的扩散，保持美国在太空探索领域中的优势，美国一直拒绝中国参与国际空间站计划。

中国航天科技的整个发展历程一直都受到美国等一些西方国家的技术封锁和遏制。近些年来，中国在载人航天领域取得了一些举世瞩目的成就，中国想要与美国等西方发达国家合作，就必须用自己的实力来证明，掌握一些关键技术和人才。没有实力，一些合作项目就根本参与不进去。“就像美国和俄罗斯，曾经是‘死对头’，现在却走到一起。”20世纪90年代初苏联解体以后，因为科研经费的缺乏，俄罗斯的空间站建设陷入困境。但是俄罗斯拥有一流的技术和大量科研人员，为了防止这些技术和人员流落到他国，美国需要俄罗斯把这些技术和人才聚合在一起。另外，在美苏太空争霸的过程中，美国的航天工程仅仅保留了航天飞机项目。要继续进行大量的太空探索，美国也迫切需要俄罗斯的合作。也就是在这样的政治背景下，美国和俄罗斯这两个航天大国走到了一起。至于加拿大、日本、巴西和欧洲空间局国家之所以能够加入到国际空间站的合作中去，除了政治制度方面的因素以外，这些国家在太空领域并不是美国的强力竞争者，到目前为止它们还没有独立实施载人航天的能力。而这些国家参与到国际空间站的合作可以大大减轻美国的经济负担。目前，国际空间站的建设费用已经超过1000亿美元，其每年的运营费用也超过了900亿美元。如果都由美国来承担这些费用，其就会面临比较大的经济压力。在这样的背景下，美国就要谋求众多的并且和它没有太空利益冲突的国家参与到国际空间站的合作之中。

材料2：2014年3月7日，全国政协副主席、科技部部长万钢来到全国政协十二届二次会议科技、科协界别联组会议，与委员们联系实际讨论政府工作报告并听取委员发言和意见。作为科技部部长，万钢说他最关心的是科技体制改革。2012年党中央召开了科技创新大会，提出要深化科技体制改革、加快国家创新体系建设，党的十八届三中全会对科技体制改革作出了重要部署，这次总理的政府工作报告中重点强调了科技对于支撑转变发展方式调整结构的重要作用。万钢指出，当前科技体制改革过程中有四个方面的深层次问题，值得各位委员认真研究并思考解决方案。

一是党的十八届三中全会提出要处理好市场和政府作用的关系。2013年全社会研发支出占GDP比重超过2%，达11800多亿，但是其中76%是企业投入，企业作为技术创新主体已经成为科技投入的主体，此时政府应该发挥什么作用？他认为应该更多地发挥在体制机制创新、共性技术研究、基础研究、战略性新兴产业以及农业、环保等公益性领域研究的作用，从而带动企业的原始创新能力。

二是如何促进科技成果转化，发挥高校和科研院所的作用，提高科技人员积极性。他认为科技成果转化分三个类型：一是知识类型，通过发表论文进行知识传播；二是公益性的技术，如农业技术等，通过进村入户进行推广转化；三是产业化和市场化的应用技术成果，通过产学研合作，推动科技与经济结合。2013年我国技术市场交易额达到7460亿，但其中80%的成果供方是企业，高校院所没有成为技术转移和交易的主角，其中最关键的问题就是高校和院所的科技成果作为国有资产来管理，处置权和收益权不在高校和科研院所手中。

三是建立和完善公开透明的项目资金管理机制，让所有项目资金在阳光下“晒一晒”，提高使用效率。目前中央财政用于民口的科技投入分散在30多个部门，不仅使财政资金分散，还造成科技人员重复申报项目。他指出，科技部将会同财政部等有关部门，通过加强科技统筹协调、公正透明分类指导、简政放权、建立监管和信用体系完善项目资金管理机制。科技人员提高收入不能从科研项目资金中分钱，而是要通过优化收入分配机制、转化科技成果获得收益。对项目资金使用不合规、不合法的单位要严格处置，实行零容忍，认真对待科研诚信问题。

四是认真研究科技进步对生产关系和经济领域改革的推动，破除体制性障碍。比如电子商务、网购等互联网经济新业态，推动了商业形态的变革和支付形式变化，这就需要各级政府快速适应这种互联网技术带来的变化，研究并提出新的规章制度，打击造假并保护知识产权。他指出，我国目前已进入创新驱动发展的新时期，新技术、新产品层出不穷，生产力的提高对生产关系的变革产生强大的推动作用。在此期间，有些工作在推进中会遇到一些难度，这不仅仅是技术问题，也不完全是成本问题，而是存在制度性的政策障碍，这些深层次问题需要认真研究并加以解决。

材料3：实际上，自1850年以后，工程师群体，就一直试图能像医生一样，建立自己的“希波克拉底誓言”。尽管当时的工程师，都受雇于人，和当时能够独立开业的医生，其社会地位是有所不同的。1895年，美国著名的桥梁工程师莫里森在他担任美国土木工程学会主席的就职典礼上就说过：“工程师是技术变迁和人类进步的主要力量，他们不受利益集团(政治集团和商业集团)偏见影响，对确保技术变革最终造福人类负有广泛责任。”随着科技在社会生活中的作用日益增大，许多工程事故引发工程师对社会责任和工程伦理的强烈反思，因而在20世纪70年代后，许多工程师学会已经强调“工程师应当将公众的安全、健康和福利置于至高无上的地位”。

然而，工程师在承担社会责任时仍然困难重重，他们的正确意见经常得不到尊重。例如美国“挑战者”号航天飞机发射前一天，负责发射的工程师，就提出第二天天气寒冷，此时固体火箭发动机的密封圈可能失效而导致燃料外泄，建议推迟发射，但美国宇航局的领导由于政治上的考虑坚持要准时发射，结果航天飞机升空后不久，就发生爆炸，导致7名航天员牺牲。由此可见，目前工程师只能履行有限的社会责任，而上述工程共同体中的雇主，应当对工程的社会效果负主要责任。

为了让最有发言权的工程师能对工程进行监督，社会应该给工程师以话语权，应该有反映他们意见的畅通无阻的渠道。因此，除了一方面要加强对工程师职业道德的教育之外，另一方面应当制定出有关工程行为的法律法规，明确工程师的社会责任和相应的权利。

请根据上述材料回答下列问题：

1. 在大科学与高技术时代，科学技术的社会建制具有哪些新的特征？

2. 推进科技体制改革对于提高科学技术水平、增强综合国力和国际竞争力具有怎样的作用?

3. 在当代社会对科学家、工程师的行为进行规范有何必要性重要性?

三、

材料 1: 李森科(T. D. Lysenko, 1898—1976)出生于乌克兰一个农民家庭, 1925年毕业于基辅农学院后, 在一个育种站工作。出于政治与其他方面的考虑, 李森科坚持生物进化中的获得性遗传观念, 否定基因的存在性, 用拉马克(Lamarck, 1744—1829)和米丘林(I. V. Michurin)的遗传学抵制主流的孟德尔—摩尔根(G. Mendel-T. H. Morgan)遗传学, 并把西方遗传学家称为苏维埃人民的敌人。李森科最初面临的主要反对者是来自美国遗传学家、诱发突变的发现者穆勒, 后者认为经典的孟德尔遗传学完全符合辩证唯物主义。苏联农业科学研究院前任院长N. I. 瓦维洛夫支持穆勒的观点并成为李森科的头号对手。

李森科从1920年后期绕开学术借助政治手段把批评者打倒。1935年2月14日, 李森科利用斯大林参加全苏第二次集体农庄突击队员代表大会的机会, 在会上强调生物学的争论就像对"集体化"的争论, 是在和企图阻挠苏联发展的阶级敌人作斗争。这一做法得到了斯大林的首肯, 李森科把学术问题上升为政治问题, 反对者开始面临噩运。穆勒逃脱了秘密警察的追捕, 而瓦维洛夫则于1940年被捕, 先是被判极刑, 后又改判为20年监禁, 1943年因营养不良在监狱中死去。

1948年8月, 苏联召开了千余人参加的全苏列宁农业科学院会议(又称"八月会议")。李森科在大会上作了《论生物科学现状》的报告。他声称"米丘林生物学"是"社会主义的""进步的""唯物主义的""无产阶级的"; 而孟德尔—摩尔根遗传学则是"反动的""唯心主义的""形而上学的""资产阶级的"。经斯大林批准, 苏联正统的遗传学被取缔了。李森科在大会上宣布, 这次会议"把孟德尔—摩尔根—魏斯曼主义从科学上消灭掉, 是对摩尔根主义的完全胜利, 具有历史意义的里程碑, 是伟大的节日"。

"八月会议"使苏联的遗传学遭到浩劫。在高等学校禁止讲授摩尔根遗传学; 科研机构中停止了一切非李森科主义方向的研究计划; 一大批研究机构、实验室被关闭、撤销或改组; 有资料说, 全苏联有3000多名遗传学家失去了在大学、科研机构中的本职工作, 受到不同程度的迫害。"八月会议"的恶劣影响, 波及包括中国在内的众多社会主义阵营国家。"八月会议"使李森科达到了"事业"的巅峰。李森科的个人胜利, 无疑是科学的悲剧。

1964年10月, 李森科主义在苏维埃科学院被投票否决。至此, 李森科丧失了在苏联生物学界的垄断地位。李森科主义没有实现苏联人"面包会有的"的理想, 反而使他们的分子生物学和遗传工程学遭到了不可救药的落伍, 苏联失去了两代现代生物学家。①

① 资料来源: 百度百科——"李森科事件", http: //baike. baidu. com。

材料2：耗散结构论的创始人普里高津说："中国传统的学术思想是着重于研究整体性和自发性，研究协调和协合，现代新科学的发展，近些年物理和数学的研究，如托姆的突变理论、重正化群、分支点理论等，都更符合中国的科学思想。"创建协同学的哈肯也指出："事实上，对自然的整体理解是中国哲学的一个核心部分。在我看来，这一点西方文化中未获得足够的考虑。"

又如，在近现代科技发展中，特别是工业文明后期，人与自然是对立的，人对大自然着重征服、索取，而不注意保护，结果受到严厉报复：资源匮乏、能源枯竭、环境污染、生态破坏，全球气候变暖，珍稀物种灭绝，自然灾害频仍等。而中国传统文化、传统哲学、传统科技的核心是"天人合一"，中国的"天"，不是西方的"神""上帝"，而是自然界、客观规律。荀子曰："天行有常，不以尧存，不以桀亡。"

中国古代的区域开发和经济发展，强调天时、地利、人和的"三才学说"，所谓"人与天地相参"，"仰观天文，俯察地理，内省自身"，强调生物界的和谐和"各得其养以成"，这对当代生态经济学、生态伦理学的发展且有指导意义，有利于促进身心健康和生活质量的提高，有利于建设生态文明和可持续发展。

材料3①：回看2014年的舆论场，最显著的变化之一是持续多年的"挺转""反转"争论正渐趋理性平和。发生这种转变的重要原因，首先是习近平总书记关于转基因技术的重要讲话于9月公开发表，接着是10月、11月、12月数家主流媒体连续发布关于全球转基因农作物发展现状和未来展望国际研讨会召开、全国媒体记者转基因报道研修班举办、网络大V赴美探究转基因食品安全、袁隆平和饶毅等科学家"挺转"等重磅新闻，为我国的转基因研究注入了"正能量"。

从上述数篇媒体报道中，公众了解到这样一些至关重要的信息，对厘清是非、稳定人心发挥了重要作用。事实上，对于"挺转"与"反转"的争论，政府从一开始持开放态度，以致"挺转"与"反转"成为近年来舆论场最公开、最活跃的话题。政府的初衷，先让公众争论、达成共识，然后政府借势推广。但"挺转"与"反转"事态的演变出人预料。

"反转"的人，从网络"大V"、文化名人、媒体业者、专家学者，到军方人士，阵容强大，但多数人不具备专业的知识储备，"反转"从道德高度掌握了话语权。面对强大的"反转"舆论，科学家群体却近乎集体失声，那些"挺转"的科学家甚至背负"汉奸""卖国贼"的骂名。"挺转"与"反转"呈胶着状态，影响了政府决策。

经过多年的纷纷扰扰，"挺转"与"反转"纷争或就此翻过新的一页，中国转基因研究从此走上充满风险但方向正确的轨道。从这种转变中，我们似乎应该悟出一些有价值的东西。

一是理性争论的前提，是大家都在一个平台上；否则，无异于"鸡同鸭讲"。这个平台，就是基本的知识储备。这需要在校学生和公众中大力普及自然科学知识。

① 彭军：《重大问题争论要有主心骨》，载《环球时报》，2014年12月27日。

二是中国是一个超大社会，超大社会需要“主心骨”，这个“主心骨”就是政府。每逢重大问题，政府不能被舆论“绑架”，更不能像鸵鸟把头埋进沙子里回避问题，要定纷止争，要承担责任，要主动作为。三是科学家尤其是特定领域的科学家，要从专业角度理直气壮地发声，占领舆论阵地。四是重大事项信息一定要公开透明，保障公众的知情权、监督权。五是关于开放性争论，其本身不是坏事，但一定要可控。对有关重大问题的争论放任不管，不仅影响事业发展，而且撕裂社会，成本实在太高。为此，舆论宣传主管部门应增强引导、驾驭重大话题讨论的能力。主流媒体要当好政府、科学家、公司、公众之间的“传声筒”，尤其要为“沉默的大多数”提供发声的平台。

请根据上述材料和本章内容回答下列问题：

1. 政治是如何影响科学技术的发展的？
2. 文化因素和哲学思想对科学技术的发展具有哪些影响？
3. 在科学技术运行中，如何制定恰当的科技政策以对科学技术风险进行有效评估和决策？

第八章

中国马克思主义科学技术观与创新型国家

要论提示

- 向科学进军。
- 科学技术是第一生产力。
- 科学技术是第一生产力，而且是先进生产力的集中体现和主要标志。实现科教兴国战略，关键是人才。科学技术人员是新的生产力的开拓者。
- 自主创新能力是国家竞争力的核心。……必须把建设创新型国家作为面向未来的重大战略。
- 实施创新驱动发展战略决定着中华民族前途命运。

中国马克思主义科学技术观是对当代科学技术及其发展规律的概括和总结，是马克思主义科学技术观与具体科学技术实践相结合的产物，是中国化的马克思主义科学技术观。毛泽东、邓小平、江泽民、胡锦涛、习近平的科学技术思想，既一脉相承，又与时俱进。中国马克思主义科学技术观的中国共产党人集体智慧的结晶，是对毛泽东、邓小平、江泽民、胡锦涛、习近平科学技术思想的概括和总结，是他们科学技术思想的理论升华和飞跃，是他们科学技术思想的凝练和精髓。中国马克思主义科技思想具有坚实的实践基础，毛泽东、邓小平、江泽民、胡锦涛和习近平的科技思想作为中国化的马克思主义科技思想，既体现了马克思列宁主义的基本原理，又包含了对世界科技革命的认识理解和中国共产党人的实践经验。中国化的马克思主义科技思想的基本途径就是把马克思主义的科技思想运用于中国的社会主义现代化建设的实践过程中，既要吸取世界科技革命的最新成就，又要概括总结中国共产党人的实践经验，坚定不移地走中国特色的科技进步之路。中国马克思主义科学技术观的主要特征是时代性、实践性、创新性、系统性、开放性。自主创新建设创新型国家是中国马克思主义科学技术观的具体体现，具有重要的战略意义。中国在自主创新建设创新型国家的过程中进行了积极的实践探索，走出了一条中国特色的科技进步之路。

第一节 中国马克思主义的科学技术思想

中国马克思主义科学技术思想是对当代科学技术及其发展规律的概括和总结，是马克思主义科学技术观与具体科学技术实践相结合的产物。中国马克思主义科学技术思想具有鲜明的时代特征，是中国共产党人集体智慧的结晶，是对毛泽东、邓小平、江泽民、胡锦涛、习近平科学技术思想的概括和总结，是他们在中国的科技实践中科学技术思想的理论升华和飞跃，是他们科学技术思想的凝练和精髓。

一、毛泽东的科学技术思想

毛泽东的科技思想是马克思主义与中国科技事业发展相结合的产物，是中国化的马克思主义科技思想的探索阶段。毛泽东在新中国科学技术相对落后的条件下，提出了一系列关于科学技术发展的理论观点。

(一)技术革新和技术革命运动现在已经成为一个伟大的运动

早在民主革命时期，毛泽东就提出："我们共产党是要努力于中国的工业化的。"①新中国成立后，毛泽东非常重视中国的科学技术事业，毛泽东指出："技术革新和技术革命

① 《毛泽东文集》第3卷，人民出版社1996年版，第146页。

运动现在已经成为一个伟大的运动，急需总结经验，加强领导，及时解决运动中的问题，使运动引导到正确的、科学的、全民的轨道上去。”①很快就为党和国家所接受，演变成为具体实施的规划和措施。根据对所处时期的正确判断，毛泽东于1956年春提出中国要搞原子弹、氢弹，首先被确定为科技规划中的最大重点。在抓“两弹”研制的同时，1958年在党的八大二次会议上，他又发出“我们也要求搞人造卫星”的指示。他提出了“不能走世界各国技术发展的老路，跟在别人后面一步一步爬行”的打破常规的发展战略。20世纪60年代中国经历了极端困难的时期，毛泽东不畏艰难，指示国务院“以两弹为主，突破尖端国防”，在他的直接领导下，我国的“两弹一星”在较短的时间内得以研制成功，不仅向世界表明了我们的国防科技能力，提高了我国的国际地位，而且带动了我国高技术产业的建立和壮大。

(二)向科学进军

1956年前后，世界新科技革命初现端倪，威力日显。正是在这一年，党中央提出了“向科学进军”的口号。毛泽东提出社会主义建设要依靠科学技术，号召向科学进军，目标是世界科学技术前沿，努力接近与赶上世界科学发展的先进水平。他指出：“我国人民应该有一个远大的规划，要在几十年内，努力改变我国在经济上和科学文化上的落后状况，迅速达到世界上的先进水平。”②

(三)科学技术促进生产力发展

1963年5月，毛泽东在听取中央科学小组汇报时讲道：“科学技术这一仗，一定要打，而且必须打好……现在生产关系是改变了，就要提高生产力。不搞科学技术，生产力无法提高。”③毛泽东不但把科学技术与生产力的发展联系在一起，还认识到了科学技术在我国社会主义现代化建设中的地位和作用，并把科学技术的现代化作为四个现代化的目标之一。

(四)自力更生与学习西方先进科学技术

毛泽东为我国科学技术发展确定的根本原则是自力更生为主，争取外援为辅。毛泽东说：“我们的方针是，一切民族、一切国家的长处都要学，政治、经济、科学、技术、文学、艺术的一切真正好的东西都要学。但是，必须有分析有批判地学，不能盲目地学，不能一切照抄，机械搬用。”④

毛泽东的科技思想在新中国成立伊始的一段时期，得到了很好的贯彻落实，取得了卓越的成就。从实践效果来看，其主要功绩是促进了中国科学技术的发展，加速了中国工业化的有效进程，从“一五”期间的优先发展重工业为工业化建设起点，到建立一个独立的比较完整的工业体系和国民经济体系，为中国进一步发展奠定了坚实基础。从社会意义上来看，在国内，它使得以农业为主的落后中国开始迈向以利用科学技术为主的工业化社会，有了显著进步；以高科技工业的建立和兴起为主要标志的经济成分成为国民经济的重

---

① 《毛泽东选集》第8卷，人民出版社1999年版，第152~153页。
② 《毛泽东选集》第7卷，人民出版社1999年版，第2页。
③ 《毛泽东文集》第8卷，人民出版社1999年版，第351页。
④ 《毛泽东选集》第7卷，人民出版社1999年版，第41页。

要组成部分，使中国现代化的经济因素大大增强，水平得以提高；在国际上，它使得中国成为世界上拥有“两弹一星”的少数国家之一，提高了中国的国际地位。

二、邓小平的科学技术思想

毛泽东关于科学技术的思想极为重要，但由于众所周知的原因，他的这些思想并没有坚持下去。党的第二代领导集体的核心邓小平，在继承毛泽东科技思想的基础上，根据现代科学技术的实际，并结合我国科技事业的具体实践，有了与时俱进的发展，形成了自己的科技思想。

(一) 邓小平科技思想的核心和精髓是“科学技术是第一生产力”

邓小平根据马克思主义的经典论述和现代科学技术的实践，在1978年召开的全国科技大会上指出：科学技术是生产力，这是马克思主义的基本观点。1988年，邓小平总结了二次世界大战以来特别是七八十年代世界经济发展的新趋势和新经验，又进一步指出：“马克思讲过科学技术是生产力，这是非常正确的，现在看来这样说可能不够，恐怕是第一生产力。”“依我看，科学技术是第一生产力。”①

(二) 改革科技体制是为了解放生产力

继1984年中央做出《关于经济体制改革的决定》之后，邓小平又提出进行科技体制改革的思想，他指出，长期以来，我国的科技体制是与高度集中的计划经济相适应的，这种体制的最大弊端是科技与经济相脱离，严重影响了科技与经济的发展。在1985年的全国科技工作会议上，邓小平指出：“经济体制，科技体制，这两方面的改革都是为了解放生产力。新的经济体制，应该是有利于技术进步的体制。新的科技体制，应该是有利于经济发展的体制。”②这些论述深刻地揭示了科技生产力与科技体制、经济体制之间的内在联系。在这一指导思想下，1985年，中央做出了《关于科技体制改革的决定》，有力地推动了我国经济的发展和科技事业的发展，从体制上促进了科学技术向生产力的转化。

(三) 发展科学技术必须尊重知识、尊重人才，要依靠和抓好教育

邓小平多次强调要重视人才和使用人才。他曾说：“改革经济体制，最重要的，我最关心的，是人才。改革科技体制，我最关心的还是人才。”③他要求，一定要在党内造成一种空气：尊重知识，尊重人才。他说，没有一支强大的高水平的专业科学研究队伍，就难以攀登现代科学技术的高峰。

(四) 要加强对外开放和技术引进

邓小平提出，科学技术要发展就一定要对外开放，要认真学习、引进、改造、再创造国外的先进的科学技术，要扩大面向世界的科技文化、教育的交流。

(五) 中国必须在发展高科技领域占有一席之地

高科技作为20世纪新科技革命的象征，是不可忽视的国家力量的重要组成部分，直接关系到一个国家或地区在世界格局的经济、政治和国防地位，面对这场关系到国家前途

---

① 《邓小平文选》第3卷，人民出版社1993年版，第275、274页。
② 《邓小平文选》第3卷，人民出版社1993年版，第108页。
③ 《邓小平文选》第3卷，人民出版社1993年版，第35页。

和命运的高科技竞争，邓小平以一个战略家的眼光和胆识预言："过去也好，今天也好，将来也好，中国必须发展自己的高科技，在世界高科技领域占有一席之地……这些东西反映一个民族的能力，也是一个民族、一个国家兴旺发达的标志。"①在邓小平的亲自决断下，我国"863计划""火炬计划"的实施，极大地推动了经济增长与社会进步，为国民经济持续、快速、健康发展作出了贡献。

链接材料

863计划

1986年3月，面对世界高技术蓬勃发展、国际竞争日趋激烈的严峻挑战，邓小平同志在王大珩、王淦昌、杨嘉墀和陈芳允四位科学家提出的"关于跟踪研究外国战略性高技术发展的建议"和朱光亚的极力倡导下，做出"此事宜速作决断，不可拖延"的重要批示，在充分论证的基础上，党中央、国务院果断决策，于1986年3月启动实施了"高技术研究发展计划(863计划)"，旨在提高我国自主创新能力，坚持战略性、前沿性和前瞻性，以前沿技术研究发展为重点，统筹部署高技术的集成应用和产业化示范，充分发挥高技术引领未来发展的先导作用。朱光亚是863计划的总负责人，参与了该计划的制订和实施。

火炬计划

火炬计划(China Torch Program)是一项发展中国高新技术产业的指导性计划，于1988年8月经中国政府批准，由科学技术部(原国家科委)组织实施。火炬计划的宗旨是：实施科教兴国战略，贯彻执行改革开放的总方针，发挥我国科技力量的优势和潜力，以市场为导向，促进高新技术成果商品化、高新技术商品产业化和高新技术产业国际化。

邓小平科技思想是中国化的马克思主义科技思想的理论创新和实践总结，是中国化的马克思主义科技思想发展的第二阶段，它紧扣当今世界新科技革命发展的主题和未来趋势，为党和国家重新走在时代潮流前面，为中华民族的伟大复兴规划了崭新的发展蓝图，在这一思想的指导下，我国制定了一系列科技发展的方针、政策，极大地促进了改革开放时期科技事业的发展和经济实力的增强。

三、江泽民的科学技术思想

江泽民作为第三代领导集体的核心，在理论上发展了邓小平的科技思想，形成了系统的中国化马克思主义科技思想。与毛泽东、邓小平相比，江泽民作为第三代领导核心处于一个全新的时代，具有独特的个性特征。这种全新的时代，就是新科技革命突飞猛进的新

① 《邓小平文选》第3卷，人民出版社1993年版，第279页。

时代，这种独特的个性特征，就是来自于他长期从事科技工作的背景。总体来讲，如果说第一代领导核心毛泽东是在战争年代锻炼成长起来的革命领袖，第二代领导核心邓小平是在政治漩涡中磨难出来的政治领袖，那么，第三代领导核心江泽民就是在世界政治、经济格局和科技革命发生根本性变革的时代背景下，从一个科技工作者、科技领域的领导人成长为一名党和国家的政治领导人。也正是他这种特殊的经历和职业背景，使他不仅能够从科技与社会主义现代化建设的政治高度来认识发展科技事业的重要性，而且也使他对当今世界科技革命的发展进程及其对人类和社会发展的深远影响有更加深刻的理解和把握。

江泽民从科技与社会的互动关系中构建了其科技思想的主要内容，即科学技术动力观、科学技术战略观、科学技术创新观、科学技术人才观、科学技术伦理观。

（一）科学技术动力观

江泽民是以科学技术与社会发展、科学技术与综合国力的关系为视角，特别是在科学技术与现代化的关系的基础上阐述科学技术动力的，他的科学技术动力观体现在强调了科学技术在社会发展中的地位和作用。他指出："科学技术是人类的伟大实践之一，是一种在历史上起推动作用的革命力量。""世界范围内的经济竞争，综合国力的竞争，在很大程度上表现为科学技术的竞争。"①科技进步是经济和社会发展的主要动力。这表明江泽民从人类文明发展进程的角度深刻认识和理解了科学技术的地位和作用。江泽民在"七一"讲话中强调，指出："科学技术是第一生产力，而且是先进生产力的集中体现和主要标志。"②江泽民的这些重要论述是对邓小平"科学技术是第一生产力"理论的丰富和发展，具有特别重要的理论意义和现实意义。

（二）科学技术战略观

正是充分认识到科学技术在现代社会发展中的重要地位和作用，江泽民从战略高度和科技发展大势出发，提出："我们要立足于自己的国情，借鉴国外的成功经验，探索一条具有中国特色的科技进步之路。"③为了全面落实"科学技术是第一生产力"的思想，增强我国的科技实力及其向现实生产力转化的能力，江泽民从我国的国情出发，构筑了我国新时期科学技术发展的战略框架，这就是科教兴国战略，可持续发展战略，科学技术优先发展战略，有所为有所不为战略——基础研究战略，大力发展高新技术和高新技术产业战略，以信息化带动工业化、努力实现我国社会生产力的跨越式发展战略，等等。这些科技发展战略是在邓小平"科学技术是第一生产力"的思想指导下，完成我国跨世纪发展的重大部署，是以江泽民同志为核心的党的第三代领导集体推进具有中国特色现代化的治国方略。

链接材料

科教兴国战略

1995 年 5 月，江泽民同志在全国科技大会上的讲话中提出了实施科教兴国的

---

① 江泽民：《论科学技术》，中央文献出版社 2001 年版，第 2 页。
② 江泽民：《论科学技术》，中央文献出版社 2001 年版，第 107 页。
③ 江泽民：《论科学技术》，中央文献出版社 2001 年版，第 51 页。

战略，确立科技和教育是兴国的手段和基础的方针。科教兴国战略的主要内容是：在科学技术是第一生产力思想的指导下，坚持教育为本，把科技和教育摆在经济、社会发展的重要位置，增强国家的科技实力及向现实生产力转化的能力，提高全民族的科技文化素质，把经济建设转移到依靠科技进步和提高劳动者素质的轨道上来，加速实现国家的繁荣昌盛。

(三) 科学技术创新观

江泽民的科技创新观是其科技思想的核心。江泽民从对世界各国综合国力竞争和我国改革和建设需要的分析中指出，推进科技发展的关键在于敢于创新和善于创新。科学技术的发展之所以要把创新作为动力和源泉，一个重要原因就在于“科学的本质就是创新”①。江泽民从历史上的科学发现和技术突破无一不是创新的结果的事实中，从21世纪科技创新将进一步成为经济和社会发展的主导力量的逼人形势中，得出“有没有创新能力，能不能进行创新，是当今世界范围内经济和科技竞争的决定性因素”②，“科技创新已越来越成为当今社会生产力的解放和发展的重要基础和标志”③。江泽民一贯重视基础研究工作，认为基础研究是科技创新的先导和源泉。

(四) 科学技术人才观

江泽民敏锐地把握了时代发展的脉搏和契机，高度评价了科技人才在新时期社会发展中的地位和作用。1991年5月23日江泽民在中国科学技术协会第四次全国代表大会上的讲话中，第一次提出了“科学技术人员是新的生产力的开拓者”的命题，这一论断是对科技人员在新时期的地位和作用准确、完整的历史定位。江泽民指出：“人才是科技进步和经济发展最重要的资源”，“科学技术人员是新的生产力的重要开拓者和科技知识的重要传播者，是社会主义现代化建设的骨干力量。实现科教兴国战略，关键是人才”。④ 在如何培养和造就科技人才的标准上，江泽民指出：培养和造就科技人才要注重德才兼备。立足于时代发展的需要，江泽民同志提出了“建设一支宏大的具有创新能力的高素质人才队伍”这一重大时代课题。

(五) 科学技术伦理观

江泽民在充分肯定科学技术在人类社会发展中的地位和作用的同时，也注意到科学技术是一把双刃剑，这就是说，科学技术的巨大发展在给人类带来莫大福祉的同时，科学技术的应用也给人类带来了灾难和痛苦。江泽民对这一问题进行了深刻的思考，预见性地提出“在21世纪，科技伦理的问题将越来越突出”。科技伦理问题将是人类在21世纪必须解决的重大问题之一，这类问题主要集中在三个方面，即生态伦理问题、生命伦理问题和网络伦理问题。江泽民指出，科技伦理的“核心问题是，科学技术进步应服务于全人类，

---

① 江泽民：《论科学技术》，中央文献出版社2001年版，第192页。
② 江泽民：《论科学技术》，中央文献出版社2001年版，第192页。
③ 江泽民：《论科学技术》，中央文献出版社2001年版，第107页。
④ 江泽民：《论科学技术》，中央文献出版社2001年版，第58页。

服务于世界和平、发展与进步的崇高事业，而不能危害人类自身”①。

江泽民的科技思想是对毛泽东、邓小平科技思想的继承和创新，是中国共产党和中国人民在建设有中国特色社会主义的伟大事业中，不断进行理论创新和实践探索的系统成果，它进一步丰富和发展了中国化的马克思主义科技思想。

四、胡锦涛的科学技术思想

党的十六大以来，胡锦涛从党和国家事业的全局出发，对科技发展给予了高度关注，提出了推动我国科技进步的重大战略思想。胡锦涛在经济全球化的背景下，立足于我国科学技术与社会发展的现实需要，提出了一系列科学技术发展的理论观点。

(一)自主创新建设创新型国家

胡锦涛多次强调，“自主创新能力是国家竞争力的核心。……必须把建设创新型国家作为面向未来的重大战略”②。他提出了推进国家创新体系建设、重点领域实现创新型国家的重要措施。

(二)加强科学技术人才队伍建设，实施人才强国战略

当今世界的综合国力竞争，本质上是一场人才竞争；科技竞争，说到底也是人才的竞争。胡锦涛指出：“人才是国家发展的战略资源，科技进步和创新的关键是人才。”胡锦涛指出：“走中国特色自主创新道路，必须培养造就宏大的创新型人才队伍。人才直接关系我国科技事业的未来，直接关系国家和民族的明天。”③建设创新型国家，必须实施人才强国战略，努力造就大批拔尖创新人才，大力提升国家的核心竞争力和综合国力。

(三)重视科学技术和环境的和谐发展

胡锦涛指出：“大力发展能源资源开发利用科学技术。”“大力加强生态环境保护科学技术。……要注重源头治理，发展节能减排和循环利用关键技术，建立资源节约型、环境友好型技术体系和生产体系。”④

(四)选择重点领域实现跨越式发展

胡锦涛为深化科学技术体制改革提出了明确的指导方针，提出要始终把科学管理作为推动科技进步和创新的重要环节，不断提高科学管理水平。胡锦涛指出：“要坚持有所为有所不为的方针，选择事关我国经济社会发展、国家安全、人民生命健康和生态环境全局的若干领域，重点发展，重点突破，努力在关键领域和若干技术发展前沿掌握核心技术，拥有一批自主知识产权。”⑤

(五)大力发展民生科学技术

胡锦涛指出：“我们必须坚持以人为本，大力发展与民生相关的科学技术，按照以改

---

① 江泽民：《论科学技术》，中央文献出版社 2001 年版，第 217 页。

② 中共中央文献研究室：《十六大以来重要文献选编》(下卷)，人民出版社 2006 年版，第 62 页。

③ 胡锦涛：在中国科学院第十四次院士大会和中国工程院第九次院士大会上的讲话，载《人民日报》2008 年 6 月 24 日。

④ 胡锦涛：《在中国科学院第十五次院士大会、中国工程院第十次院士大会上的讲话》，人民出版社 2010 年版，第 10 页。

⑤ 中共中央文献研究室：《十六大以来重要文献选编》(下卷)，人民出版社 2006 年版，第 119 页。

善民生为重点加强社会建设的要求，把科技进步和创新与提高人民生活水平和质量、提高人民科学文化素质和健康素质紧密结合起来，着力解决关系民生的重大科技问题，不断强化公共服务、改善民生环境、保障民生安全。"①

五、习近平的科学技术思想

改革开放以来，我国经济经过多年的高速发展后进入新常态，在新的历史条件下，我国经济和社会的现代化发展更加需要以科技创新驱动为动力，为实现中华民族的伟大复兴而努力奋斗。

链接材料

"新常态"的内涵是什么？

新常态究竟"新"在何处？2014 年举行的亚太经合组织工商领导人峰会上，习近平在发言中首次为外界清晰地勾勒出了新常态的内涵。

首先是速度，即"从高速增长转为中高速增长"。

多年的高速发展之后，中国经济的传统竞争优势变弱，潜在增长率开始下降，面临着"三期叠加"所带来的挑战，经济增速放缓不可避免。与此同时，考虑到此前积累的诸多矛盾和挑战，以及继续强行维持高增长所可能付出的代价，国家也有意增加了对经济增速放缓的容忍度，从而让一直紧绷的增长之弦有喘息调整之机。

当然，考虑到中国经济的增长潜力、回旋余地以及保证就业和社会稳定的需要，经济增速既不会，也不能下滑过多，因此在新常态下，从高速增长转为中高速增长将是合适的选择。

其次是结构，即"经济结构不断优化升级"。

虽然在新常态下，经济增速会有所放缓，但不能简单地认为增速放缓就是新常态。一般而言，评价经济发展的标准可以分为两种——速度和质量。在新常态下，对速度的追求虽有所降低，但对质量的提升却更加重视，这就要求经济运行的结构更优、效率更高。而这也正是一段时期以来，中国经济所发生的最大变化。

最后是动力，即"从要素驱动、投资驱动转向创新驱动"。

多年来，中国经济的增长在很大程度上属于投资驱动型，靠的是低成本要素的大量投入，虽然成果显著，却也"后患无穷"。而新常态就是要改变这一粗放的增长模式，逐步向集约的发展模式转变。但在转变过程中，既不能让增速放缓变成一落千丈，又要实现结构更优、效率更高，这意味着不能再依赖于传统的经济增长引擎，而只能更多地向创新要动力。

新常态之"新"，意味着不同以往；新常态之"常"，意味着相对稳定。决策层

---

① 胡锦涛：《在中国科学院第十五次院士大会、中国工程院第十次院士大会上的讲话》，人民出版社 2010 年版，第 7 页。

首次以新常态来判断当前中国经济的特征，并将之上升到战略高度，表明中央对当前中国经济增长阶段变化规律有了更为深刻的认识，同时也决定了未来中国宏观经济政策的选择基调。

党的十八大以来，习近平多次强调，要把创新驱动发展作为面向未来的一项重大战略实施好；坚持走中国特色自主创新道路，敢于走别人没有走过的路，不断在攻坚克难中追求卓越，加快向创新驱动发展转变。习近平关于创新驱动发展战略的重要论述，对于全面落实好创新驱动发展战略，激发全社会的创造活力，具有重大而深远的指导意义。习近平关于创新驱动发展战略的重要论述，是对新一轮科技革命和产业变革作出的科学判断，他深入分析了我国经济社会对科技的迫切需求，系统阐述了实施创新驱动发展战略的必要性和紧迫性，指明了科技创新工作今后一个时期的奋斗目标和战略任务。

链接材料

创新驱动发展战略①

实施创新驱动发展战略，就是要推动以科技创新为核心的全面创新，坚持需求导向和产业化方向，坚持企业在创新中的主体地位，发挥市场在资源配置中的决定性作用和社会主义制度优势，增强科技进步对经济增长的贡献度，形成新的增长动力源泉，推动经济持续健康发展。

第一，实施创新驱动发展战略决定着中华民族前途命运。

2012 年党的十八大作出了实施创新驱动发展战略的重大部署，强调科技创新是提高社会生产力和综合国力的战略支撑，必须摆在国家发展全局的核心位置。2013 年 9 月 30 日，中共中央政治局以实施创新驱动发展战略为题，举行第九次集体学习，中共中央总书记习近平强调，实施创新驱动发展战略决定着中华民族前途命运。全党全社会都要充分认识科技创新的巨大作用，敏锐把握世界科技创新发展趋势，紧紧抓住和用好新一轮科技革命和产业变革的机遇，把创新驱动发展作为面向未来的一项重大战略实施好。

习近平指出，当前，从全球范围看，科学技术越来越成为推动经济社会发展的主要力量，创新驱动是大势所趋。新一轮科技革命和产业变革正在孕育兴起，一些重要科学问题和关键核心技术已经呈现出革命性突破的先兆，带动了关键技术交叉融合、群体跃进，变革突破的能量正在不断积累。即将出现的新一轮科技革命和产业变革，与我国加快转变经济发展方式形成历史性交汇，为我们实施创新驱动发展战略提供了难得的重大机遇。机会稍纵即逝，抓住了就是机遇，抓不住就是挑战。我们必须增强忧患意识，紧紧抓住和用好新一轮科技革命和产业变革的机遇，不能等待、不能观望、不能懈怠。

① 根据《习近平关于科技创新理论摘编》整理。

习近平强调，从国内看，创新驱动是形势所迫。我国经济总量已跃居世界第二位，社会生产力、综合国力、科技实力迈上了一个新的大台阶。同时，我国发展中不平衡、不协调、不可持续等问题依然突出，人口、资源、环境压力越来越大。物质资源必然越用越少，而科技和人才却会越用越多。我们要推动新型工业化、信息化、城镇化、农业现代化同步发展，必须及早转入创新驱动发展轨道，把科技创新潜力更好释放出来，充分发挥科技进步和创新的作用。

第二，实施创新驱动发展战略是一项系统工程。

实施创新驱动发展战略是一项系统工程，需要我们做好五个方面的工作。一是着力推动科技创新与经济社会发展紧密结合。关键是要处理好政府和市场的关系，通过深化改革，进一步打通科技和经济社会发展之间的通道，让市场真正成为配置创新资源的力量，让企业真正成为技术创新的主体。政府在关系国计民生和产业命脉的领域要积极作为，加强支持和协调，总体确定技术方向和路线，用好国家科技重大专项和重大工程等抓手，集中力量抢占制高点。二是着力增强自主创新能力。关键是要大幅提高自主创新能力，努力掌握关键核心技术。当务之急是要健全激励机制、完善政策环境，从物质和精神两个方面激发科技创新的积极性和主动性；坚持科技面向经济社会发展的导向，围绕产业链部署创新链，围绕创新链完善资金链，消除科技创新中的“孤岛现象”，破除制约科技成果转移扩散的障碍，提升国家创新体系整体效能。三是着力完善人才发展机制。要用好用活人才，建立更为灵活的人才管理机制，打通人才流动、使用、发挥作用中的体制机制障碍，最大限度地支持和帮助科技人员创新创业。要深化教育改革，推进素质教育，创新教育方法，提高人才培养质量，努力形成有利于创新人才成长的育人环境。要积极引进海外优秀人才，制订更加积极的国际人才引进计划，吸引更多海外创新人才到我国工作。四是着力营造良好政策环境。要加大政府科技投入力度，引导企业和社会增加研发投入，加强知识产权保护工作，完善推动企业技术创新的税收政策，加大资本市场对科技型企业的支持力度。五是着力扩大科技开放合作。要深化国际交流合作，充分利用全球创新资源，在更高起点上推进自主创新，并同国际科技界携手努力，为应对全球共同挑战作出应有贡献。

习近平2014年8月18日下午主持召开中央财经领导小组第七次会议，研究实施创新驱动发展战略。习近平在会议上发表重要讲话强调，创新始终是推动一个国家、一个民族向前发展的重要力量。我国是一个发展中大国，正在大力推进经济发展方式转变和经济结构调整，必须把创新驱动发展战略实施好。

习近平阐述了实施创新驱动发展战略的基本要求，一是紧扣发展，牢牢把握正确方向。要跟踪全球科技发展方向，努力赶超，力争缩小关键领域差距，形成比较优势。要坚持问题导向，从国情出发确定跟进和突破策略，按照主动跟进、精心选择、有所为有所不为的方针，明确我国科技创新主攻方向和突破口。对看准的方向，要超前规划布局，加大投入力度，着力攻克一批关键核心技术，加速赶超甚至引领步伐。二是强化激励，大力集聚创新人才。创新驱动实质上是人才驱动。为了加快形成一支规模宏大、富有创新精神、敢于承担风险的创新型人才队伍，要重点在用好、吸引、培养上下工夫。要用好科学家、科技人员、企业家，激发他们的创新激情。要学会招商引资、招人聚才并举，择天下英才而用之，广泛吸引各类创新人才特别是最缺的人才。三是深化改革，建立健全体制机制。要面向世界科技前沿、面向国家重大需求、面向国民经济主战场，精心设计和大力推进改革，让机构、人才、装置、资金、项目都充分活跃起来，形成推进科技创新发展的强大合力。要围绕使企业成为创新主体、加快推进产学研深度融合来谋划和推进。要按照遵循规律、强化激励、合理分工、分类改革要求，继续深化科研院所改革。要以转变职能为目标，推进政府科技管理体制改革。四是扩大开放，全方位加强国际合作。要坚持"引进来"和"走出去"相结合，积极融入全球创新网络，全面提高我国科技创新的国际合作水平。

第三，实施创新驱动战略实现中国梦。

实现中华民族伟大复兴，是近代以来中国人民最伟大的梦想，我们称之为"中国梦"，基本内涵是实现国家富强、民族振兴、人民幸福。我们的奋斗目标是，到2020年国内生产总值和城乡居民人均收入在2010年基础上翻一番，全面建成小康社会。到21世纪中叶，建成富强民主文明和谐的社会主义现代化国家，实现中华民族伟大复兴的中国梦。

中国是一个大国，必须成为科技创新大国，习近平总书记认为，科技是国家强盛之基，创新是民族进步之魂。科技创新是提高社会生产力和综合国力的战略支撑，必须把科技创新摆在国家发展全局的核心位置，坚持走中国特色自主创新道路，把创新驱动战略作为面向未来的一项重大战略实施好，加快创新型国家建设步伐，最终实现中国梦。

第二节　中国马克思主义科学技术观的实践基础和主要特征

中国马克思主义科学技术观既一脉相承，又与时俱进，具有坚实的实践基础和时代的主要特征，深刻揭示了中国化马克思主义科技思想的实现途径。

一、中国马克思主义科学技术观的实践基础

毛泽东、邓小平、江泽民、胡锦涛、习近平的科技思想是中国马克思主义科学技术观的系统化的理论体系，是中国马克思主义科技思想理论和实践探索的结晶，它充分反映了中国马克思主义对科学技术发展规律的不断深化、与时俱进。中国马克思主义科技思想是在中国共产党领导我国科学技术事业和进行社会主义现代化建设的伟大实践中，逐步形成、发展和完善的。中国马克思主义科技思想是在第三次科技革命的深刻影响下产生和发展的，中国社会主义建设、改革开放和现代化发展的需要，是中国马克思主义科技思想形成和发展的直接推动力，中国马克思主义科技思想的理论基础是马克思列宁主义的科技思想，国际政治、经济、文化和科技的变化是中国马克思主义科技思想产生和发展的外在条件，马克思主义科技思想与中国具体实际相结合，将其正确运用于社会主义的现代化建设

的实践，并在实践中不断发展，是中国化的马克思主义科技思想的内在要求，也是中国化马克思主义科技思想的内在根据。

毛泽东、邓小平、江泽民、胡锦涛和习近平的科技思想作为中国马克思主义科技思想，既体现了马克思列宁主义的基本原理，又包含了对世界科技革命的认识理解和中国共产党人的实践经验，这深刻地说明，中国马克思主义科技思想的基本途径就是把马克思主义的科技思想运用于中国的社会主义现代化建设的实践过程中，既要吸取世界科技革命的最新成就，又要概括总结中国共产党人的实践经验，坚定不移地走中国特色的科技进步之路。

二、中国马克思主义科学技术观的主要特征

(一)时代性

中国马克思主义科技思想紧紧把握住和平与发展的时代主题，把握住当代科技革命发展的时代潮流，把握住科学技术与社会主义兴衰成败的密切关系，具有强烈的时代特色。毛泽东、邓小平、江泽民、胡锦涛和习近平的科技思想的发展历程说明，中国化的马克思主义科技思想萌芽于党的第一代领导集体，形成并成熟于党的几代领导集体。

(二)实践性

中国马克思主义科技思想产生于实践，形成于实践，在实践中得到发展和升华。中国马克思主义科学技术观的形成和发展，是建立在国内外科学技术发展的实践基础上的，中国马克思主义科技思想对于中国的科技实践和现代化建设具有重要的指导意义。中国马克思主义科技思想的实质就是：在把马克思主义的科技思想与中国实际相结合的过程中，在社会主义现代化建设的实践中，对马克思主义科技思想不断地进行创新和发展。

(三)创新性

从毛泽东的向科学进军、邓小平的科学技术是第一生产力、江泽民的科学技术是先进生产力的集中体现和主要标志科教兴国战略，到胡锦涛自主创新建设创新型国家、习近平的创新驱动战略，都具有极大的创新价值，这些精辟见解都具有前沿性和创造性，反映了时代要求，体现了科学的本质特征，指明了中国科学技术未来的发展方向，是对马克思主义科技理论的丰富和发展。

(四)系统性

中国化的马克思主义科技思想具有清晰的层次结构和完整的系统特征，其内容涉及经济、政治、社会、历史、伦理等社会发展的各个方面，构成了比较完整的思想体系。它是以全面落实“科学技术是第一生产力”为指导思想，以科教兴国、人才强国和创新驱动为战略，以科技创新和科技体制改革为动力，以实现科技和生产力的跨越式发展为途径，以高素质的科技人才为依托，以科技法制建设为保障，以高尚的科技道德为约束，以国际科技合作为必要条件，以提高全民族的科技文化素质、自主创新建设创新型国家和最终实现中华民族的伟大复兴为目标，而形成的系统性的科技思想。其体系的完整性和逻辑的严密性代表了中国共产党几代领导集体对科学技术的最新认识水平，是中国马克思主义科技思想的集中体现。

(五)开放性

中国马克思主义科技思想的开放性表现在两个方面：从时间上看，它吸收了从马克思

到习近平科技思想的精华，时间跨度是100多年；从空间上看，中国化的马克思主义科技思想是三维立体的。中国马克思主义科技思想不但主张积极引进世界大国的先进技术，"博采众长，为我所用"，而且要求中国的科学家参与国际合作的科学领域。"中国的科技发展离不开世界，世界科技的进步也需要中国。中国科学家将一如既往，积极参与科学技术的国际交流和合作，努力为世界科技发展和人类科技进步事业做出更大的贡献。"①

第三节　自主创新建设创新型国家

自主创新建设创新型国家具有重要的战略意义，无论是发达国家、新型工业化国家、转型经济国家还是发展中国家，在建立创新型国家的过程，既有许多共同的特征，同时又都根据本国国情，在创新措施上各有侧重、各具特色。中国在自主创新建设创新型国家的过程中进行了积极的实践探索，走出了一条中国特色的科技进步之路。

一、自主创新的基本形式和战略意义

（一）自主创新的基本形式

自主创新是指以获取自主知识产权、掌握核心技术为宗旨，以我为主发展与整合创新资源，进行创新活动，提高创新能力的科技战略方针，包括原始创新、集成创新和消化创新三个方面。原始创新是科技创新中具有战略突破性的科学活动，是一种超前的科学思维或挑战现有科技理论的重大科技创新。集成创新是指利用各种信息技术、管理技术与工具等，对各个创新要素和创新内容进行选择、集成和优化，形成优势互补的有机整体的动态过程。消化创新是指在引进技术后，对先进技术进行研究再创新的过程。

《国家中长期科学和技术发展规划纲要（2006—2020年）》明确提出今后科技工作的指导方针，即"自主创新，重点跨越，支撑发展，引领未来"。自主创新，就是从增强国家创新能力出发，加强原始创新、集成创新和引进吸收再创新。重点跨越，就是坚持有所为有所不为，选择具有一定集成和优势、关系国计民生和国家安全的关键领域，集中力量、重点突破，实现跨越式发展。支撑发展，就是从现实的急迫需求出发，着力突破重大关键、共性技术，支撑经济社会的持续协调发展。引领未来，就是着眼长远，超前部署前沿技术和基础研究，创造新的市场需求，培育新兴产业，引领未来经济社会发展。

该纲要明确提出，要把增强自主创新能力作为新时期科技发展的基点，把提高科技自主创新能力摆在全部科技工作的突出位置，把增强自主创新能力作为调整产业结构、转变经济增长方式的中心环节，把增强自主创新能力作为国家战略，走中国特色的自主创新道路，其目的在于增强国家创新能力，塑造新时期的国家核心竞争力。

中国特色的自主创新道路就是，经过努力，到2020年，我国科学技术发展要以提升国家竞争力为核心，实现以下重要目标：一是掌握一批事关国家竞争力的准备制造业和信息产业核心技术，使制造业和信息产业技术水平进入世界先进行列。二是农业科技整体实力进入世界前列，促进农业综合生产能力的提高，有效保障国家食物安全。三是能源开

① 江泽民：《论科学技术》，中央文献出版社2001年版，第208页。

发、节能技术和清洁能源技术取得突破，促进能源结构优化，主要工业产品单位能耗指标达到或接近世界先进水平。四是在重大行业和重点城市建立循环经济的技术发展模式，节约资源、保护环境，为技术资源节约型、环境友好型社会提供科技支持。五是重大疾病防治水平显著提高，新药创制和关键医疗器械研制取得突破，全面提升产业发展的技术能力。六是国防科技基本满足现代武器装备自主研制和信息化建设的需要，为维护国家安全提供保障。七是涌现出一批具有世界水平的科学家和研究团队，在科学发展的主流上取得一批具有重大影响的创新成果，在信息、生物、材料和航天等领域的前沿技术达到世界先进水平。八是建成若干世界一流的科研院所和大学以及比较完善的中国特色关键创新体系。

(二)自主创新的战略意义

当代国际竞争归根结底是科技实力和创新能力的竞争。随着经济全球化进程加快，资本、信息、技术和人才等要素在全球范围内的流动与配置更加普遍，科技竞争日益成为国家之间竞争的焦点，科技创新能力特别是自主创新能力成为国家竞争力的决定性因素。为此，世界上许多国家把科技投资作为战略性投资，大幅度增加科技投入，超前部署和发展战略技术及产业。在新的国际竞争格局中，发达国家及其跨国公司利用自身的技术和资本优势保持领先地位，用技术控制市场和资源，形成了对世界市场特别是高技术市场的高度垄断，知识产权有可能成为影响发展中国家工业化进程的最大不确定因素。发展中国家如果能够提高自主创新能力，不断提升比较优势，就可能获得发展的机遇和主动权，利用后发优势实现社会生产力的跃升；否则将会不断拉大与先进国家的发展差距，甚至被边缘化。

改革开放以来，我国经济建设和社会发展取得了巨大的成就，已经成为对世界发展具有重要影响的国家之一。21世纪头20年，我国将基本实现工业化和全面建设小康社会的目标，这是人类历史上最为艰巨和宏大的社会进步过程。这一进程从根本上拓展了我国科技发展的战略视野，由此形成多层次、多样化的巨大科技需求，为我国科技发展提供了前所未有的战略机遇，也带来了前所未有的巨大压力。发展所面临的新环境、新任务以及基本国情的特殊需求，决定了我国未来只能走创新主导的发展道路。只有依靠科技进步和创新，才能突破发展所面临的重大瓶颈约束，才能赢得未来发展的主动权。

进入21世纪，我国迈入全面建设小康社会、加快推进社会主义现代化建设的新阶段。从现在到2020年，将是我国实现工业化的关键时期，经济社会结构迅速变化，各方面矛盾凸显，劳动力、资本和土地资源等传统生产要素对经济增长的边际贡献率将出现递减趋势。全面落实科学发展观，推动结构调整，建设和谐社会，实现全面建设小康社会的宏伟目标，为加快科技发展提供了前所未有的机遇，也对加强自主创新提出了迫切需求。

(1)实现经济增长方式的根本转变，必须坚持自主创新。长期以来，我国经济增长主要依靠资源、资本和劳动力等要素投入的驱动。随着经济规模的不断扩大，能源、资源、生态环境对经济增长的约束逐步加大，城乡之间、地区之间发展的不平衡日益突出，经济社会发展面临着一系列重大的瓶颈性约束，矛盾非常突出。如果继续沿袭传统的增长方式，经济增长所产生的巨大资源需求和对环境的破坏性影响，是我们根本不可能承受的。2004年我国国内生产总值仅占全球的4%，但消耗的钢材占全球的28%，一次性能源占全球的12.1%，淡水占全球的15%，水泥占全球的50%，用同样的能源、原材料消耗量，生产出来的商品的价值量只有发达国家的1/4~1/6。因此，提高自主创新能力，真正实现经济增长方式的转变，已经成为我国经济发展面临的非常迫切的重大政策选择。

(2)推动经济结构调整和产业升级，必须依靠自主创新。20世纪90年代以来，推动经济结构和产业升级，改造传统产业，发展高新技术产业，积极培育新的比较优势和竞争优势，一直是我国经济发展的中心任务。多年来，结构调整取得了一些进展，但国民经济的结构问题并未从根本上解决，转变经济增长方式、提高经济增长质量的问题也没有从根本上解决。其中很重要的一个原因是，现阶段我国经济结构调整的实质问题，已从数量结构变化转变为提高产业技术水平和产业素质，传统的主要着眼于生产能力的结构调整的思想和方法很难见效。新的思路和途径就是要把自主创新作为促进结构调整和提高国际竞争力的中心环节，通过提高产业技术水平和创新能力、培育新的增长点、拓展发展空间，实现结构调整目标。

(3)应对日益激烈的国际竞争，提高国家竞争力，必须提高自主创新能力。加入世界贸易组织后，我国面临着更加开放的国际环境，也面临着严峻的国际竞争压力。作为一个科学技术发展水平相对落后的国家，我们必须把引进国外先进技术并在此基础上消化吸收和再创新作为一项长期战略任务。但同时应当认识到，随着我国参与国际竞争的深度和广度不断增加，发达国家及其跨国公司对我国的技术封锁不断加剧，我国产业创新能力弱、关键技术依赖国外日益突出，国家竞争力受到严重影响。在涉及国防安全和经济安全的关键领域，核心技术受制于人的局面，使我国难以掌握战略的主动权。所以胡锦涛及时强调："实践告诉我们，对影响国家发展和安全战略全局的尖端科技，必须主要依靠自己的努力来取得突破，这样才能牢牢掌握推动经济社会发展和科技发展的战略主动。"①

目前，知识产权、技术专利、技术标准等已经成为我国参与国际竞争的巨大障碍。因此，强化自主创新能力，集中力量突破影响产业竞争力的关键技术，开发具有自主知识产权的核心技术，扭转我国在重要领域的关键技术上依赖国外的状况，增强我国产业的国际竞争力，抢占国际竞争的战略制高点，维护国家经济安全，应该成为我国科技发展的基本战略。

二、创新型国家的内涵、特征和建设的主要经验

创新型国家的基本特征：创新综合指数明显高于其他国家，科技进步贡献率在70%以上，研发投入占GDP的比例一般在2%以上，对外技术依存度指标一般在30%以下，国家所获得的三方专利(美、欧、日授权的专利)数占世界数量的绝大多数。

国家创新系统是人类社会制度的一个伟大制度创新，进入21世纪，经济全球化浪潮风起云涌，国家竞争更加积累，为了在竞争中赢得主动，依靠科技创新提升国家的综合实力，和核心竞争力，建立国家创新体系，走创新型国家之路，成为世界许多国家的政府的共同选择。

---

① 胡锦涛：《在庆祝我国首次载人航天飞行圆满成功大会上的讲话》，载《新华月报》2003年第12期。

（一）美国：全面领先

1993 年，美国克林顿政府发布了《科学与国家利益》《技术与国家利益》等一系列报告，认为在过去 50 多年里，技术是为美国带来高附加值和可持续发展的唯一的、最重要的因素，并提出美国应当在所有的科学技术领域保持领先地位。美国富有创新的文化传统，适应自由市场经济的政治体制，各种规范的法规、科技政策的保证，以总统为首的科技领导机构，R&D（研究与开发）和教育的高投入，以及能包容多元文化、鼓励自由思考，独自创新的社会环境系统，使美国成为一个创新型科技强国，并拥有当今世界最全面的国家创新体系。据中国驻美使馆科技处提供的资料表明，美国的国家创新体系主要有如下基本特征和主要优势：

第一，重视本国国民教育和对别国优秀人才的引进，拥有世界上最具创新能力的丰富人才资源。美国是世界上教育经费支出最高的国家，1999 年，教育投入高达 6350 亿美元，占 GDP 的 7.7%。从而为其成为教育强国和人才强国奠定了雄厚的物质基础。美国拥有世界上最发达的高等教育，在世界大学前 100 强排名当中，美国的大学要占到一半以上，这是美国科技领先于世界的重要原因。此外广泛接纳全球优秀人才，奠定了其超级大国地位的坚实基础。1999 年在美留学生达 49.1 万人，大约占全球留学生总数的 1/3，其中约有 25%的外国留学生毕业后选择留在美国。

第二，投入巨额研发经费，其在科学研究及高技术产业领域的产出均处于世界领先水平。美国研发支出约占所有 OECD 国家总支出的 44%。美国的研发投入是第二大投入国日本的 2.7 倍。2000 年，美国在研发活动上的支出比所有其他七国集团国家（加拿大、法国、德国、意大利、日本和英国）的总和还要多。主要科学与工程期刊的论文数量是科技研究产出的重要指标。根据 OECD 统计数字，2001 年，美国在主要科学与工程期刊的论文数量占全世界的 30.9%，比排在后面四位的日本、英国、德国、法国的总和还要多。美国高科技产业在全世界的份额在 29%～33%之间浮动，2001 年美国高科技产品在全世界的市场份额为 32%，比欧盟高出将近 10 个百分点。

第三，拥有完备的国家创新体系，官产学研各类机构形成了一个有机整体，互为有效补充并有密切的互动。美国国家创新体系的执行机构主要由私营企业、大学、联邦科研机构（如 NIH、NIST、联邦实验室等）、非营利性科研机构及科技中介服务机构等组成。其中，大学担负着人才培养的重要任务，并承担了国家主要的基础研究任务。联邦科研机构则主要承担与国家使命相关的基础研究和关键的竞争前沿技术的开发，在美国国家创新体系中具有不可替代的作用。私营企业是美国技术创新的主要执行者，其研发经费约占美国研发总支出的 70%。非营利研究机构不隶属于任何政府部门，既不设在大学或由大学管辖，也不像工业企业那样以赢利为目标，主要是指各种私人非营利研究所或公司，其中比较著名的有：国际斯坦福研究所、德拉皮尔实验室、巴特尔研究所、兰德公司、米特公司等。此类研究机构虽然数量不多，但对美国科学技术的发展很有影响，是其他三类研究机构的有益补充。科技中介服务机构主要包括技术转让机构、咨询和评估机构、政策研究机构、风险投资公司等，它们对美国国家创新体系架构的桥梁作用不容忽视。上述各个类型的机构在执行各自的任务过程中并不是完全割裂的，如在企业大学之间、企业与政府研究机构之间的合作伙伴关系有日益加强的趋势。此外，中小企业是美国国家技术创新的核心力量。美国有一半以上的创新发明是在小企业实现的，小企业的人均发明创造是大企业的两倍。小企业的研发回报率比大企业高出 14%。

第四，拥有健全的科技立法体系，尽力为企业和个人营造创新的政策环境，大力推动美国产业的技术创新和科研成果的产业化。美国是世界上实行知识产权制度最早的国家之一，已基本建立起一套完整的知识产权法律体系。美国通过对其知识产权在全球范围内实施保护，为企业和个人营造了创新的环境，并维护了本国的利益。同时，建立企业技术创新退税政策；实施一系列政府-企业伙伴关系计划，鼓励出口贸易推动中小企业的技术创新；通过立法推广联邦技术转让，促进科研成果向产业界的转化。

第五，完善的资本市场是美国高科技产业发展的重要外部环境。发达和完善的资本市场体系为创新企业提供了直接融资场所，促进了社会化的科技创新体系的形成和完善，并且有力地弥补了金融系统中间接融资与科技创新不能有效结合的制度缺陷。美国的高科技产业处于世界领先地位，和美国具有较为成熟的风险投资体制也有非常直接的联系。

第六，拥有明显的高新技术领域的产业优势和完备的创新基础设施。美国在信息技术、生物技术、新材料技术、新能源技术、航空航天技术等一系列高科技领域处于世界领先地位，其技术优势为美国经济的高速增长及其在国际贸易中对高端市场的占领起到了巨大的支撑作用。创新基础设施主要包括信息网络基础设施、大型科研设施、数据库和图书馆等。美国在创新基础设施方面凭借其巨大的投入和不断的积累，为美国创新型国家的建设奠定了重要基础。

总之，在科学技术成为国家竞争力核心的今天，美国为了保持其科学技术的全面领先地位，近几十年，历届美国政府都极为重视科技发展，制定新的科技政策，加大对科技的投入，出台科技计划，重点扶持航空航天科技、信息科技、生命科学和生物技术、纳米科技、能源科技和环境科技的发展；提出了诸如国际空间站计划、21 世纪信息技术计划和网络与信息技术研究发展计划、人类基因组计划和植物基因组计划、国家纳米计划、国家能源计划、气候变化研究计划和国家气候变化技术计划等，并正在出台相应的国家计划，以促进纳米科技、生物科技、信息科技与认知科学间的融合；“9 · 11”之后，美国借助反恐，加大了对有关国家安全和国防科技的投入。2004 年美国联邦政府的研发投入已达 1227 亿美元；美国政府还相继出台了一系列支持民用工业技术创新的重大计划，用于鼓励、促进美国企业的技术创新，保持产业优势。

(二) 日本：创新立国

日本是当今世界仅次于美国的经济大国和科技大国，总结日本科技创新，主要有以下三大特点：

第一，R&D 投入大。据文部省近年发表的白皮书，日本每年用于研究开发的总经费约 16.5 万亿日元，仅次于美国，超过英、法、德三国之和。

第二，企业研发能力强。民间企业不仅是大部分研究经费的使用者，而且也是大部分研究经费的提供者。

第三，政府能够发挥重要的指导作用。日本政府通过制定长期规划、积极的投资与教育政策等，在推动企业增强创新能力方面发挥了重要的作用。尤其在完善国家创新体系、科研基础设施建设、组织产官学合作、促进国际科技交流与合作等方面，日本政府发挥了主导性的作用。

长期以来，日本一直坚持走以引进和消化欧美技术为主的模仿型“技术立国”之路，进入20世纪90年代中期以后，开始向注重基础研究和独创性自主技术开发的“科学技术创新立国”的战略转变。

从历史上看，第二次世界大战结束前，日本已基本完成了机械化、电气化和燃料石油化的技术革命，并已发展成为一个产业门类齐全、具有近代科技及教育水平的工业化强国。这段时期，日本实施了一系列科技政策：引进外国专门人才和技术；加强本国人才培养，建立从初等到高等的教育体系；成立负责科技发展的政府组织机构；颁布专利法，引进国际技术标准体系，制定科技奖励政策；成立了一大批具有现代化设备的专门从事科学研究的机构和学术协会。

第二次世界大战后的日本，成功地实现了经济的高速增长和产业结构的高级化，跻身于发达国家的行列。此间，日本的科技发展经历了四个阶段：20世纪50年代前的经济恢复阶段，这一时期，大力引进国外先进技术的年代，而国内的科技资源大多被用于消化引进技术，并向民间大企业倾斜。20世纪60年代的经济高增长期，各大企业兴起了设立“中央研究所”的热潮。政府同时制定了各种科技政策，支持企业的创新活动。20世纪70年代的低增长转型期，整个科技政策取向多样化、体系化，并在科技体制方面发展了“研究组合”等产学官合作的组织。20世纪80年代后创新型国家时期，由于人口的老龄化、产业的空洞化、赶超战略效力的衰退以及改善国家形象的需要等原因，日本的通产省和科学技术厅在这一时期都提出了“科学技术立国”的口号，日本的高新技术进入世界的最前列，创新型国家逐渐形成。

日本从一个曾经落后的东亚小国，在短短100多年的时间里发展成为世界第二的经济科技强国，究其原因是日本在其发展过程中，能够根据本国国情特点，成功地选择了先模仿后独创、先低科技后高科技的正确科技发展战略和政策导向。

(三)以色列：尊重知识

以色列在1948年建国以来，在仅有约500万人口、自然资源和环境很差的条件下，经过半个世纪的发展，实现了创新立国，其在科技创新方面的表现令很多大国望其项背。

据报道，以犹太人为主要人口的以色列，14岁以上人均每月读一本书，在人均拥有图书和出版社及每年人均读书的比例上已成为世界之最。在犹太社会里，尊重知识和智慧，学者的社会地位是最高的。犹太人不仅非常重视知识，而且更加重视创新性的才能。学习是以思考为基础，思考必须有怀疑精神。由此，在犹太人中产生的诺贝尔奖得主、卓越的科学家以及各种专业人才，其数量之多，占其人口的比例远远超过世界其他国家。以色列人均的科学创新和技术创新能力已进入世界前列。全国民用研发经费与GDP比例在世界上是最高的，多年来一直在4%以上。2004年该比例为4.6%。2002年，每万名劳动力中科学家/工程师数量为135人，居世界第一。以色列在世界科技期刊发表的论文数占世界的1%左右，人均论文数世界第三，人均论文引用数世界第四。高技术产品占以色列工业出口的一半以上，在农业、生物、数据安全、医疗设备等许多技术领域处于世界领先地位。以色列在建国之初，继续了19世纪末以来的科学传统，建立了希伯来大学、以色列工学院和农业研究组织等高等科研机构。1967年，由于六日战争和法国的武器禁运之后，需要独立的技术开发能力。工贸部设立了首席科学家办公室，大量预算用于研发活动，这一时期，与军事工业密切相关的航空和电子工业开始起飞。1984 年后研发活动扩大且更加面向民用研发。20 世纪 90 年代后，信息通信技术在全球的兴起，以色列和平进程启动，推出了积极的公立/私立伙伴关系的项目。这一阶段推出了不少重要政策，如 1991 年开始了技术孵化器计划(TI)等。

链接材料

犹太人与诺贝尔奖

占世界 0.25%人口的犹太人，获得了全球 20%的诺贝尔奖。诺贝尔奖是一年颁发一次的最知名的国际奖项，其中文学、物理学、化学、生理学或医学及和平等 5 个奖项于 1901 年首次颁发，经济学奖则于 1969 年起颁发。诺贝尔奖至今已颁给 800 多人，其中至少有 20%是犹太人。

具体而言，据犹太人诺贝尔网站统计，从 1901 年开始，至少有 193 位犹太裔(包括 1/2 和 3/4 血统)获奖，约占全部 23%。以个别奖项来看，经济学奖和科学奖更是犹太人强项。经济学奖中，犹太裔占全部近四成(39%)，其次医学占 27%、物理占 26%、化学占 22%。而文学占 12%、和平奖也占 9%。

要知道包括以色列、美国、欧洲等国在内，全世界的犹太人加一起才 1500 万人，占全球人口 0.2%多一些，相当于北京市人口的 2/3，但是却在科研和国际信用领域拔得头筹。

(四)韩国：后发赶超

韩国是一个从落后国家发展成为创新型国家的成功范例。在 20 世纪 40 年代，韩国还是一个经济落后的国家。韩国的工业化从 20 世纪 50 年代开始起步，以轻纺工业和农产品加工等劳动密集型产业为主，60 年代开始发展汽车、造船、钢铁等重化工产业，70 年代进入经济起飞阶段。到从 20 世纪 90 年代末期，韩国已被称为“亚洲最具技术经济实力的经济体制之一”。研究表明，韩国取得成功一个最重要的经验，就是在广泛吸收各国先进技术的基础上，始终把培养和增强自主创新能力作为国家的基本政策。

经历了经济崛起和亚洲金融危机的韩国，深切认识到科技在国家发展中的核作用。从“引进、模仿”战略转为“创造性、自主性”创新战略。1997 年 12 月，韩国政府出台了“科学技术革新五年”计划，提出 2002 年政府对研发的投入达到政府预算的 5%以上，从根本上改变韩国科技现状，提升韩国的科技实力；1998 年，韩国政府发布“2025 年科学技术长期发展计划”，力争 2005 年科技竞争力达到世界第 12 位，2015 年达到世界第 10 位，2025 年达到世界第 7 位，成为亚太地区的科学研究中心，并在部分科技领域位居世界主导地位。为了实现这些目标，韩国政府确立了科技政策调整思路，科技开发战略由过去的跟踪模仿向创造性的一流科学技术转变，国家研发管理体制由过去部门分散型向综合协调型转变，科研开发由强调投入和拓展研究领域向提高研究质量和强化科研成果产业化转变，国家研究开发体制通过引入竞争机制，由政府资助研究机构为主向产学研均衡发展转变。

(五)俄罗斯：大国转型

俄罗斯是一个科技和产业潜力非常雄厚的国家，但又是一个缺乏创新活力的国家。截至目前，从事创新活动的企业只占约5%。而且只有五个工业部门产值超过工业平均增加值。在创新经费支出方面，俄罗斯的特点是大部分用于购买机器设备，占48.1%，而用于购买新工艺技术的费用只占创新经费的2.4%，用于购买专利权、生产许可、工业样机和模型的费用只占0.5%。其资金来源主要是企业自有资金，约占74%，国外投资占10%，联邦和地方财政预算拨款占4.4%，非预算基金占3.4%，其他经费(个人投资、贷款等)占8.2%。创新产品在创新企业产品总量中所占的比例1997年为19%，1998年下降为13%。目前，俄罗斯的民用高科产品出口额占其总数的0.3%~0.5%(中国占6%)。

进入21世纪，在普京总统“振兴俄罗斯”思想指导下，俄罗斯全面实施国家科技创新活动战略，目的是积极有效地利用各种智力潜力，注重原始创新，促进国家经济的持续发展。具体做法是：推动科研院所的创新活动，建立合理的机制，迅速把科技成果转化为生产力；加强对中小企业的创新管理；完善高等院校的技术创新中心；加速创新成果的商业化进程；维护知识产权等。

2002年，俄罗斯政府制定“俄罗斯联邦至2010年及未来的科技发展基本政策”，将发展基础研究、最重要的应用研究与开发列为国家科技政策支持的首位，规定基础研究优先领域既要考虑国家利益，又要考虑世界科学、工艺和技术的发展趋势，并要求根据科学、工艺和技术的优先领域开展最重要的应用研究和开发，解决国家面临的综合科技与工艺问题。为此，政府加大了科技投入，加强了国家调控，积极推进国家创新体系建设，提高科技成果的转化率，发展科技创新队伍；并通过专项行动计划，支持科学与教育的结合，大力支持先进制造技术、信息科技、航空航天科技等领域的发展。

(六)印度：强国之梦

印度力图通过发展科学技术实现其大国梦想。印度独立之后，一直致力于科学的发展和传播。科学技术是国家发展必不可少的因素，得到了广泛的认同。1958年，印度国会通过了印度第一个科技政策(科学政策决议案)，明确提出了科技为国家经济和社会发展服务的基本思路。在这项政策的指引下，印度进入了全面建设科技体系时期，建立了一大批大专院校、科研机构和国家实验室，为后来印度科技事业发展奠定了基础。1983年，正值世界范围内蓬勃兴起新技术革命，印度政府在《科学政策决议案》的基础上宣布了《技术政策声明》，进一步确认了科技是发展经济的基础，重申靠自身力量进行科学研究和技术开发的重要性。至20世纪90年代，印度科技人员的数量已仅次于美国和俄罗斯，居世界第三；进入21世纪，印度的生物科技和信息科技已经居于发展中国家的前列，并且掌握了较为先进的空间技术和核技术。但是印度的科技发展并不均衡，特别是在一些关系国计民生的科技领域，明显落后于世界先进水平，印度的基础研究整体水平也呈下滑态势，为扭转这一情况，2001年，印度政府制定了新的“科技政策实施战略”，大力支持空间科技、核技术、信息科技、生物科技、海洋科技的发展。此外，还确定了一些重要的基础研究领域，以及一系列应用技术发展的重点，并计划将未来五年政府的科技投入翻一番。

2003 年，印度政府又出台了新的科技政策，提出了一系列发展科学技术和促进社会经济发展的措施，包括加大科技投入、开展制度改革和加强国际合作等，力争早日实现成为发达国家的梦想。

综上所述，我们看到，无论是发达国家、新型工业化国家、转型经济国家，还是发展中国家，在建立创新型国家的过程中，既有许多共同的特征，如科技创新成为促进国家发展的主导战略，创新综合指数明显高于其他国家，科技进步贡献率高，R&D/GDP 指标大多在 2%以上，对外技术依存度指标都在 30%以下等；同时，又都根据本国国情，在创新措施上各有侧重，各具特色。总之，走创新型国家之路，已经成为世界各国为了推动经济增长、保障国家安全、促进社会进步等方面的必然选择，且成为一股一浪高过一浪的世界性潮流。

三、自主创新建设创新型国家的实践探索和基本途径

（一）中国特色科技创新之路的实践探索

1. 计划经济体制下的中国科技创新之路的探索

1949—1977 年是中国科技创新之路的探索时期，在计划经济体制下，中国创新体系以政府主导型为特征。具体地说，国家创新体系以政府计划体制为基本制度安排，相应的组织体系按照功能和行政隶属关系严格分工；创新动机源于政府所认为的国家经济和社会发展及国防安全需要；创新决策由各级政府制定；政府是创新资源的投入主体，资源按政府计划配置；创新执行者的创新收益不直接取决于他们所实现的创新成果，同时也不直接承担创新失败的风险和损失。这种创新体系不但有明确而且强烈的国家目标，而且其政府有强大的行政力量对创新活动进行全面的指令型管理。它的主要方法为：政府制定具有权威性的创新任务，创新活动的展开依靠政府力量强力推动，创新资源主要依靠政府投入。

依靠科技进步实现现代化，是计划经济体制下中国创新体系中政府计划配置创新资源时的一个基本理念。因此，《1956—1967 年全国科学技术发展研究规划》（以下简称《规划》）可以作为这种对创新资源进行计划配置的典型代表。《规划》确定的科技发展基本方针是“重点发展，迎头赶上”。根据“任务带学科”的规划思路，《规划》是以国民经济和国防建设对于科学技术的需求为主干进行的。《规划》提出了 6 类重要科学技术任务和 12 项重点任务，包括当时与经济、国防建设和人民生活需求相适应的各种主要的具体技术性研究项目和应用性研究项目，并且包括科学基础理论的若干研究项目。

这种政府主导型创新体系的最大优势，是能够在行政力量的强力推动下，充分调动各种创新资源，它未必是高效益的，但却是高效率的。因为它能够使有限的人力、物力和财力按计划、需要随时调集和分散，较少受不同部门、不同单位局部利益的干扰，从而能够保证国家目标的实现。

这种组织化的优势，也使得中国在既没有深厚科学背景，又没有发达的社会经济背景的历史条件下，取得了“规划科学”的成功。在特定领域中，这种科技体制取得了巨大成功，使中国在较短的时间内大大强化了维护国家安全所需要的科技实力，建立了我国的科学技术体系，大大提高了中国的国际威望，促进了此后中国高新技术的建立和发展。在经济和科技力量都比较薄弱的情况下，用较少的钱，以比资本主义国家更快的速度，取得了

如“两弹一星”这些曾经令世界瞩目的成就。在半导体、计算机、空间科学、分子生物学等尖端领域也取得了重大突破，其中，结晶牛胰岛素人工合成的成功，是诸多科研机构的科技人员集体协作的典型案例。与此同时，中国也初步建立了比较完备的工业体系。日本学者这样评价道：“中国与其他发展中国家比的特殊之处在于，中国确立了完整的工业基础。”

然而，这种以计划经济为基本制度安排的创新体系存在着明显的缺陷。

(1)政府对创新资源的计划配置往往与创新活动的探索性之间存在冲突。创新活动的过程和结果通常不可预期，全面计划往往是不可能的。这种“计划”难以根据科学技术发展的变化和社会需求的不断调整作出迅速的反应，计划易于成为一种事后的调整。由于计划的决策者远离信息源，无法了解瞬息万变的创新环境。同时决策过程和程序复杂，决策相对于需求时滞过长，导致政府对创新的计划管理缺乏适应社会变化的灵活性，不但决策者往往由于信息缺乏而出现失误，而且出现失误也难以及时纠正，往往会导致创新资源浪费和配置低效；同时还易于滋长决策者的官僚和腐败，这种官僚和腐败对于创新行为的滋扰，也往往缺乏制度化的措施有效地加以抑制。

(2)以政府的行政计划配置资源，知识的生产、传播与应用之间以“线性”的方式相联系，其结果是科技与经济的脱节，不利于科技工作面向经济建设，也不利于科技成果迅速推广。在这种政府指令的国家创新体系中，由于研究机构与企业之间缺乏应有的快速信息反馈与交流，一些国家研究机构的R&D活动虽然面向工业生产，但实际上与企业生产实践仍有相当距离：虽然研究活动主要是应用性和开发性的，但大多数研究开发成果仍然不能适应企业的实际需要，因而不能迅速转化为现实生产力。即便是在某些新产品的开发方面作出了贡献，但对于企业生产技术水平以及企业内部创新能力的提高往往难以起到作用。

从企业的行为看，在计划经济体制下，企业没有生产经营自主权，尽管中国的一些企业有一定的R&D实力，但缺乏技术创新的热情和动力。特别是当部门和企业的资源完全由计划分配，产品统购统销，生产按照指令进行时，改进效率、提高产品种类和质量的创新行为更丧失了应用的激励。在这种情况下，企业往往成为单纯的生产单位，难以成为创新活动的主体。

(3)创新活动所依赖的资源由政府根据国家目标按计划供给，创新者往往按计划使用政府的投资，因此其创新的自主性受到很大约束，相应地，以科学家的自由探索为特征的“小科学”以及以企业家和研发人员自主决策开展的创新活动往往难以充分发展。在政府行政指令下的创新活动能够得到有效的支持，但创新行为一旦脱离国家明确计划的范畴，失去国家指令硬性约束的行政力量，在部门与部门之间、地方与地方之间便难以进行有效的合作和交流。国家的高度计划与部门间的严重分割和强烈的地方主义并存，成为这一时期中国创新体系的特有景象。部门与地方之间的分割状态，降低了技术升级的速率，巩固并扩大了部门间、地区间的技术差距。同时，这种分割也部分抵消了计划本应具有的集中资源优化配置的组织优势。

(4)对创新行为缺乏足够的激励，创新动力不足。政府对科技活动的投资，主要的对象是研究机构，而非研究者个人。即使是对机构的资助，也不是建立在公平竞争的基础上。这不但使科学家和研究机构缺乏足够的创新动力，而且易于使最有优势的科学家难以获得应有的支持；水平一般的研究人员由于身处国家研究机构，却可以得到政府的投资，从而导致不能高效地配置有限的资源。政府对科技活动和发明的奖励制度，在一定程度上激发了人们的创新热情，但由于产权形式主要是国有产权，其激励作用受到很大限制。抑制了创新者的创新积极性。

2. 体制转型过程中的中国科技创新之路的探索

1978年改革开放至20世纪90年代中期，中国科技创新体系从政府主导型向政府导引型转化，其目的是使我国的科学技术与国家经济建设紧密结合起来。这个转化过程以社会基本制度安排由计划经济体制向市场经济体制的过渡为核心线索，通过政府一系列不断向目标趋近的渐进式制度变迁和制度创新来完成的，因而政府的行为具有重要作用，并成为此过渡过程的基本特征。

这一时期中国科技创新之路是通过设立国家科技计划，在国家科技计划中引入竞争机制来完成的。这种模式的形成是伴随着中国改革开放的进程而出现的，随着国有企业自主权的不断扩大，市场对企业的调节作用不断增强。通过改革拨款制度、培育和发展技术市场等措施，科研机构服务于经济建设的活力不断增强，科研成果商品化、产业化的进程不断加快，这一切都加速了我国国家创新体系的发展。在这一时期，国家科研经费大多是以国家科技计划的形式出现，国家先后出台了一系列的计划：国家重点科技攻关计划、高技术发展计划(863计划)、火炬计划、星火计划、重大成果推广计划、国家自然科学基金、攀登计划，等等。

在这个转变过程中，政府的职能不在于在宏观和微观层面上全面规划创新活动，而在于以形成市场经济体制的制度安排作为目标导向，激活社会创新行为，并引导新的创新主体趋向成熟。因此，这里所说的“导引”具有“主导”和“引导”双重含义。这种“政府导引”型的创新系统是一种过渡状态，进一步的发展方向是建立“政府协调”型创新体系，以逐步确立企业在整个创新系统中的主体地位。

这一时期尽管经济体制、科技体制和教育体制的改革先后展开，这些改革也涉及创新体系的不同侧面，但从总体上看，这一时期中国创新体系的转型主要发生在“政府主导型”创新系统外层运作带，尚未全面触及“政府主导”创新系统的内核。

其特点突出体现在三个方面：

(1)重塑国家创新体系的主要思路是通过引入竞争机制和扩大市场调节来替代单纯依靠行政手段的运行机制，以激发人们创新的积极性。不论是激励手段的不断完善，技术市场的逐步拓展，还是扩大科技系统自主权，全面推行各种形式的承包经营责任制，事实上都体现了这种思路。

(2)经济体制、科技体制和教育体制的改革往往在各个系统内部相对独立的展开，相互之间缺乏有效的结合，科技教育体制改革与经济体制、政治体制改革配套和协作的制度安排不多，还不能够比较全面地促进不同行动者之间在新知识、新技术的创造、传播和应用方面的交互作用。

(3)对“政府主导”创新系统的变革，主要的变革对象是外层运作带，尚未真正触及其基本制度安排。依靠行政手段的运作机制是“政府指令”创新系统的表现特征，但更重要的是以计划经济体制作为制度基础。这一时期的国家创新体系重塑并没有真正改变这种制度基础，重塑的理论出发点依然是坚持“有计划的商品经济体制”，计划体制仍然被作为社会主义的本质特征。在20世纪80年代后期出台的相关政策，如1988年《国务院关于深化科技体制改革若干问题的决定》，开始出现新运行机制的一些特点，如鼓励不同所有制形式的企业和科技机构，设立高新技术开发区等，但并没有改变计划经济体制的主导地位。

由于尚未触及“政府主导”创新系统的制度内核，因此，尽管在此期间的创新系统重塑取得了显著成就，但试图从根本上解决科技与经济脱节的问题是不可能的。1987年《国务院关于进一步推进科技体制改革的若干规定》中指出，“科技与生产相脱节的状况并未从根本上扭转”，而且相反，“厂办科研机构力图脱离企业的趋势还在继续发展，特别是部门改组，企业下放后，各部门有进一步对科研机构加强控制的趋势”①。

3. 市场经济体制下的中国科技创新之路的探索

1995年科教兴国战略的提出，开启了市场经济体制下的中国科技创新之路。1995年5月中共中央、国务院召开了全国科技大会，这次会议中共中央、国务院首次正式提出实施“科教兴国”战略。这一时期的显著特征是从内核层面展开对国家创新体系的变革，确立了建立以市场经济体制为基本制度安排的国家创新体系的目标。

计划经济并不是社会主义的本质特征，以这种思想上的突破为基础，中国十四大明确了建立社会主义市场经济的宏观改革走向，也使对“政府主导”创新系统的变革由外层运作带全面拓展到作为内核的基本制度安排。

把市场经济体制作为国家创新体系的基本制度安排，中国创新体系建设进入一个新的阶段。一方面，随着市场机制开始逐渐发挥配置资源的基础性作用，政府在创新体系中以往所承担的诸多职能需要由其他角色承担。因此创新主体的重塑成为一个重要的问题，比如要使企业成为技术创新的主体。另一方面，基于市场机制的资源配置方式，要求打破传统的条块分割的行政格局和管理模式。因此，经济体制、政治体制、科技体制和教育体制的改革之间的协同和配套也成为创新体系建设的内在要求。

随着国际范围内国家创新体系理论在20世纪80年代后期的不断发展，进入90年代，我国政府和学术界、产业界也开始更加有意识地运用国家创新体系的理论来研究和指导我国的创新体系建设问题。

1996年以来，国家经贸委、国家科技部推出了《技术创新工程》，1998年，中国科学院推出了《国家知识创新工程》，同时，也出现了大量关于创新系统理论和中国创新体系研究的相关成果。1999年，召开了全国技术创新大会，党中央、国务院做出了《关于加强技术创新，发展高科技，实现产业化的决定》。2000年6月30日，江泽民为美国《科学》杂志撰写社论《科学在中国：承诺与意义》，明确指出：“中国将致力于建设国家创新体系，通过营造良好的环境，推进知识创新、技术创新和体制创新，提高全社会创新意识和国家创新能力，这是中国实现跨世纪发展的必由之路。”国家经贸委2002年颁布了《“十

① 国家科学技术委员会：《中国科学技术政策指南》（科学技术白皮书第2号），科学技术文献出版社1987年版，第319页。

五"全国技术创新纲要》、《国家技术创新计划管理办法》。2005 年 1 月，国家科技部颁布了《国家高新技术产业开发区技术创新纲要》。

2003 年 6 月，中国政府开始研究和制定《国家中长期科学和技术发展规划纲要(2006—2020 年)》，国家创新体系建设成为其中的一个重要问题。从当前全球化的新挑战和国际竞争的新格局出发，《国家中长期科学和技术发展规划纲要(2006—2020 年)》明确提出把提高我国企业技术创新能力，建设以企业为主体、市场为导向、产学研结合的技术创新体系作为有中国特色的国家创新体系的突破口，全面建设适应社会主义市场经济体制要求的国家创新体系。

综上所述，计划经济体制下的中国科技创新之路，建立了我国的基本科技体系；转型体制下的中国科技创新之路，使我国的科学技术与国家经济建设紧密结合起来，形成了中国国家创新系统的初步格局，为中国走创新型国家之路打下了基础；市场经济体制下的中国科技创新之路，特别是着眼于 2020 年的这次科技发展规划，是决定未来几年或更长时期中国科技战略的决定性因素。

(二)自主创新建设创新型国家的基本途径

经过几十年的努力，我国科技事业取得了举世瞩目的成就。载人航天、超级水稻、超级计算机等重大成就，反映了我国科技创新能力的不断提升。以促进科技与经济紧密结合为主要目标的科技体制改革不断深化，国家科技结构得到优化，市场配置科技资源的基础性作用不断增强，企业正在成为技术创新的主体。在科学论文、发明专利等重要指标方面，我国目前都处在历史最好水平。从我国目前科技发展水平来看，我国已具备建设创新型国家的科学技术基础和条件。但是，我们也应清醒地看到，我国科学技术总体水平与主要发达国家之间还存在较大差距，尚未成为对世界有重要影响的科学技术大国。国家创新体系尚不完善，体制和机制有待深化改革；自主创新能力不足，关键技术自给率低；科技投入不足，而且资源分散；科学研究质量不高，尖子人才匮乏，难以在激烈的国际科技竞争中作出具有世界水平的重大贡献。在综合国力竞争日趋激烈的形势下，自主创新能力不足，已经对我国经济社会发展和国家安全构成严重制约。我们一定要把推动科技自主创新摆在全部科技工作的突出位置，在实践中走出一条具有中国特色的科技创新的新路子。

1. 以推动科技自主创新为中心，努力实现科技发展思路的重大转变

在日益开放的国际环境下，我们有更多的途径和方式学习借鉴国外先进科技成果。但是，仅仅依靠引进技术，是无法满足我国自身发展对科技的需求的。实践一再证明，核心技术是买不来的，技术创新能力是买不来的。中国科技进步必须牢牢建立在自主创新的基础之上，充分利用全球科技资源，提高自主创新能力，这应该是我国科技工作坚定不移的指导方针。为此，我们要积极调整科技发展思路，一是在发展路径上，要加强自主创新，不断增强科技持续创新能力；二是在创新方式上，加强以重大产品和新兴产业为中心的集成创新，努力实现关键技术的集成和突破；三是在创新体制上，要以建立企业为主体、市场为导向、产学研结合的技术创新体系为突破口，整体推进国家创新体系建设；四是在发展部署上，要强调科技创新与科技普及、人才培养并重，扩大科技创新的社会基础；五是在国际合作上，要全面主动利用全球科技资源，有效服务于国家的战略需求。

2. 针对经济社会发展的重大科技需求，实现重点领域的技术集成创新和突破

为国家经济社会发展提供有力的科技支撑，这是我国科技工作者义不容辞的责任。要坚持有所为有所不为的方针，抓住那些对我国经济、科技、国防、社会发展具有战略性、基础性、关键性作用的重大课题，努力把科技资源集中到事关现代化全局的战略高技术领域，集中到事关实现全面协调可持续发展的社会公益性研究领域，集中到事关科技事业自身持续发展的重要领域和基础研究领域。抓紧科技攻关，力争在一些重大领域取得突破，特别是在解决资源环境瓶颈约束的重大科技问题上要有所突破，在提高产业自主创新能力方面要有所突破，在解决经济社会协调发展的重大科技问题上要有所突破。

3. 围绕提高科技自主创新能力，加快建设中国特色国家创新体系

加快国家创新体系建设，是党和国家在新时期把握新机遇、迎接新挑战、实施科教兴国战略的基础性工作。当前，国家创新体系建设将进入在国家层次上进行整体设计、系统推进的新阶段。我们要紧紧围绕提高科技自主创新能力这个主题，继续深化科技管理体制改革，重点解决影响发展全局的深层次矛盾和问题，解决国家创新体系中存在的结构性和机制性问题，努力建立一个既能够发挥市场配置资源的基础性作用，又能够提升国家在科技领域的有效动员能力，既能够激发创新行为主体自身活力，又能够使各部分有效整合的新型国家创新体系。当前要以提高企业创新能力为重点，围绕确立企业创新主体地位，建立以企业为核心、市场为导向、产学研结合的技术创新体系，使企业真正成为引进开发投入的主体、技术创新活动的主体和创新成果应用的主体。

4. 加强科技宏观管理，努力创造有利于自主创新的政策环境

当前，我国社会主义市场经济体系初步建立和不断完善，广大科技人员和科研机构已直接面向生产、生活实践，科技活动与经济社会发展日益紧密，科技投入主体日益多元化。科技发展环境的一系列重要变化，对加强科技宏观管理提出了十分迫切的要求。我们应当按照科学发展观的要求，加强科技各方面工作的统筹协调，加强科技政策与经济政策的相互协调，为提高自主创新能力创造有利的政策环境，必须加大财政科技投入力度，确保财政科技投入增幅明显高于财政经常性收入增幅；加大对企业研究开发投入的税收激励；改善对高新技术企业的信贷服务和融资环境，加大对高新技术产业化的金融支持，发展支持高新技术产业的创业投资和资本市场；实施扶持自主创新的政府采购政策，建立财政性资金采购自主创新产品制度；依托国家和地区重点工程建设项目，积极推进重大装备的自主开发和制造；建设严格保护知识产权的法制环境，健全法律制度，依法严厉打击各种侵犯知识产权的行为，为知识产权的产生于转移提供切实有效的法律保障；健全人才激励机制，大胆启用青年人才，培养高水平的创新人才，积极引进海外高层次人才；深化教育改革，加快教育法制，推进素质教育和创新教育，为建设创新型国家培养结构合理、素质优良的各级各类人才；加强科技创新基地与平台建设，建立科技资源的共享机制；充分利用对外开放的有利条件，在更宽领域、更深层次上开展国际科技合作与交流，在高起点上推进自主创新。

阅读书目

1. 袁银传：《马克思主义与当代中国社会发展》，社会科学文献出版社 2011 年版。

2. 武汉大学政治与公共管理学院政治理论系：《马克思主义与马克思主义中国化》，中央文献出版社 2005 年版。

3. 中共中央宣传部：《习近平系列重要讲话读本》，学习出版社 2014 年版。

4. 全国工程硕士政治理论课教材编写组：《自然辩证法——在工程中的理论与应用》，清华大学出版社 2008 年版。

5.《自然辩证法》编写组：《硕士研究生思想政治理论课教学大纲：自然辩证法》，高等教育出版社 2012 年版。

思考题

1. 如何认识毛泽东、邓小平、江泽民、胡锦涛、习近平科学技术实现的与时俱进？

2. 如何理解胡锦涛"大力发展民生科技"的重要思想？

3. 为什么说中国马克思主义科学技术观是一个科学、完整的思想体系？

4. 如何理解中国马克思主义科学技术观的理论精髓？

5. 如何认识自主创新建设创新型国家的战略意义？

6. 如何认识新常态下创新驱动战略的意义和实现途径？

第九章

新中国科学技术成就与中国现代化

要论提示

- 中国现代化内涵的发展变化。
- 在新中国第一个科学技术发展远景规划(即“十二年规划”)和1973年第二个科技发展规划的推动下，新中国取得了以“两弹一星”为代表的系列重要科技成果；数学、物理等领域的基础研究和农学、工业等领域的应用研究也取得了重要成就，为新中国科学技术建制体系的初步建立打下了坚实的基础。
- 1978年的全国科学大会，标志着中国科学新春的到来，改革开放战略极大地解放了科技活动的活力，通过“863计划”等系列科技发展计划促进了中国科学技术基础研究、高新科技和应用研究的全面均衡发展，也为中国经济企业走向世界发挥了重要的推动作用。
- 科学技术的成就不仅包括研究的成就，还包括传播的成就，中国的现代化建设不仅是物的现代化，更是人的现代化，人的现代化便离不开科学精神的普及与教育。中国科协的成立、世界第一部科普法《中华人民共和国科学技术普及法》的通过以及国务院《全民科学素质行动计划纲要》的实施，有效推动了我国公民科学素质的大幅提高。

1949年新中国成立后，在研究基础、综合国力极为薄弱的情况下，我们党和政府先后发布了9个中长期科学技术规划，对我国科学技术发展事业的战略、方针、政策和重点任务进行了整体部署引导，促进了中国科学技术研究的不断进步，形成了具有中国特色、适应中国国情的科学技术建制体系，为实现中国的现代化事业作出了巨大贡献。

在1964年12月第三届全国人民代表大会第一次会议上，周恩来根据毛泽东的建议，把“四个现代化”正式确定为中国国家发展的总体战略目标，即工业现代化、农业现代化、国防现代化、科学技术现代化，后来被称为“老四化”。2012年十八大报告中又提出：“坚持走中国特色新型工业化、信息化、城镇化、农业现代化道路，推动信息化和工业化深度融合、工业化和城镇化良性互动、城镇化和农业现代化相互协调，促进工业化、信息化、城镇化、农业现代化同步发展。”这被称为“新四化”。十八届三中全会《中共中央关于全面深化改革若干重大问题的决定》中，将全面深化改革总目标设定为“推进国家治理体系和治理能力现代化”，学界称之为“第五个现代化”。

科学技术的发展是中国实现现代化的基础与保障。在“老四化”中，科学技术现代化是工业现代化、农业现代化、国防现代化的基础与保证，“新四化”的实现更是离不开科学技术的发展进步，而国家治理体系和治理能力现代化也离不开科学精神、科学方法之普及与传播。

本章将分新中国成立初期和改革开放以来两个时段，对中国科学技术的发展成果以及对中国现代化事业的推进进行阐述，最后跳出具体的科学技术发展成就，从科学普及这一精神层面阐述科学技术对中国现代化发展的重要作用。

第一节 新中国成立后科学技术的主要成就

新中国的成立为中国科学技术的大发展揭开了新的一页。新中国成立初期，在第一个科学技术发展远景规划即“十二年规划”中，我们制定了“重点发展、迎头赶上”的战略政策，在“十二年规划”提前完成后的1973年，又制定了新中国第二个科技发展规划，提出了“自力更生、迎头赶上”的指导方针。有选择地重点突破、迎头赶上，是这个时期的历史任务，也是情势所迫。

民国时期中国的科技发展模式基本是偏向于欧美模式，即以重视轻工业发展为主体，重视通才教育，国家较少干预。这是与当时军阀混战及日本侵华的国情相应的，国家力量相对弱小，不能统一起来集中力量做大事。与之相应的是，民国时期“各学科的发展是不平衡的，地质学、生物学和人类考古学发展较早且成绩较大，而作为现代科学基础的数理化则成绩甚微”，其原因就在于，“由于中国民族工业不够发展，以至于那些依靠工业发展作为直接基础的力学、物理学、化学和数学落后于不直接依靠工业的生物学、地质学和考古学”。① 也就是说，这个时期因为战乱频仍，难以集全国之力做大项目，所以科学家大多只能做一些单打独斗的、个人色彩较浓的研究项目。

① 董光璧：《二十世纪中国科学》，北京大学出版社2007年版，第56页。

“1949年中华人民共和国成立后，实行社会主义制度，在国际政治方面一边倒向苏联，在发展科学技术方面也模仿苏联的模式。通过中国科学院的建立、高等院校的调整和以苏联援建项目为主体的工业计划，中国科技事业的发展模式很快从欧美模式转变为以重工业、专科教育和国家计划为特征的苏联模式。”①从历史语境客观来讲，中国当时的这个选择是正确的，此模式带来的“两弹一星”等国家级大项目大成果，为中国实现真正的强大国防及独立自主作出了不朽的历史贡献。正如著名科学史专家董光壁先生所讲：“十二年规划的制定，国家科委的设立，使中国的科学技术事业进入国家周密计划的现代发展时期。第二次世界大战后成长起来的新学科和新技术部门一个个逐渐建立起来。在中华人民共和国成立后的前二十多年，由于国家安全受到严重威胁，国防需要是科学技术发展的主要动力。”②

新中国虽然就科学建制而言倾向于苏联模式，但很多科学家都是从英、美、日等国留学回来的。这些优秀的科技工作者，响应党和国家的召唤，在当时国家经济、技术基础十分薄弱、工作条件非常艰苦的条件下，怀着对祖国的热爱以身许国，投身到新中国的科技建设中，自力更生、发愤图强，短期内做出了两弹一星等重大的科技成果，取得了举世瞩目的辉煌成就，这是永远值得纪念的。

链接材料

《十二年科技规划》③

《十二年科技规划》的制定，旨在把世界科学中最先进的成就尽可能迅速地介绍到我国科学技术部门、国防部门、生产部门和教育部门中来。把我国科学界最短缺的国防建设急需的门类，尽可能迅速地补足。其目标是迅速赶上世界先进国家科技水平，并坚持“重点发展，迎头赶上”的方针。12年后，这些门类的科学和技术水平接近世界先进水平。从此，使科学为国家建设服务找到了具体的组织和实现形式，大大提高了科学研究的效益，加快了中国追赶世界科技先进水平的进程，以至于此后十多年的时间就有了“两弹一星”的成就，并由此带动了计算机、自动化、电子学、半导体、新型材料、精密仪器等新技术领域的建立和发展。

一、基础研究的加速发展

1949年10月7日，以郭沫若为第一任院长的中国科学院正式成立，陈伯达、李四光、陶孟和、竺可桢为副院长，对中国自然科学和社会科学的发展进行管理。中国科学院不仅领导组织了各种应用性的研究项目，对基础性研究也非常重视。基础科学的发展，是

① 董光壁：《二十世纪中国科学》，北京大学出版社2007年版，第5~6页。
② 董光壁：《二十世纪中国科学》，北京大学出版社2007年版，第6页。
③ 邓楠：《新中国科学技术发展历程》，中国科学技术出版社2009年版，第16~17页。

应用科学领先地位的前提和保障，是各种重大技术革新和创造的必要条件，所以各个大国都将发展基础科学的理论储备作为一项重大科研战略来进行。

新中国成立后不久，华罗庚(1910—1985)毅然放弃在美国的优厚待遇，奔回祖国的怀抱。他是中国在世界上最有影响力的数学家之一，国际上以华氏命名的数学科研成果有“华氏定理”、“华氏不等式”、“华-王方法”等。华罗庚为中国数学的发展作出了重要贡献，1952年，华罗庚联合闵乃大、夏培肃和王传英在中国科学院数学所建立了中国第一个电子计算机科研小组。华罗庚是我国解析数论、典型群、矩阵几何学、自守函数论与多复变函数论等领域的创始人，培养了王元、陈景润、万哲先、陆启铿、龚升等出众的优秀数学青年，被誉为“中国现代数学之父”。

陈景润(1933—1996)因为徐迟的报告文学《哥德巴赫猜想》一文而家喻户晓，他是新中国著名的数学家，厦门大学数学系毕业。他专心于数学梦想的追求，在仅有6平方米的小屋中过着近乎隐居的生活，他那6平方米斗室和几麻袋稿纸，已成为有时代印记的写照和传奇。他在中学就开始接触并矢志于哥德巴赫猜想的证明，经过长期努力，终于在1966年发表了《表达偶数为一个素数及一个不超过两个素数的乘积之和》一文(简称“1+2”)，成为哥德巴赫猜想研究史上的里程碑，其成果也被称为陈氏定理。他研究哥德巴赫猜想的成就至今仍然在世界上遥遥领先，被誉为“哥德巴赫猜想第一人”。这项工作还使他与王元、潘承洞在1978年共同获得中国自然科学奖一等奖。

此外，吴文俊(1919—)在拓扑学中的示性类、示嵌类，数学机械化或机器证明等领域获得了一系列成果；王元(1930—)在解析数论研究中首先将解析数论中的筛法用于哥德巴赫猜想的研究；潘承洞(1934—1997年)在算术数列中的最小素数、哥德巴赫猜想研究以及小区间上的素变数三角和估计等领域都有出色的研究。

在物理理论的研究中，我国在1958年6月30日建成中国第一台回旋加速器，特别是王淦昌(1907—1998)在我国实验原子核物理、宇宙射线及粒子物理研究中作出了开创性的研究贡献。

二、高新技术的重点突破

鸦片战争以来，西方列强掠夺中国财富的侵略行为从未中止，这种侵略没有因为中国是第一次世界大战的胜利国而停止，当然也不会随着中国是第二次世界大战的胜利国而自然中止。新中国成立后，1950年朝鲜内战爆发，美军在仁川登陆后迅速向中朝边境推进，并最终引发中国人民志愿军赴朝参战。20世纪60年代，中苏两国又陷入紧张的国家关系和边防武装的对峙。历史与现实清楚地表明，只要中国没有足够的国防实力，任人宰割的命运就不会中止，要改变自己的国际地位，以尖端科技为后盾的强大军事国防是必需的国之重器。

在美、苏两个大国冷战思维及核威胁下，以及以两个大国为首的两大阵营对中国不断地经济封锁、军事威胁下，新中国为了真正的独立自主、国家安全，不得不在工业落后、科学技术基础极为薄弱的情况下，用国家之力优先集中财力、物力、人力发展国防科技。仅仅用了5年时间，我国就成功研制了多种导弹和原子弹，随后又成功研制了氢弹、各种远程火箭、人造地球卫星、核潜艇、万吨模压机等，为新中国的国防科技奠定了坚实的基础，为中国经济社会的进步发展提供了坚强的后盾。

（一）两弹一星

“两弹一星”是新中国科学技术发展的最辉煌的标志性成就，体现了新中国科技发展的能力和水平。

20世纪40、50年代，核技术及航天技术突飞猛进，特别是在国防军事上的直接应用引起了新时代的变革。1945年8月6日和9日，美国在日本广岛和长崎投下两枚原子弹，其巨大的杀伤力震惊世界，引起了各国的关注，以致各发达国家在战后纷纷投入大量精力研发核武器。1955年1月，钱三强、李四光等在中共中央书记处扩大会议上对原子弹等核武器进行了汇报讲解，促进了新中国研制核武的决定，中国核能事业正式起步。

由于1957年中苏两国签订了“国防新技术协定”，苏联要向中国提供原子弹的数学模型和图纸资料，并帮助中国建立重水核试验反应堆。但在1959年，苏联单方面撕毁协议、撤走了专家和相应资料设备。在这紧要关头，中央决定自己动手、自力更生，对其他一些尖端武器发展项目适当暂缓，集中经费继续研制原子弹。全国组织了卓有成效的大协作，解决了原子弹研制中遇到的100多个重大难题、原子弹需要的特殊材料、制造工艺等，采用了先进的内爆模式，终于在1964年10月16日成功试爆第一颗原子弹。使新中国获得了核大国的地位。仅仅3年之后，在1967年6月17日，中国第一颗氢弹空投试爆成功。

1958年，毛泽东同志发出“我们也要搞人造卫星”的号召，揭开了向太空进军的序幕。1970年4月24日，中国第一颗人造地球卫星“东方红一号”成功发射，中国成为继苏联、美国、法国、日本之后第五个能够独立发射卫星的国家。这颗卫星总重173千克，比苏、美、法、日第一颗人造卫星总重量之和还要重，其跟踪手段、信号传递方式、温控系统等技术手段都超过了其他国家第一颗卫星的水平。“东方红一号”的成功发射，为中国航天技术的发展打下了坚实的基础，标志着中国进入了航天的时代。

卫星与核弹都需要高效的投射装置，虽然中国是火箭发明国，但从来没有设计过现代火箭导弹，最开始是靠苏联提供的二枚地对地近程导弹以解燃眉之急。1958年9月，由北京航空学院（现为北京航空航天大学）研究的中国第一枚高空探测火箭“北京二号”，在吉林白城子的荒野上成功发射。1960年2月16日成功发射第一枚液体火箭。其后中国科学家成功研制“长征”系列火箭，为中国的航天事业提供了动力基础，也使中国在国际发射市场占有了重要的一席之地。物理学家钱学森（1911—2009）为我国的火箭、导弹和航天事业作出了卓越贡献，被称为“中国导弹之父”。

1999年9月18日，在全国各族人民喜迎中华人民共和国50华诞之际，由中共中央、国务院及中央军委对为研制我国两弹一星事业作出卓越贡献的功臣进行隆重表彰，授予于敏、王大珩、王希季、朱光亚、孙家栋、任新民、吴自良、陈芳允、陈能宽、杨嘉墀、周光召、钱学森、屠守锷、黄纬禄、程开甲、彭桓武，及已逝世的王淦昌、邓稼先、赵九章、姚桐斌、钱骥、钱三强、郭永怀23位为研制“两弹一星”作出突出贡献的科技专家“两弹一星”功勋奖章。

邓小平说：“如果六十年代以来中国没有原子弹、氢弹，没有发射卫星，中国就不能叫有重要影响的大国，就没有现在这样的国际地位。这些东西反映一个民族的能力，也是一个民族、一个国家兴旺发达的标志。”①国际大国的交往角力中，有实力才会有话语权。“两弹一星”的伟大成绩令世界各国刮目相看，“两弹一星”之后，1970 年夏美国总统下令第 7 舰队停止台湾海峡的巡逻，1971 年基辛格秘密访华，1971 年中华人民共和国恢复在联合国的地位，1972 年美国总统访华，40 多个国家与中国建交。对比“两弹一星”之前朝鲜战争和苏联的军事威胁，显然可见“两弹一星”等尖端国防实力的增长，是中国人民真正站起来的坚实后盾。

在“两弹一星”的研制过程中，科学家与广大干部、工人、解放军指战员等社会力量有机协同在一起，集中力量办大事，体现了中国特色的“大科学”体制。现今科学对技术设备的依赖日益增强，科学研究已不能仅靠科学家一两个人凭自身的兴趣单打独斗去完成，科学的建制化、国家化是历史的必然选择。

(二)万吨模压机

1958 年，时任煤炭工业部副部长的沈鸿致信毛泽东，建议由上海承制万吨级水压机，以改变大锻件依靠进口的局面。大型模压机是以军事需求为主，军民兼用的大型设备，标志着一个国家制造水平和能力的高低。比如飞机结构的主要承力部件、航空发动机中的多个关键部件、核反应堆内部构件都需大型模压而成，以大幅度减少零件数量，减少因零件连接增加的质量和不稳定性。但大型模压设备只有少数大国拥有，在 20 世纪末，万吨以上的模压机只有 30 余台，美苏各有 10 余台，这种大型设备是尖端国防工业必备的重型加工工具。

在毛泽东的支持下，1959 年江南造船厂成立工作大队，由沈鸿任总设计师、林宗棠任副总设计师，经过一系列科研攻关，于 1962 年 6 月 22 日将万吨水压机成功建成投产，使我国具有了基础工业、航空航天武器装备和其他重大军事装备的基本制造能力。其后又进一步开发出 15000T 模压机、8 万吨级模压机，使我国已超越俄罗斯等国达到了一流水平。

此外，1964 年在科学院计算所吴几康的领导下，成功研制出大型通用计算机 119 机，为原子能、天气预报中的大任务量计算提供了可能。1956 年 7 月 19 日，由沈阳飞机制造公司制造的我国第一架喷气式歼 5 飞机试飞成功，结束了我国不能制造喷气式歼击机的历史。此外，还有雷达成像等无线电通信技术等，这些科技研究成果都进一步推动了新中国国防科技的发展，直接带动了计算机、自动化、电子学、半导体、新材料、精密仪器、数控机床等民生工业的发展与进步。

三、应用研究的初步发展

中国地大物博、幅员辽阔，从地理上讲陆地总面积约 960 万平方千米，仅次于俄罗斯、加拿大，居世界第 3 位，海洋国土面积 300 万平方千米，有着长达 11000 千米的海岸线。中国南北相距 5500 千米，涵盖了热带、亚热带、温带和寒带，东西相距 5200 千米，涵盖了山地、高原、丘陵、平原，有着丰富的地貌和物候资源。我国这些丰富的自然资源是工业发展、民生改善的重要基础，但由于中国近代科学技术水平的落后，对中国自然条

① 《邓小平文选》第 3 卷，人民出版社 1993 年版，第 279 页。

件和资源的状况并没有详细的科学调查。要使这些优越条件和富饶的资源得以开发利用，就必须用现代科技手段展开细致的系统调查，在此基础上，才可以制订国民经济的长远发展规划。

新中国中国科学院成立了综合考察委员会，组织了11个综合考察队，对中国分地理区域进行综合考察，为中国各区域的开发建设提供了科学资料和依据。特别是1976年远洋科学调查船"向阳红5号"和"向阳红11号"，成功进行了对太平洋的首次科学调查，对有关海域的重力、磁力、海洋沉积等内容进行了综合地质调查，获得了大量第一手资料。"向阳红5号"还在1978年的第三次远洋调查中采集到了一块两个拳头大小的锰结核地质样品，这是中国从大洋中得到的第一块锰结核，是我国国际性大洋海底多金属结核调查事业的开端。随着中国科学技术的提高，在《十年科技规划》中，又对黄河流域、长江流域和黄淮平原等地区进行了大量调查。

(一)农业医疗的发展

中国向来是一个农业大国，农村人口占着绝大的比重，所以农村、农业、农民的现代化发展对中国有着特别重要的意义。新中国的《十二年科技规划》对农业、林业、畜牧业、水产业、养蚕业等行业的增收增产也进行了规划，强调在十二年规划内为实现农业机械化而改进农业机械。经过广大农业科技人员的努力，初步完成了全国耕地土壤的普查，找到了169个优良品种，掌握了11种作物病虫害的发生规律，研制了多种农用家畜疫苗，为农村的现代化作出了巨大贡献。在1963—1972年十年科技规划期间，虽然受到"文化大革命"的影响，但也取得了一些可喜的成绩。

丁颖(1888—1964)是中国现代稻作科学主要奠基人，他论证了我国是栽培稻种的原产地之一，他对水稻的分蘖消长、幼穗发育和谷料充实等的研究为计划产量提供了理论依据。他还运用生态学的观点对水稻栽培品种进行分类，培育了许多优良品种，对提高产量和品质作出了贡献。袁隆平(1930—　)于1964年率先对水稻杂种优势进行研究，首先发现了雄性不育的特异稻株，并长期进行艰苦研究，最终于1972年育成中国第一个应用于生产的不育系二九南1号，实现了水稻育种的历史性突破，后在国家支持下进行大范围的推广试种，从推广种植杂交水稻以来，已累计增产稻谷3500亿公斤，取得了巨大的经济效益和社会效益。由于贡献杰出，袁隆平被称为"杂交水稻之父"，2001年2月19日获首届国家最高科学技术奖。

蝗灾因其群体肆虐性，一直是传统中国农业的一大危害，真正解决蝗虫灾害是新中国成立后的邱式邦(1911—2010)。他通过长期研究摸索出一套成熟办法，在20世纪40年代率先使用"六六六"粉防治蝗虫，在国内首先研究出查卵、查蝻、查成虫的蝗情侦察技术，并提出用毒饵治蝗。由于他的杰出贡献而被誉为"中国治蝗第一人"。

1958年，新中国第一台东方红大功率履带拖拉机在洛阳诞生，谭震林副总理形象地宣布："中国人民耕地不用牛的时代终于来临了。"拖拉机在农村的广泛推广应用，为解放劳动力、提高生产效率、实现农业的现代化起到了重大的基础性作用。

医疗事业的发展直接关系着群众的身体健康，新中国在群众医疗方面也取得了前所未有的成绩。汤非凡(1897—1958)在世界上第一个分离出沙眼病毒，结束了半个多世纪关于沙眼病原的争论，使沙眼病在世界大为减少。结核病是一种古老的易传染疾病，俗称

"肺痨"或"咯血病"，中国当时约80%的结核病患者集中在农村，政府通过扩大免费治疗范围、推广卡介苗儿童接种、加强结核病人登记管理等方法，大大减少了发病率，取得了很大的成绩。新中国在消灭血吸虫、治疗麻风病等涉及群众医疗的各方面工作中，也取得了很大的成绩。上海第六人民医院在1963年取得断手移植的成功、吴孟超开始的肝胆外科手术，都是中国医疗事业一步步前进的重要标志性成果。

特别值得一提的是新中国对人工合成胰岛素的研究。人体胰腺虽然每天只产生1~2毫克的胰岛素，但在人体代谢中有着重要的作用，一旦不足，就会导致人体必需的葡萄糖不能被有效吸收而随尿液排出体外，即造成糖尿病的发生。在发现胰岛素的作用后，世界各国纷纷投入人工合成胰岛素的研究，在激烈的竞争中，由中国科学院上海生物化学研究所牵头的中国科学工作者在1965年率先完成了人工胰岛素的合成，这是世界上第一种人工合成的蛋白质，使人类认识生命的奥秘更进了一步，标志着中国生化事业的重大发展。中国在近代以来只能亦步亦趋地学习西方科学技术，远远落后于西方同行，中国率先合成胰岛素，表明中国在追赶西方科技的过程中上了一个新台阶，已经可以在一些特别的、具体的领域达到世界一流水平。

(二)工业现代化

新中国的工业基础一穷二白，经过不断努力，取得了一系列成绩，使新中国工业建设改换新颜。

石油是现代工业的血液，直到新中国成立前夕，中国石油工业的基础仍然极其薄弱。1959年，地质学家李四光(1889—1971)等科学家提出了"陆相生油"理论，认为找油的关键不在于海相、陆相，而是在于有没有生油、储油的条件，在于对构造规律的正确认识。在李四光理论的指导下，中国接二连三发现油层并开发建成大油田，迎来了中国石油工业的高速发展，宣告了西方学者"中国贫油论"观点的破产。

1958年，地质部和石油部决定把石油勘探重点转向东部地区。1959年9月，在东北松辽盆地发现工业性油流，这是中国石油地质工业的重大成就，时值国庆10周年，故命名这块油田为"大庆"。随后在1960年，国家就决定在黑龙江大庆进行石油大开发，下决心要甩掉贫油国家的帽子。经过来自全国各地千千万万建设者的大会战，仅用两年时间就基本建成了大庆油田，而铁人王进喜等石油工作者"宁可少活二十年，拼命也要拿下大油田"的艰苦奋进精神也成为特殊时代的精神写照。大庆油田这一中国最大油田的诞生，使中国一举摘掉了贫油的帽子。1963年年底，周恩来在政府工作报告中宣布："中国人民使用'洋油'的时代，即将一去不复返了。"1963年12月4日，新华社也播发《第二届全国人民代表大会第四次会议新闻公报》，首次向世界宣告："我国需要的石油，过去大部分依靠进口，现在已经可以基本自给了。"当然，随着中国现代化进程对石油的需要，现在中国又成为原油进口大国，这需要中国石油人以更大的决心、智慧和勇气走出去，为中国工业现代化再作新贡献。

工业化离不开钢铁，钢铁是工作化最重要的原材料产业之一，与经济的发展息息相关，但1949年中国钢铁产量只有15.8万吨，居世界第26位，不到当时世界钢铁年总产量的0.1%。新中国成立后通过第一个五年计划，1957年全国产钢达到了535万吨，在50年代又相继进行了鞍钢的扩建改造，新建了武钢、包钢两大基地，在全国形成了三大基地，全国建成了“三大五中十八小”的钢铁产业布局。到20世纪90年代以来，钢铁产量突破1亿吨，跃居世界首位，从此一直保持着世界钢产量第一位的位置。

如果把石油比做现代工业的血液，把钢铁比做骨骼，那么交通就是大动脉。1954年12月25日，全长4360千米的川藏、青藏公路同时通车，结束了西藏没有正式公路的历史。两路平均海拔4000米以上，其修建历时5年，3000多名筑路工人捐躯，这是人类公路建设史上的壮举。1957年10月15日，由茅以升(1896—1989)主持完成的武汉长江大桥建成通车，“一桥飞架南北，天堑变通途”的理想变成了现实。武汉长江大桥是万里长江上修建的第一座铁路公路两用桥，共8墩9孔，孔跨度128米，终年巨轮通行无阻。大桥建成后，将京广铁路连接起来，使全国南北的铁路运输畅通起来。1960年建成中国第一条电气化铁路宝成铁路，从此蜀道天堑亦变通途，在这条铁路上运行的机车全部是我国自行设计的电气机车。我国在1949年到1981年的32年内，共修建了38条新干线和67条新支线，使除拉萨外的各省会城市与北京皆有铁路相连，促进了沿海内地的铁路运输。

此外，1956年建成的长春第一汽车制造厂，1975年投产的湖北十堰第二汽车制造厂，1960年建成的黄河三门峡水利工程，1965年正式竣工的东风号万吨巨轮，等等，都是中国工业现代化的重要标志性成果。

整体来讲，新中国通过十二年规划和十年规划两个重大科技战略，基本实现了“赶上”的战略目标。西方历史上发生第一次、第二次工业革命，发生近现代科学革命时，中国仅是局外者，而且根本无法了解和跟进，以至于科技发展伴生的国防武器等技术应用，中国也是完全与世界前沿进展脱钩。经过中国科学家与社会各个阶层人民的努力，中国建立了相应的科学门类，了解了世界科技的最新进展，特别在核能等一些特别急需的领域，甚至走在了世界前列。中国科技已走出了传统科技的范式，融入了西方科技的洪流，并大踏步地向世界一流进军。

第二节　改革开放以来科学技术的新成就

1978年3月18日至31日，中共中央、国务院在北京隆重召开全国科学大会，邓小平作重要讲话，着重指出了“科学技术是生产力”这一重要马克思主义论断，明确指出“现代化的关键是科学技术现代化”，充分肯定了科技工作者在社会中的地位，指出“知识分子是工人阶级的一部分”，强调要尊重知识、尊重人才。这些重要论断突破了长期以来对知识分子的禁锢，极大地鼓舞了广大科技工作者的热情，拉开了我国新一轮科技社会大发展的新序幕，标志着科学新春的到来。

这次科学大会审议通过了《1978—1985年全国科学技术发展规划纲要(草案)》并随后由中央正式转发，即通常简称的《八年科技规划纲要》。随后又于1984年编制了《1986—2000年科学技术发展规划》(简称《十五年科技规划》)，在“面向、依靠、攀高峰”的基础上，提出了“创新、产业化”的指导方针，并通过星火计划、国家自然科学基金、863计划、科技扶贫工作、火炬计划、国家科技成果重点推广计划、国家重点新产品计划、国家软科学研究计划、军转民技术开发计划9个国家科技计划来具体加以推动发展。1995年党中央、国务院公布《关于加速科学技术进步的决定》，提出了“科教兴国”战略，2006年又召开全国科学技术大会，作出了建设创新型国家的重大战略。这些成功的宏观科技政策战略极大地解放了科技活动的活力，促进了中国科学技术研究的全面发展。

在这个时期，中国科技已经有了一定的基础。通过近30多年的发展，中国科技建制从苏联模式重回英美模式，其研究侧重点从原来偏国防军工转向国防民生全面发展，从对重大急需的举国突破机制转到全民参与的全面发展。特别是在民生经济方面，中国科技的发展为中国经济企业走向世界发挥了重要的推动作用。

链接材料

国家中长期发展纲要①

2006年2月9日国务院颁布了《国家中长期科学和技术发展规划纲要(2006—2020年)》。制订国家中长期科技发展规划，是党的十六大提出的一项重大任务，是建设创新型国家的重要举措。该纲要指出今后15年，科技工作的指导方针是：自主创新，重点跨越，支撑发展，引领未来。自主创新，就是从增强国家创新能力出发，加强原始创新、集成创新和引进消化吸收再创新。重点跨越，就是坚持有所为、有所不为，选择具有一定基础和优势、关系国计民生和国家安全的关键领域，集中力量、重点突破，实现跨越式发展。支撑发展，就是从现实的紧迫需求出发，着力突破重大关键、共性技术，支撑经济社会的持续协调发展。引领未来，就是着眼长远，超前部署前沿技术和基础研究，创造新的市场需求，培育新兴产业，引领未来经济社会的发展。

一、基础研究的深入发展

为了战略发展，后发国家在基础科学研究上的投入一般要小于在应用研究上的投入，但在基础薄、投入少的情况下，改革开放以来中国的基础科学研究还是取得了很多成绩。

1988年10月16日，北京正负电子对撞机首次对撞成功，标志着我国在微观世界的研究中进入了世界前列；1986年10月到1987年5月，中国南极考察队完成了中国历史上第一次环球航海考察；2009年，中国在南极内陆建成中国首个南极内陆科考站——昆仑站；2001年8月，率先完成人类基因测序中的中国承担部分；1989年，旭日干培育出我国首批试管绵羊和试管牛；2002年8月，第24届国际数学家大会在北京人民大会堂召开；2005年10月，第28次国际科联大会在中国苏州召开。特别值得一提的是，2015年10月，屠呦呦以其对新型抗疟药青蒿素的发现和应用，获得诺贝尔生理学或医学奖。她是第一位获得诺贝尔生理学或医学奖的华人科学家，也是第一位获得诺贝尔科学奖项的中国本土科学家，继2012年莫言实现诺贝尔奖零的突破后，她又进一步实现了科学奖项方

① 邓楠：《新中国科学技术发展历程》，中国科学技术出版社2009年版，第200页。

面零的突破，标志着中国科学研究的巨大进步和国际影响力的提升。在青蒿素的创制过程中，祖国中医药传统遗产发挥了重要作用，这也提醒我们中医等中国传统科学有着“回采”再发掘的重要价值。这些基础研究使中国了解了世界基础研究的前沿进展，跟上了世界潮流的步伐，也为应用研究打下了可靠的基础。

二、高新技术的一流发展

现在中国国防经过持续的发展，形象地说，已经成功地走向“碧海蓝天”。特别是蛟龙潜水器、载人航天工程和北斗工程，有着特别的代表性。

(一)“蛟龙”深潜

海洋面积占全球表面积的71%，是人类未来的粮仓，有着非常丰富的医药资源和矿产资源，这是人类在地球上的宝贵财富，比如其中的锰结核矿藏，储量极为丰富，是一种取之不尽、用之不竭的可再生矿产资源，并且，海洋面积中49%不属于任何国家，所以工业发达国家竞相发展海洋开发事业。海洋面积中的大部分深度超过1千米，所以深水潜水器在海底资源的调查开发中，有着不可替代的重要作用。深潜技术是海洋开发的必要手段，它是由深潜器、工作母船和陆上基地共同构成的完整系统，其中深潜器是关键部分。

自1928年，美国人奥蒂斯巴顿发明并建造了第一艘球形深海探测装置以后，各种深潜器层出不穷。深潜器分有人深潜器、无人有缆深潜器(水下机器人)、无人无缆深潜器(水下智能机器人)等，而载人潜水因为要考虑到人类的生存条件，有着特别的难度。世界最深的潜水记录由美国“的里雅斯特”号深潜器保持：1960年1月，科学家雅克·皮卡和唐·沃尔什乘坐“的里雅斯特”号潜入马里亚纳海沟10916米深度进行科学考察。

中国是继美、法、俄、日之后第五个掌握5000米以上大深度载人深潜技术的国家。为推动中国海洋事业发展，2002年中国科技部将深海载人潜水器研制列为国家高技术研究发展计划(863计划)重大专项，由国家海洋局组织安排中船重工集团、中科院沈阳自动化所和声学所等约100家中国国内科研机构与企业联合协作研制“蛟龙号”载人深潜器。经过6年努力，具备了开展海上试验的条件，于2009年8月开始1000米和3000米的下潜试验，2012年在马里亚纳海沟6次深潜，其中3次超过了7000米，最深达7062米，创造了载人作业类潜水器的最深世界纪录。下潜超过7000米，意味着全世界海洋面积99.8%的广阔海域皆可使用，“蛟龙号”载人深潜器还具有近底自动航行和悬停定位、高速水声通信、充油银锌蓄电池容量等三大技术突破。

“蛟龙号”载人深潜器是我国自行设计、自主集成研制成功的，其关键核心技术都是由中国研究人员自行突破的，其成功将使中国走向了更加广阔的海域。

(二)神舟飞天

卫星技术、火箭技术是重要的航空技术，但更具有挑战性的是载人航天技术。载人航天是直接运用载人航天器把人类运送到太空进行各种研究试验的高端飞行活动，它把人类的实践活动范围从陆地、海洋、大气层，拓展到了太空，从而可以更深入广泛地进行科学探索、开发太空极其丰富的资源。虽然现在智能自动化机械有了很大的进展，但人类特有的认知判断能力、创造力、动作调控能力等还不是智能机器可以完全取代的，比如美国对哈勃太空望远镜的修理就两次动用人力航天员来进行，取得了很好的效果。

1961年4月12日，苏联发射的“东方1号”，将苏联宇航员尤里·加加林送上太空，在环绕地球轨道一周后安全返回地球，揭开了载人航天的大幕，美国更是通过“阿波罗号”先后6次共将12名宇航员送到月球表面并安全返回。继“两弹一星”后，载人航天是中国又一震惊世界的重大工程，2003年10月15日，中国的“神舟五号”载人飞船搭载首位中国宇航员杨利伟，由“长征二号F”运载火箭发射到近地点200千米、远地点350千米、倾角42.4°初始轨道后实施变轨，进入343千米的圆形轨道并环绕地球14圈后在预定地区着陆，获得了圆满成功，使中国成为继美、俄之后第三个拥有自主载人航天能力的航天大国。

我国曾于1970年7月14日由钱学森等科学家提议开始了载人航天工程，代号“714”，但因为条件不成熟而中途放弃。1992年9月21日上午，江泽民总书记在中南海怀仁堂主持了中共中央政治局常委会议，审议通过了我国发展载人航天工程的计划，中国载人航天工程正式启动，代号为“921”。工程决定我国载人航天要有“三步走”的发展战略：第一步，发射载人飞船，建成初步配套的试验性载人飞船工程，开展空间应用实验；第二步，突破航天员出舱活动技术、空间飞行器的交会对接技术，发射空间实验室，解决有一定规模的、短期有人照料的空间应用问题；第三步，建造空间站，解决有较大规模的、长期有人照料的空间应用问题。①

2003年“神舟五号”搭载杨利伟和2005年“神舟六号”搭载费俊龙、聂海胜圆满完成了飞行任务，标志着实现了载人航天工程的第一步任务目标。2008年9月25日，“神舟七号”搭载翟志刚、刘伯明、景海鹏3位宇航员升空，9月27日16时39分，在刘伯明、景海鹏的协助配合下，航天员翟志刚顺利出舱，实施中国首次空间出舱活动，16时48分，翟志刚在太空迈出第一步，这是中国人的第一次太空行走，此次飞行任务的圆满成功，标志着我国掌握了航天员空间出舱活动关键技术。“天宫一号”与“神舟八号”、“神舟九号”交会对接任务的圆满成功，标志着我国突破和掌握了自动和手动控制交会对接技术；“神舟十号”飞行任务是工程第二步第一阶段任务的收官之战。2010年9月，中央批准载人空间站工程启动研制建设工作，标志着我国载人航天工程进入一个新的历史发展时期。工程计划在2020年前后建设中国自己的空间站，这是第三步战略。

自工程启动以来，参加研制和试验的总计设师戚发轫、王永志及广大工程技术人员努力奋斗，先后十余次任务都取得圆满成功，创造了人类载人航天史上的辉煌，是中国人民攀登世界科技高峰的又一伟大壮举，是建设创新型国家的又一标志性成果，为中国科技发展事业作出了卓越贡献。

（三）“嫦娥”奔月

发射人造地球卫星、载人航天和深空探测是人类航天活动的三大领域。经过10年的计划酝酿，2004年中国探月计划正式立项，称为“嫦娥工程”，由中国科学院空间科学与应用研究中心负责，计划分“无人月球探测”、“载人登月”和“建立月球基地”三个阶段实

---

① 中国载人航天工程网：《载人航天工程战略篇》，http://www.cmse.gov.cn/project/show.php?itemid=443。

施，这是中国航空发展史上第三个重要的里程碑。

月球具有可供人类开发和利用的各种独特资源，比如各种特有的矿产和能源等，对月球的开发将对人类社会的可持续发展产生深远影响，所以月球已成为各航天大国争夺战略资源的焦点，美国是目前唯一实现载人成功登月的国家。

2007年10月24日18时05分，“嫦娥一号”成功发射升空，这是中国自主研制的首个月球探测器，由中国空间技术研究院研制，主要用于获取月球表面三维影像、分析月球表面有关物质元素的分布特点、探测月壤厚度、探测地月空间环境等。在圆满完成各项使命后，于2009年3月1日按预定计划受控撞月，为探月一期工程画上了圆满句号。

2010年10月1日18时，“嫦娥二号”顺利发射，其中最主要的一个任务就是对月球虹湾地区进行高清晰度的拍摄，为随后发射的“嫦娥三号”卫星实施着陆做好前期准备，它对月拍摄图像的分辨率从“嫦娥一号”的120米提高到了10米左右，圆满并超额完成了各项既定任务。

2013年12月2日，“嫦娥三号”从西昌卫星发射中心成功发射，不同于“嫦娥一号”撞月“硬”着陆，“嫦娥三号”要实现“软”着陆，它由着陆器和“玉兔号”月球车组成，“玉兔号”是中国的第一台月球车。12月14日，“嫦娥三号”成功实施软着陆，降落相机传回图像，这是1976年之后首个在月球表面软着陆的探测器，标志着登月“绕”“落”“回”三步走战略第二步的成功。12月15日4时35分，“嫦娥三号”着陆器与“玉兔号”月球车成功分离，随后围绕“嫦娥三号”旋转拍照，并传回照片。25日凌晨，受复杂月面环境的影响，月球车的机构控制出现异常无法移动，虽然月球车无法移动，但其后在度过了多个月夜的极端情况下多次带病唤醒，完成了一定的研究任务。预计“嫦娥五号”将实现探月工程的第三期，实现采样返回。

中国的探月计划具有重大的现实意义，体现了中国强大的综合国力及相关的尖端科技，其外太空多次变轨技术也表明了中国外层空间的军事实力，此外，探月工程也带动了信息、材料、遥感等科技经济领域的发展进步，具有强大的经济效益。

(四)北斗导航

中国北斗卫星导航系统(BDS)是我国正在实施的自主发展、独立运行的全球卫星导航系统，它已经与美国全球定位系统(GPS)、俄罗斯格洛纳斯系统(GLONASS)和欧盟伽利略定位系统(Galileo Positioning System)为联合国卫星导航委员会认定的全球卫星导航系统四大核心供应商。

1994年，国家正式批准北斗卫星导航试验系统(北斗一号)的研制。中国北斗卫星导航系统制订了“三步走”的发展规划，即2004年前完成区域有源定位，2012年完成区域无源定位，2020年完成全球无源定位。所谓无源定位，即定位终端不需发射信号就可以实现定位，具有更好的隐蔽性、搞干扰性、远距离性等优点。

中国在2000年10月31日和2000年12月21日发射了两颗地球静止轨道卫星，初步建成了双星导航定位系统，区域性的导航功能得以实现，标志着我国成为世界上第三个拥有自主卫星导航系统的国家，完成了第一步战略。2004之后启动“北斗二号”的研制，后续卫星接连成功发射，从2011年12月27日起，开始向中国及周边地区提供连续的导航定位和授时的测试服务，并于2012年完成了对亚太大部分地区的覆盖并正式提供卫星导航服务，现在北斗卫星系统对东南亚已经实现全覆盖，实现了第二步战略。根据计划，北斗卫星导航系统将在2020年彻底完成，最终实现全球卫星导航功能。

北斗卫星导航系统由空间端、地面端和用户端三部分组成，它致力于在全球范围内全天候、全天时为各类用户提供高质量、高精度、高可靠的定位、导航、授时服务，并具有短报文通信能力，已经初步具备区域导航、定位和授时能力，定位精度优于20m、测速精度达0.2米/秒、授时精度为10ns。

北斗卫星导航系统的建设具有重要的军用和民用价值。军用方面，如运动目标的定位导航、导弹的导航定位、战场指挥管理、人员搜救、水上排雷等。美国的GPS系统分为军用和民用两种制式，并且在战时不能保证使用，为了独立的国家安全，各个航天大国(俄罗斯与欧洲)都在开发自主的卫星导航系统，中国自然也不能例外，因为在这一现代战争基本必需品上显然不能受制于人，北斗导航系统为现代战争模式下我国的国家安全提供了重要保障。在民用方面它也可以提供个人位置服务(应用如汽车导航仪、儿童定位手表等)、气象应用、道路交通管理、铁路智能交通、海运和水运应用、航空运输应用、应急救援等，比如在2008年北京奥运会、汶川抗震救灾中，北斗导航就发挥了重要作用。

三、应用研究的全面发展

(一)计算机与信息科技

1946年美国研制了世界第一台电子计算机ENIAC，此后计算机通过数值运算大量取代了人类的脑力劳动，在石油地质勘探、中长期数值预报、空气动力实验、地震数据处理、卫星图像处理、大型科研运算、大型航空航天计算及各类国防民生建设中，都有着越来越大的作用，特别是超高速巨型计算机更有着重要的战略地位。

西方计算机经过了第一代电子管、第二代晶体管、第三代中小规模集成电路、第四代超大规模集成电路的发展历程。当西方在发明第一代计算机时，中国还没有任何基础，但新中国成立后中国科学家敏锐地察觉到这一最新进展，从零开始慢慢跟上，经过长期的努力，差距逐步缩小，到国防科技大学成功研制银河系列巨型计算机之后，中国最终跟上了世界先进水平的步伐。

1978年研制亿万次机的任务由中国国防科技大学承担，经过5年的努力，1983年11月我国第一台被命名为“银河”的亿次巨型电子计算机在国防科技大学诞生了。它的诞生标志着中国成为继美、日等国之后，能够独立设计和制造巨型机的国家。随后开发的银河-Ⅱ、银河-Ⅲ巨型机使中国稳步走在了世界前列，2000年由1024个CPU组成的银河Ⅳ超级计算机问世，峰值性能达到每秒1.0647万亿次浮点运算，达到了当时世界先进水平，而国防科学技术大学研制的“天河二号”以每秒33.86千万亿次的浮点运算速度，成为全球最快的超级计算机。“银河”系列超级计算机在中国特殊领域的广泛应用产生了巨大的经济效益和社会效益，比如国家气象中心将“银河”超级计算机用于中期数值天气预报系统，使我国成为世界上少数几个能发布5~7天中期数值天气预报的国家之一。

除计算机外，互联网是现代信息科技革命的又一个伟大里程碑，它对人类的生产生活方式产生了巨大的改变，成为现代经济文化生活中必不可少的一部分。比如，上网用户在

1999年只有890万，到2008年就发展到2.98亿，而随着手机上网的发展，中国网民在2014年更达到了6.32亿的规模。但美国利用其先行优势，在互联网上用IPV4、IPV6等十六进制算法体系制定IP管理规则，掌握了互联网的控制权，使整个世界的网络处于其监控之下，不利于中国经济和国防的发展。国家有关部门从2000年开始就致力于十进制的IPV9协议框架的制订，在2008年1月23日我国宣布IPV9协议投入使用，为我国互联网摆脱美国掌控并走向世界提供了重要的技术支持，是我国在互联网技术上的重大自主创新。

中国上网用户众多，对网络传输的速度也形成了压力，经过不断努力，中国近年在网络基础设施、宽带通信等方面也取得了一系列成绩。

(二)新能源与新材料

随着中国现代化进程的推进，中国变成了一个能源需求大国，2013年9月，中国已经超越美国成为全球最大的石油进口国。在中国的能源供给中还存在着技术落后的问题，电力主要来自高污染、高消耗的煤炭石油发电，不仅污染环境，而且大量消耗煤和石油这些重要的化工原料，所以开发新能源就成为一个重要的科研任务。

在风能、太阳能、生物质能、地热能等多种新能源形式中，核能有着独特的优势。首先，核能是清洁的能源，反应堆正常排放的放射性污染只是同规模火电站的几分之一，“火电站污染造成的死亡几率是相同规模核电站的400倍”①。其次，核能还有特别的经济性，其发电成本比火电低30%，并且运输成本很低。再次，就能量储备来说，核能储量非常丰富，约等于有机燃料储量的20倍。

中国有很好的核工业基础，在此基础上建成了秦山核电站、大亚湾核电站、田湾核电站等一系列长期安全运行的核电站，考虑到安全和用电需求量等原因，中国核电站大多建在沿海地区。2010年，中国核电装机容量突破1000万千瓦，达1082万千瓦，在建规模达26台2914万千瓦。截至2013年8月底，共有17台机组相继投入商业运行，总装机容量约为1475万千瓦。根据《核电中长期发展规划(2011—2020年)》的计划，我国规划2020年核电在发电总量中占比达到5%，估计届时核电装机容量至少达到7000万千瓦。

(三)高铁技术

铁路作为国民经济的大动脉、国家重要基础设施和大众化的交通工具，在工业发展、国民生活中有着重要作用。改革开放以来，中国铁路取得了长足进步，但还是不能满足中国工业化、现代化的需要，建设高速铁路势在必行。

高速铁路是指运营速度不低于200公里每小时的铁路线路，具有载客量高、输送能力大、速度快、安全性好、正点率高、舒适方便、能源消耗低、经济效益好等优势。中国高速铁路的建设始于2004年的“中国铁路长远规划”，2008年8月1日开通运营的350公里/小时的京津城际高速铁路是第一条真正意义上的高速铁路。经过多年的高速铁路建设，中国目前已经拥有全世界最大规模以及最高运营速度的高速铁路网，截至2013年9月26日，中国高铁总里程已达到10463公里，其运营里程约占世界高铁运营里程的46%，稳居

---

① 编写组:《新中国60年重大科技成就巡礼》，人民出版社2009年版，第236~237页。

世界高铁里程榜首。

四横四纵高铁线路的规划建设，对沿线地区的经济发展起到了很大的推动作用，各大城市间朝发夕至，将中国大部分地区整合成一个“中国村”，节约了时间成本，促进了沿线城市的经济发展和物资、信息、人员的交流，使城乡之间可以更好地统筹发展，极大缓解了工业化阶段铁路运力的“瓶颈”制约问题。

时至今日，中国是世界上高速铁路发展最快、系统技术最全、集成能力最强、运营里程最长、运营速度最高、在建规模最大的国家，中国高铁已成为世界高铁发展的引领者，高铁技术已成为一张中国现代化发展的名片。

在民生科技的发展中，除上述几方面的重大成绩之外，中国还在克隆技术、基因药物开发(如治疗肝炎的干扰素 α1b 等)、人类基因组排序、干细胞技术、工业机器人、纳米材料技术、特高压变电等诸多方面取得了进步，使中国民生方面的科技获得了全面的发展，整体实力走在了世界前列。

链接材料

国家科学技术奖五大奖项①

1. 最高科学技术奖。该奖每年授予人数不超过2名，获奖者必须在当代科技前沿取得重大突破，或者在科技创新和科技成果转化中，创造巨大经济或社会效益。

2. 自然科学奖。侧重于基础研究和应用基础研究领域，例如数理化、天文、地质等学科，用来表彰在自然现象、特征、规律的探究中作出重大科学发现的公民。

3. 技术发明奖。授予在产品、工艺、材料、系统等几方面作出重大技术发明的公民。

4. 科学技术进步奖。该奖门类广泛，包括技术开发、社会公益、国家安全和重大工程等多个领域。用以表彰在完成重大科技成果、科技工程、计划方面，或者在推广先进科技成果方面作出突出贡献的公民和组织。

5. 国际科学技术合作奖。该奖授予那些对中国科学技术事业作出重要贡献的外国人或者外国组织。知名的华裔科学家杨振宁就曾经获得此奖。

第三节　科普成就与现代化

科学技术的成就不仅包括研究的成就，还包括传播的成就，中国的现代化建设也不仅是物的现代化，更是人的现代化，人的现代化更是离不开科学精神的普及与教育。邓小平

① 邓楠:《新中国科学技术发展历程》，中国科学技术出版社 2009 年版，第 246~252 页。

同志强调"科技是第一生产力"，因为科技可以渗透到生产力的各个要素之中，科技水平提高了，劳动对象的范围可以扩大，劳动工具可以改进，最主要的是生产力中最有创造力的重要因素即人的素质可以提高。科技成果不仅可以直接转化为生产力，科学精神、科学方法也可以通过劳动者这一载体促进生产力的发展，难以想象传统落后的人群可以真正进行现代化的建设。所以，将科技研究活动从象牙塔传播到普通民众中，即科学知识、科学精神、科学方法的科普活动，也是中国现代化建设的重要一环。

一、组织政策保障

1958年9月18日至25日，中华全国自然科学专门学会联合会和中华全国科学技术普及协会在北京联合召开全国代表大会，聂荣臻代表中共中央和国务院出席并讲话，大会通过了建立"中华人民共和国科学技术协会"(CAST，以下简称中国科协)的决议，选举李四光为主席。自此，中国科协正式成立，它是共产党领导下科技工作者的群众组织，是推动我国科技事业发展的重要力量。

中国科协成立后，通过一系列活动推动了中国科学技术事业的发展，比如中国科协1995年6月12日至13日，在北京举办"青年科学家论坛"开幕式暨第一次活动，自此以后青年科学家论坛在各地展开活动。又比如1999年中国科协决定建立中国科协学术年会制度，"年会以公众、科技工作者、政府和企业为服务对象，努力搭建学术交流、科学普及、决策咨询三大平台，实现了科学家与公众，科学家与政府、企业以及科学家之间的交流互动"①。

2002年6月29日，中华人民共和国第九届全国人民代表大会常务委员会通过《中华人民共和国科学技术普及法》，这是世界上第一部科普法，也是我国科普事业发展史上的里程碑，标志着科普工作走上了法制化的轨道。它是实施科教兴国战略和可持续发展战略的需要，对加强科学技术普及、提高公民的科学文化素质、推动经济发展和社会进步，都将产生重要影响。

现代综合国力的竞争中，人口素质的竞争是不可或缺的重要一环。在新中国刚刚成立时，我国的文盲率高达80%，文盲问题不仅会使个人发展因知识差距导致输在起点，而且是整个社会大发展的障碍。新中国为解决这一问题，开展了一场面向社会下层群众的轰轰烈烈的全国扫盲运动，使扫盲班遍布工厂、农村、部队、街道。经过近50年的不懈努力，使文盲比率由1949年新中国成立初期的80%下降至2000年的6.72%，极大促进了中国人口素质的提高。时至今日，我国人口素质的提升已不能仅满足于扫盲，而要有更高的要求，提升公民综合科学素质就是一个重要方面。2006年2月6日，国务院发布了《全民科学素质行动计划纲要(2006—2010—2020)》(以下简称《科学素质纲要》)，旨在推动我国公民科学素质的大幅提高，这是"从促进人的全面发展、建设创新型国家和构建和谐社会的战略高度出发作出的重大部署。我国全民科学素质建设从此掀开新的篇章，进入科学

---

① 邓楠：《新中国科学技术发展历程》，中国科学技术出版社2009年版，第123页。

化、制度化的轨道"①。

所谓公民的科学素质，"一般指了解必要的科学技术知识，掌握基本的科学方法，树立科学思想，崇尚科学精神，提高处理实际问题、参与公共事务的能力。提高公民科学素质，对于增强公民获取和运用科技知识的能力、改善生活质量、实现全面发展，对于提高国家自主创新能力、建设创新型国家、实现经济社会全面协调可持续发展、构建社会主义和谐社会，都具有十分重要的意义"②。正如温家宝总理在科协八大报告中所指出的，一个科学普及的民族、一个具有科学精神的民族，才是真正有生机、有希望的民族。我国要实现从低端产业链向高端国际分工地位的跃迁，一定离不开大量具备较高科学素养的劳动者和创新型人才。

自《科学素质纲要》实施以来，我国具备基本科学素养的公民比例从 2005 年的 1.60% 提高到了 2010 年的 3.27%，取得了很好的成绩。《科学素质纲要》把科学素质培养建设定位于提高中国人口素质的基础性社会工程的高度来进行，力图通过科学教育与培训基础工程、科普资源开发与共享工程、大众传媒科技传播能力建设工程、科普基础设施工程四大程，针对未成年人、农民、城镇劳动者、领导干部和公务员、社区居民五大类人群开展科普活动，其实施必将对中国科技的发展和现代化建设产生深远的影响。

二、科普基础设施建设

科普基础设施主要包括科普场馆、公共场所科普宣传设施和科普教育基地三大类；科普场馆包括科技馆、科学技术博物馆、青少年科技馆三大类，公共场所科普宣传设施包括科普画廊、城市社区科普专用活动室、农村科普活动场地和科普宣传专用车四类；科普教育基地则包括国家级和省级各类科普教育基地。科技的传播路径大体有活动传播、传媒传播和设施传播三种。这些科普基础设施是科普工作中设施传播的重要载体和平台，是国家公共服务体系和国家科普能力建设的重要组成部分，影响着国家科普能力的形成和提升，有着重要的硬件意义。

新中国成立前，全国科技类博物馆不到 20 个，经过长期建设，截至 2011 年，我国科技类博物馆已达 582 座，位居世界第一，其中 80% 是改革开放后新建的。据统计，"2011 年年末，我国基层共建立科普活动站近 50 万个，覆盖率超过 70%……建设科普画廊(宣传栏)27.1 万个，覆盖率接近 70%；科普展示单元总长度达 258 万米；基层科普宣传员达 64.5 万人，按照一村(社区)一名科普宣传员计算，其覆盖率接近 95%"③。从 2000 年开始，中国科协开始研制科普大篷车进行流动科普宣传，到 2011 年年底已向全国配发了 497 辆，满足了边远地区、经济欠发达地区和广大农村地区基础民众的科普需求。到 2011

---

① 刘延东：《全民科学素质行动实施工作电视电话会议上的讲话》，见全民科学素质纲要实施工作办公室、中国科普研究所：《2012 全民科学素质行动计划纲要年报》，科学普及出版社 2012 年版，第 3 页。

② 邓楠：《新中国科学技术发展历程》，中国科学技术出版社 2009 年版，第 237 页。

③ 全民科学素质纲要实施工作办公室、中国科普研究所：《2012 全民科学素质行动计划纲要年报》，科学普及出版社 2012 年版，第 19 页。

年年末，全国各级科普教育基地共有 33900 个，其中全国性的有 651 个，省级的有 2140 个，地县级的有 3. 11 万个，这些教育基地共接待观众 2. 63 亿人次，促进了公众科学素质的提升。此外，利用现代计算机信息技术开发的数字科技馆也获得了快速的发展。

总体来讲，我国科普基础设施一直稳步发展，但由于建设主体相对单一、政策法规不完善、管理体制僵化、创新理念不足等原因，增幅较缓，仍有待进一步提高、改进。

三、五大类人群的科普建设

未成年人、农民、城镇劳动者、社区居民、领导干部和公务员是科普工作重要的五大类人群。

青少年是祖国未来的希望，青少年科学素养的提高是科普工作的重要部分。从青少年的活动及成长特点来看，一般从校内教育和校外活动两个方面进行科普教育。就校内教育而言，中国学校重视通过双基训练等模式进行科学知识的传播与学习，但长期以来以应试为主，将物理、化学、生物等活生生的科学知识变形为一系列布满陷阱的习题，从而使科学学习失去了生命力。也就是说，学生在校内只是掌握了一些可习题化操作的科学知识，缺少通过科学史、科学展馆参观等形式理解把握的科学思想、科学方法、科学感受，学习的是物理、化学习题而不是物理、化学本身，从而难以使学生在本应进行科学启蒙的青少年时期获得真正科学兴趣理想的启蒙。这种重知识轻思想方法的现状与应试教育模式有关，也与教师群体本身的科学素养有关，因为高校师范院校同样存在着重知识、轻思想方法的教育倾向。

校外科普教育是校内教育的非常必要的补充，通过校外兴趣小组、科技竞赛、科学家现场报告交流以及科技馆等场馆活动的参观，可以更好地激发学生热爱科学、勇于探索的兴趣。但也存在一些问题，一是农村边远地区科技场馆建设相对落后；二是应试教育下学生课外参观活动的时间精力太少；三是场馆本身建设现状还比较落后，不能更好地吸引激发青少年的兴趣。2011 年 7 月 7 日，教育部、科技部、中科院和中国科协共同下发了《关于建立中小学科普教育社会实践基地开科普教育的通知》，这必将对青少年进一步从直接感性上接受科普教育产生良好的促进作用。

农民科普的发展，对建设社会主义新农村、促进农民健康生活、提升农业生产水平、促进农村丰富的文化生活，有着重要的意义。农村相对经济不发达、教育资源缺乏、劳动者科学素养较低，特别是大量青壮年劳动力进城打工，更使农村科普教育缺少活力。首先，农村科普的首要工作是新农业科技的推广服务，农业科研机构与高等院校应通过科普下乡、职业技能培训等方式发挥应有的作用。其次，电视依然是农村地区重要的信息渠道，但由于经济效益问题，涉农节目建设的还很不足，电视等媒体内容应真正贴近农民并融入切实有用的科普信息。最后，由于农村文化相对落后，各种邪教邪说易于乘虚而入，这就更要求加强科学普及的宣传工作。

随着城乡二元化户籍制的取消，城镇居民和大量进城打工的农村富余劳动力的差别越发缩小，两者共同构成了城镇人口，他们是第二、第三产业的主力军，其科学素养直接关注着中国的经济发展。西方发达国家经过长期发展，有一大批高素质的劳动者队伍，这是德国制造、日本制造等品牌保证的重要基础之一。中国要建设创新型国家、要使产业升级换代，首先就要提升劳动者的科学素质。我们除了要通过正规学校教育给社会提供更优秀的青年人才，也要通过职业培训、在职再教育、社区教育、企业职员培训等形式，使全民形成终身学习的习惯，持续不断地提升社会劳动者的素质。

城镇、城市的社区是大家生活休息的区域，社区的科普不同于正规学校的强制性教育。首先，要能吸引居民自发的参与，比如医疗保健、食品安全、营养膳食等问题的科普教育就一直深受群众喜爱。其次，就中国目前现实状况而言，现在的城市人口多是从农村迁入并且流动性很大，从而使社区居民较少有血缘或文化的纽带从而联系较为松散。从农村传统联系较紧的社区脱离后，人的道德约束易于产生一个空当，即有一个“闹市独处”的问题，在无人相识的状况下各种伪科学邪教等就会乘虚而入，这也要求我们进一步加强科学宣传的工作。

领导干部和公务员是科普工作关注的第五类重要人群，此群体科学素养相对较高，但由于身处社会管理的位置，对其要求也更高。特别是习近平总书记将全面深化改革总目标设定为“推进国家治理体系和治理能力现代化”，这就对公务员队伍的科学素养提出了更高的要求。为推动《科学素质纲要》在公务员队伍中的落实，2011 年中组部会同相关单位制定了《领导干部和公务员科学素质行动实施工作方案(2011—2015 年)》，以加强培训规划、切实开展培训、严格选拔考核、开展科普活动、加强社会宣传五个方面的工作为重点。各政府部门围绕本部门工作，从现代科技进展、新兴产业、现代服务业、城市规划、现代社会管理和舆情应对、心理健康、社会科学进展等各个方面，邀请专家报告、汇编科普教材，进行了大量的科普工作。比如中科院就针对性组织了“科学与中国”院士专家巡讲 100 场，“科学思维与决策”公务员科学讲坛 60 场，科普报告 200 场。

领导干部和公务员的科学素养是广义的，不仅应该包括自然科学知识，如数字城市的建设等，还要包括社会科学及其技术，比如翔实的社会统计实证研究、听证会综合民意能力等，以及各种人文素养。决策者要做公共管理上的科学决策，所以需要的不是大而化之的科学常识，而是需要了解最前沿的动态、切实可操作执行的方案，并且，其需求多是跨越诸多学科界线的综合运用。这就要求我们在科普工作中，要从对“物”的重视转向对“人”的重视，即把科普的路径从对期刊、电视讲座、网络、图书馆等物的重视，转向对专家团队、智囊团、专业智库等人的重视。一个领导不必是某个方面的科学专家，但必须知道如何寻找相应的专家、专业知识，最终做出科学的判断。

习近平在 2013 年 1 月 1 日出版的新年第 1 期《求是》杂志发表署名文章《全面贯彻落实党的十八大精神要突出抓好六个方面工作》，他强调，“在前进道路上，我们一定要坚持以科学发展为主题”，“坚决破除一切妨碍科学发展的思想观念和体制机制弊端”。面对前所未有的机遇与挑战，我们要坚定运用科学思维来凝聚社会主义建设的强大共识，为建设创新型国家、完成科教兴国的战略任务而努力。

阅读书目

1. 董光壁：《二十世纪中国科学》，北京大学出版社 2007 年版。
2. 编写组：《新中国 60 年重大科技成就巡礼》，人民出版社 2009 年版。
3. 邓楠：《新中国科学技术发展历程》，中国科学技术出版社 2009 年版。

分析与思考

1. 试述中国现代化内涵的发展变化。
2. 试述新中国成立后科学技术的主要成就。
3. 试述改革开放以来科学技术的新成就。
4. 试析中国应如何处理好基础研究与应用研究的关系问题。

后　记

"自然辩证法概论"作为全国硕士研究生的必选课之一，受到各高校及老师和学生的高度重视。教育部马克思主义理论研究和建设工程重点教材、硕士研究生思想政治理论课教学大纲——《自然辩证法概论教学大纲》(高等教育出版社)的颁布，为规范新的"自然辩证法概论"课的教学内容奠定了基础。但是，多年来，硕士生们都有一个强烈的愿望，即希望有一本与大纲精神相符、论述比较详细、资料相对翔实的教学参考书；任课教师也认为，"自然辩证法概论"内容丰富而课堂教学时数有限，要最大限度地实现对硕士生"进行马克思主义自然辩证法理论的教育，帮助硕士生掌握辩证唯物主义的自然观、科学观、技术观，了解自然界发展和科学技术发展的一般规律，认识科学技术在社会发展中的作用，培养硕士生的创新精神和创新能力"①等教学目的，教学形式和内容都必须向课外延伸。因此，理应满足学生诉求，给硕士生自学以必要的参考资料。依据教育部颁布的教学大纲的基本精神，吸收我国理论界的研究成果及智慧共识，我们试图作出新的尝试，在分工撰写、集体多次讨论修改的基础上形成了这本教学参考书。

一是在整体性视野中认识自然辩证法，认为自然辩证法的创立意味着整体性马克思主义理论的最终形成。我们知道，世界由自然、社会和思维三大部分组成。如果说唯物史观、剩余价值学说论述的主要是社会问题，以《资本论》为代表的大写的逻辑，体现了马克思主义理论关于思维问题的思想，那么，自然辩证法则主要论述的是自然问题。因此，自然辩证法是完整的、系统的马克思主义理论的有机构成部分。

二是将自然辩证法创立的自然科学的具体内容与自

---

① 参见《中共中央宣传部教育部关于高等学校研究生思想政治理论课课程设置调整的意见》教社科〔2010〕2号。

然辩证法的相关原理结合起来阐述，以揭示自然科学与自然辩证法基本原理之间的内在关联性，给硕士生以明确的思维启示和价值导向。

三是在自然观中增加了唯心主义自然观的内容。这主要是为了展示人类自然观的多样性，为硕士生提供比较分析的视野，从而更加自觉地认识、认同和接受马克思主义自然观。

四是在体例上，将科学、科学研究方法论与技术、技术创新方法论分而论之。其目的是为了强化人们的科学意识，培育人们的科学精神和科学思维，克服将科学技术简称为科技、将科技简化为技术的某种思维惯性。

五是在科学技术社会论中，增加了“科学技术的生态文明功能”的内容。

六是将中国马克思主义科学技术的理论成果和实践成果分为两章。这两章交相辉映，展示了新中国的科学技术成就。

希望此书能够为硕士生全面理解和深刻把握“自然辩证法概论”课程提供有益的帮助。当然，不足之处在所难免，希望同行和读者提出宝贵意见。

本书由夏建国任主编、张密生和龚耘任副主编。具体分工如下：

第一章“绪论”：武汉大学夏建国；

第二章“马克思主义自然观”：中南民族大学阎占定、赵泽林；

第三章“马克思主义科学观”：武汉大学吴恺；

第四章“科学研究方法论”：武汉大学张密生；

第五章“马克思主义技术观”：海军工程大学石国进；

第六章“技术创新方法论”：海军工程大学石国进；

第七章“科学技术社会论”：海军工程大学龚耘；

第八章“中国马克思主义科学技术观与创新型国家”：武汉大学张密生；

第九章“新中国科学技术成就与中国现代化”：武汉大学陈世锋。

编者

2016年3月